《“中国制造2025”出版工程》
编　委　会

“中国制造2025”
出版工程

“十三五”国家重点出版物
出版规划项目

人脸表情识别算法及应用

田彦涛　刘帅师　万川　著

化学工业出版社
·北京·

本书主要研究了表情识别系统基本理论、算法设计和应用。书中分别以动态人脸表情、微表情、鲁棒表情为识别对象，系统介绍了相关特征提取、分类算法的技术方法，并设计了一套主动视觉人脸跟踪与表情识别系统。

本书可供从事模式识别、表情识别、人脸识别系统研究的科研人员、相关专业的研究生或高年级本科学生使用。

图书在版编目（CIP）数据

人脸表情识别算法及应用/田彦涛，刘帅师，万川著.—北京：化学工业出版社，2019.11（2021.10重印）

“中国制造2025”出版工程

ISBN 978-7-122-34954-5

Ⅰ.①人… Ⅱ.①田…②刘…③万… Ⅲ.①面-图象识别-研究 Ⅳ.①TP391.413

中国版本图书馆CIP数据核字（2019）第154642号

责任编辑：李军亮　宋　辉　　文字编辑：郝　越

责任校对：张雨彤　　装帧设计：尹琳琳

出版发行：化学工业出版社（北京市东城区青年湖南街13号　邮政编码100011）

印　　装：天津盛通数码科技有限公司

710mm×1000mm　1/16　印张15½　字数283千字　2021年10月北京第1版第2次印刷

购书咨询：010-64518888　　售后服务：010-64518899

网　　址：http://www.cip.com.cn

凡购买本书，如有缺损质量问题，本社销售中心负责调换。

定　　价：58.00元

序

制造业是国民经济的主体，是立国之本、兴国之器、强国之基。近十年来，我国制造业持续快速发展，综合实力不断增强，国际地位得到大幅提升，已成为世界制造业规模最大的国家。但我国仍处于工业化进程中，大而不强的问题突出，与先进国家相比还有较大差距。为解决制造业大而不强、自主创新能力弱、关键核心技术与高端装备对外依存度高等制约我国发展的问题，国务院于 2015 年 5 月 8 日发布了“中国制造 2025”国家规划。随后，工信部发布了“中国制造 2025”规划，提出了我国制造业“三步走”的强国发展战略及 2025 年的奋斗目标、指导方针和战略路线，制定了九大战略任务、十大重点发展领域。2016 年 8 月 19 日，工信部、国家发展改革委、科技部、财政部四部委联合发布了“中国制造 2025”制造业创新中心、工业强基、绿色制造、智能制造和高端装备创新五大工程实施指南。

为了响应党中央、国务院做出的建设制造强国的重大战略部署，各地政府、企业、科研部门都在进行积极的探索和部署。加快推动新一代信息技术与制造技术融合发展，推动我国制造模式从“中国制造”向“中国智造”转变，加快实现我国制造业由大变强，正成为我们新的历史使命。当前，信息革命进程持续快速演进，物联网、云计算、大数据、人工智能等技术广泛渗透于经济社会各个领域，信息经济繁荣程度成为国家实力的重要标志。增材制造（3D 打印）、机器人与智能制造、控制和信息技术、人工智能等领域技术不断取得重大突破，推动传统工业体系分化变革，并将重塑制造业国际分工格局。制造技术与互联网等信息技术融合发展，成为新一轮科技革命和产业变革的重大趋势和主要特征。在这种中国制造业大发展、大变革背景之下，化学工业出版社主动顺应技术和产业发展趋势，组织出版《“中国制造 2025”出版工程》丛书可谓勇于引领、恰逢其时。

《“中国制造 2025”出版工程》丛书是紧紧围绕国务院发布的实施制造强国战略的第一个十年的行动纲领——“中国制造 2025”的一套高水平、原创性强的学术专著。丛书立足智能制造及装备、控制及信息技术两大领域，涵盖了物联网、大数据、3D 打印、机器人、智能装备、工业网络安全、知识自动化、人工智能等一系列的核心技术。丛书的选题策划紧密结合“中国制造 2025”规划及 11 个配套实施指南、行动计划或专项规划，每个分册针对各个领域的一些核心技术组织内容，集中体现了国内制造业领域的技术发展成果，旨在加强先进技术的研发、推广和应用，为“中国制造 2025”行动纲领的落地生根提供了有针对性的方向引导和系统性的技术参考。

这套书集中体现以下几大特点：

首先，丛书内容都力求原创，以网络化、智能化技术为核心，汇集了许多前沿科技，反映了国内外最新的一些技术成果，尤其使国内的相关原创性科技成果得到了体现。这些图书中，包含了获得国家与省部级诸多科技奖励的许多新技术，因此，图书的出版对新技术的推广应用很有帮助！这些内容不仅为技术人员解决实际问题，也为研究提供新方向、拓展新思路。

其次，丛书各分册在介绍相应专业领域的新技术、新理论和新方法的同时，优先介绍有应用前景的新技术及其推广应用的范例，以促进优秀科研成果向产业的转化。

丛书由我国控制工程专家孙优贤院士牵头并担任编委会主任，吴澄、王天然、郑南宁等多位院士参与策划组织工作，众多长江学者、杰青、优青等中青年学者参与具体的编写工作，具有较高的学术水平与编写质量。

相信本套丛书的出版对推动“中国制造 2025”国家重要战略规划的实施具有积极的意义，可以有效促进我国智能制造技术的研发和创新，推动装备制造业的技术转型和升级，提高产品的设计能力和技术水平，从而多角度地提升中国制造业的核心竞争力。

中国工程院院士 潘云鹤

前言

随着计算机技术的不断发展，人们在享受计算机带来的方便与快捷的同时，对人机互动的需求也不断增加。人机智能交互变得尤为重要。如果计算机像人类一样能主动适应周围的环境，并且还能观察、理解和产生各种“情感”，这将从根本上改变人与计算机之间的关系，最终实现自然、富有情感、和谐的人机交互，使计算机能够更好、更全方位地为人类服务。由于人脸表情传递着丰富的个人情感信息，是人们非语言交流的一种重要方式，在人与人之间的交流中扮演着重要的角色，因此计算机通过对人脸表情进行识别，可以感知人的情感和意图，与人类的交互就会变得更加智能。近年来，人脸表情识别已成为国内外模式识别和人工智能领域的研究热点，其内容涉及到心理学、社会学、数学、认知科学、生物学、计算机科学等众多学科，是一个极富挑战性的交叉课题。

本书以人脸表情识别为研究对象，比较全面系统地研究了人脸表情识别系统的基本理论、算法设计和应用，设计了一套主动视觉人脸跟踪与表情识别系统。书中分别以动态人脸表情、微表情、鲁棒表情为识别对象，介绍了相关特征提取、分类算法的技术方法。书中各部分主要内容如下：第1章是人脸表情识别系统的概述，还介绍了相关技术的国内外发展现状。第2章针对复杂背景彩色图像人脸快速检测的问题，提出了一种人脸检测与定位的方法。第3章针对动态人脸表情特征提取的问题，提出了基于Candide3模型的人脸表情跟踪及动态特征提取方法。第4章详细讨论了基于动态图像序列的表情图像分类及实现方法。第5章研究并讨论了基于主动外观模型的人脸动态序列图像表情特征提取算法。第6章设计了基于子空间分析和改进最近邻分类的表情识别算法。第7章针对微表情序列图像的分析，提出了一种微表情序列图像的预处理方法。第8章设计了基于多尺度LBP-TOP的微表情特征提取方法。第9章提出了基于全局光流特征提取与LBP-TOP特征结合的微表情特征提取算法。第10章讨论了基于支持向量机和随机森林的微表情识别的分类器设计方法。第11章提出了一种基于Gabor多方向特征融合与分块直方图的表情特征提取方法。第12章针对光照变化下的表情分析问题，研究了基于对称双线性模型的光照鲁棒性人脸表情分析。第13章针对局部遮挡情况下的表情特征提取问题，研究了一种基于局部特征径向编码的局部遮挡表情特征提取方法。第14章针对局部遮挡表情特征提取，设计了局部累加核支持向量机分类器算法。第15章设计了一套基于主动视觉的人脸跟踪与表情识别系统。

本书由笔者团队结合吉林省科技项目及吉林大学“985工程”科技创新平台，从事表情识别系统研究，特别是人脸面部表情识别系统关键技术的教学和研究成果积累编写而成。书中很多应用技术和进展是笔者及所在课题组多年研究和开发成果的汇集，旨在为读者提供一本适合于当前表情识别系统发展水平的专业参考书籍。本书可供从事模式识别、表情识别、人脸识别系统研究的科研人员、相关专业的研究生或高年级本科学生使用。

本书由吉林大学田彦涛教授、长春工业大学刘帅师博士与东北师范大学万川博士编写而成。在编写过程中，王新竹硕士、郭艳君硕士、高旭硕士、张轩阁硕士为本书的部分章节提供了宝贵素材；吉林大学洪伟副教授、隋振副教授，长春工业大学廉宇峰副教授、孙中波博士为本书的编写给予了很大帮助。在此表示感谢！

由于笔者水平有限，书中难免存在不妥之处，敬请广大读者批评指正。

著　者

说明：为了方便读者学习，书中部分图片提供电子版(提供电子版的图，在图上有“电子版”标识)，在 www. cip. com. cn/资源下载/配书资源中查找书名或者书号即可下载。

目录

中国制造
2025

第1章

绪　论

1.1　人脸表情识别系统概述

人脸表情识别的过程一般包含三个主要步骤：人脸检测与定位、表情特征提取、人脸表情分类。典型的人脸表情识别系统如图 1-1 所示。

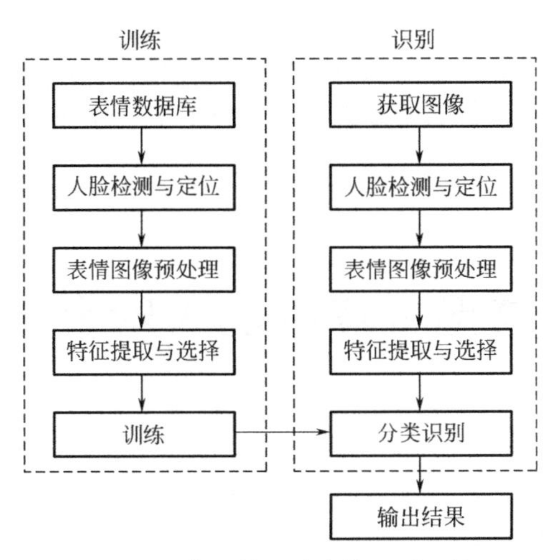

图 1-1　典型的人脸表情识别系统

（1）人脸检测与定位

建立一个人脸表情识别系统，首先通过人脸检测算法对输入的人脸图像或图像序列进行检测和定位，并且可以按照需要增加对眼睛、嘴巴等脸部关键部位的检测和定位。其次在处理图像序列时，可以对每帧进行人脸检测，或者只检测首帧，其余用于人脸跟踪。同时考虑到背景、光照会对检测和定位造成干扰，所以增加了图像处理环节，对采集回来的图像进行归一化、均衡化、去除光照等，尽可能地减少外部环境对检测结果造成的影响。

（2）表情特征提取

这一步骤是人脸表情识别系统中最为重要的部分，主要目的是从人脸图像或图像序列中提取出能够有效表征人脸表情特征的信息，去除一些多余的信息，即去冗余处理，这样可以提高图像信息的利用率。在提取特征信息之后，往往还需要对提取到的特征进行降维，避免特征维数过高而导致计算速度过慢。根据提取表情特征类型的不同，可以将其分为静态图像序列的人脸表情识别和动态图像序列的人脸表情识别。

大量实验研究表明，行之有效的表情特征提取工作可以大大提高系统的工作效率，简化人脸分类器的设计，提高识别率。表情特征提取能够完整地表达出人脸表情的特质，并且能够去除噪声、光照等对表情特征有着很强干扰的外部信息，其数据表达形式简单紧凑，维数不高，同时对于不同的表情之间有良好的区分性。

（3）人脸表情分类

对第二步提取到的表情特征进行分析，利用模式识别的方法首先对样本进行训练，然后对待检样本进行表情分类，可以将表情特征划分为六大基本表情，或划分为人脸表情活动单元的组合。

1.2 基于动态图像序列的人脸表情识别的研究情况

早在20世纪70年代，Suwa和Sugie等人就对基于动态图像序列的人脸表情识别进行了最初的尝试。他们跟踪一段脸部视频动画，得到每帧图片上20个关键点的运动规律，将此运动规律与预先建立的不同表情的关键点运动模型相比较，从而进行表情分析。

基于动态图像序列的人脸表情识别的真正发展是在20世纪90年代。日本的ART媒体整合与通信研究实验室的Kenji Mase等人提出使用光流法来跟踪表情运动单元，从而进行表情的识别工作。其表情分析思想为：首先，假定脸部图像被分解成肌肉单元，把肌肉单元集合成矩形；其次，在矩形区域中计算光流，量化成4个方向，每个窗口提取一个主要的肌肉收缩方向。定义提取一个长度为15维的特征向量来表征表情序列中光流变化最活跃的点，数据来源于若干组不同的表情图像序列：20组作为样本数据，30组作为测试数据，图像像素大小为256×240。研究者对高兴、愤怒、厌恶、惊奇四种基本表情进行了分类实验，分类器应用了基于K

近邻的方法，识别率达到了80%。

美国佐治亚理工学院MIT媒体实验室的Alex Pentland教授和Irfan Essa教授设计了一个以图像序列作为输入的计算机视觉系统，并用该系统来观察面部表情运动单元。系统的观察和感知是通过优化估计光流方法与描述面部的几何结构以及建立肌肉的物理模型相结合的方法实现的。这种方法产生了一个随时间变化的面部形状的空间模板和一个独立的肌肉运动群的参数化表征。这些肌肉运动模板可以被用于分析、解析与合成表情。其中实验所用序列图像像素大小为450×380，来源于7个对象的52组表情图像序列。识别的表情包括高兴、惊奇、愤怒、厌恶和抬眉，识别率达到了98%。

来自美国匹兹堡大学的Cohn和来自美国卡内基梅隆大学的Kanade等人使用光流法进行面部表情细微变化的识别。通过评价光流的分级算法自动跟踪获取人脸表情的动态特征，并对眉毛和嘴部区域以及混合动作单元进行识别。

美国马里兰大学的Yaser Yacoob和Larry Davis等人所使用的表情识别方法都是基于面部动作编码系统（Facial Action Coding System，FACS）的。他们集中于分析和嘴、眼睛、眉毛边缘相关的运动，把光流的方向场量化成8个方向。同时建立Beginning-Apex-Ending时间模型，规定每种表情的这个过程均以中性表情开始和结束，并定义了变化过程中每个阶段开始与结束的规则。识别算法使用简化的FACS规则来识别六种基本表情。他们的数据来源于32个对象的105组表情图像序列，图像像素大小为120×160。对六种基本表情的识别率分别为：高兴86%、惊奇94%、厌恶92%、愤怒92%、恐惧86%、悲伤80%。Mark Rosenblum和Yaser Yacoob等人使用径向基函数网络（Racial Basis Function Network，RBFN）结构学习脸部特征运动。该结构在最高一级识别表情，在中间一级决定脸部的运动方向，在最低一级恢复脸部的运动方向。特征提取中不关注脸部的肌肉运动模型，只关注特征部位的边缘运动。此系统的识别率达到了88%。

英国剑桥大学计算机实验室的Rana El Kaliouby和Peter Robinson等人的研究主要是为了通过表情识别能够自动并实时地分析用户的精神状态。他们首先截取视频流中的头肩图像序列，接着对图像序列进行运动单元分析，最后利用HMM分类器分析头部运动和表情。实验中使用了207组图像序列，其中包括90组基本表情和107组混合表情，系统对基本表情的识别率达到了86%，而对混合表情的识别率为79%。

在国内，哈尔滨工业大学的金辉和中科院的高文提出了一种人脸面部混合表情识别系统。该系统首先把脸部分成各个表情特征区域，分别提取其运动特征，并按照时序组成特征序列，然后分析不同特征区域包含的不同表情信息的含义和表情的含量，最后通过概率融合来理解、识别任意时序长度的、复杂的混合表情图像序列，此系统的识别率达到了96.9%。

杨鹏、刘青山等人提出了一种基于动态特征编码的人脸表情识别方法，并且将这种方法应用到基于视频的人脸表情识别中。杨鹏等人应用Cohn-Kanade表情库，对所提出的算法做了实验，并且与静态图像下的人脸表情识别方法做了对比，对比结果表明动态图像序列的识别结果要优于静态图像的识别结果。

1.3 微表情识别的研究情况

微表情这种特殊的表情自从被发现以来，学者们对其进行了大量的实验研究，对微表情的探索也经历了几个主要的过程。

1.3.1 微表情识别的应用研究

2006年，Russell，Elvina和Mary等人将临床研究与微表情联系起来。2008年，Russell通过实验研究了微表情识别对精神病患者的影响。2009年，Endres和Laidlaw研究了医学生们的微表情识别在个体上的差异。

基于微表情与谎言之间的联系性，Warren，Schertler和Bull等人研究了微表情识别能力与谎言识别能力的关系，以此来深入研究谎言识别。Fellner等人研究了微表情识别能力与刺激的关系。2009年，Frank等人研究了国家安全人员与普通人在微表情识别上的差异，以提高国家安全人员识别微表情的能力。

1.3.2 微表情表达的研究

Porter和Brinke是首先对微表情表达进行研究的。结果发现微表情与谎言识别的有效性没有显著的关联。Ekman等人也做了微表情表达的研究，然而与前者不同的是，他们的实验证明了基于微表情的谎言识别的有效性。

1.3.3 微表情识别的算法研究

在使用算法识别微表情方面，国外的学者们进行了比较早的尝试。

2009年，Sherve等人使用光流法在连续变化的表情序列中自动定位微表情。他们把人脸分成几个主要的区域：下巴、嘴巴、脸颊、前额和眼睛等部分。当表情发生变化时，面部肌肉运动，脸部就出现了鲁棒的、密集的光流场，使用中心差分法来计算其应变大小，通过应变在时空上的强度来捕捉微表情。2011年，他们设计出自己的数据库，并且使用光流法在包含夸张表情和微表情的长序列中自动定位表情，在181个夸张表情和124个微表情中，对夸张表情的定位精度达到了85%，对微表情的定位精度达到了74%。

同样在2009年，Polikovsky等人设计出了一种新的方法来识别微表情，称为3D梯度方向直方图法。首先，为了能够成功地捕捉到微表情，减少微表情持续时间短的影响，使用一个200帧/s的高速摄像机来处理输入的视频信息。其次，通过一些脸部特征点将主要的表情区域分为12个部分，形成脸部区域立方体。再次，计算出所有立方体的3D梯度方向直方图，再求和，获得整个序列的3D梯度描述符。最后，使用k均值聚类对13类微表情进行识别与分类。

2014年，Wang等人提出了一种新的方法来进行微表情的识别。他们使用判别张量子空间分析（Discriminant Tensor Subspace Analysis，DTSA）方法提取特征，并且为了解决微表情微弱的问题，把DTSA推广到一个高维度的张量。通过DTSA获得了判别式的特征之后，使用极限学习机（Extreme Learning Machine，ELM）对微表情进行识别与分类。

1.3.4 微表情数据库的研究

研究微表情，必不可少的前提是有一个微表情数据库。随着微表情研究的展开，几个经典的数据库也相继被学者们设计出来。下面对几个主要的微表情数据库做一个介绍。

（1）METT数据库

METT数据库是2002年由Ekman团队设计获得的，目的在于训练人识别微表情的能力。METT数据库包含12个来自日本人和高加索人的面部图片序列，在使用时，研究者向被试者呈现一系列某一人脸的无表情图片，并快速插入一个有表情图片，接着用无表情图片覆盖，被试者需要说出所观看的图像序列包含哪种表情（高兴、悲伤、惊讶、轻蔑、厌恶、恐惧和愤怒）。

（2）Polikovsky的微表情数据库

这一数据库是2009年由日本筑波大学的Polikovsky团队设计获得的。该数据库包含10个大学生受试者。在试验过程中，受试者被要求以尽量低的脸部肌肉运动强度做出七类主要的表情，并且以尽量快的速度返回中性表情，这一模仿微表情的过程由一个200帧/s的摄像机记录下来。

（3）USF-HD数据库

USF-HD数据库是2009年由美国南佛罗里达大学的Shreve团队设计获得的。该数据库由47段视频序列组成，其中包含181个夸张表情（微笑、惊讶、愤怒和悲伤）和 100 个微表情。在正常光照条件下，受试者被要求表演出夸张表情和微表情。在表演微表情时，受试者会先观看包含微表情的视频短片，然后模仿所看到的微表情。试验过程中的表情视频由一台 29.7 帧/s 的摄像机拍摄获得，每段视频的平均长度为 1min。

（4）SMIC 数据库

SMIC 数据库是 2012 年由芬兰奥卢大学机器学习视觉研究中心的赵国英团队设计并获得的，是世界上第一个公开的自发微表情数据库。该团队与心理学家合作，设计了一个高风险谎言试验。在试验中，团队人员让受试者仔细观看一些能诱发厌恶、恐惧、悲伤、惊讶等表情的电影片段，并要求受试者在观看过程中要抑制自己的面部表情，这一过程使用一个 100 帧/s 的摄像机记录。当出现微表情之后，受试者口头陈述自己的情绪，并且有两个实验员通过心理学机制对获得的微表情视频进行标记。

SMIC 数据库包括 16 个受试者的 164 段微表情视频，数据库将微表情分为积极的、消极的、惊讶三类，积极的即高兴表情，消极的包括悲伤、愤怒、恐惧、厌恶四种表情，三类微表情中各类视频数目分别为 70、51、43 段。SMIC 数据库中还包含由 25 帧/s 的摄像机拍摄获得的微表情图像序列以及通过近红外线获得的微表情图像序列。

（5）CASME 数据库

CASME 数据库是 2013 年由中国科学院心理研究所的傅小兰团队设计并获得的。该数据库包含 35 个受试者（13 个女性，22 个男性）的 195 段微表情视频。傅小兰团队总结了 Ekman 发表的微表情诱发方法，使用了 17 段能诱发厌恶、压抑、惊讶、紧张等表情的视频短片，并要求受试者抑制自己的表情，这一过程由一个 60 帧/s 的摄像机拍摄。

2014 年，傅小兰团队设计了 CASMEⅡ数据库，是 CASME 数据库的升级版本。该数据库的时间分辨率从原来的 60 帧/s 变为 200 帧/s，空间分辨率也有所增加，在人脸部分已经达到了 280×340 像素。CASMEⅡ数据库在严格的实验室环境和适当的光照条件下获得，最终得到 247 个微表情片段。

1.4 鲁棒性人脸表情识别的研究情况

人脸表情识别的图像一般是单一背景、光照一致、面部无遮挡、头部无运动、不说话的人脸正面图像。但在实际生活中，头部偏转或者面部存在遮挡物的情况（比如佩戴口罩、眼镜等）是很常见的。在上述情况发生时，获取到的表情信息存在着缺失，因此需要研究鲁棒性的表情识别算法来完成人脸信息不完整的表情识别任务。近年来，对于人脸识别的鲁棒性研究得到了广泛关注，研究人员提出了一些方法来克服局部遮挡、非均匀光照、噪声和与视角无关等因素对人脸识别的影响。在此基础上，对于鲁棒性人脸表情识别的研究逐渐发展起来。

1.4.1 面部有遮挡的表情识别研究现状

研究者针对面部有遮挡的情况提出了一些表情识别方法。Bourel 认为局部特征对遮挡表情更具辨识性，采用局部分类器处理所提取的局部特征，并对局部分类器的输出进行整合，实现了对部分遮挡表情的鲁棒性识别。考虑到基于局部特征的方法对遮挡表情识别的有效性，Bourel 又进一步提出了一种基于局部特征的鲁棒性表情识别方法，即基于状态的面部运动模型和基于局部空间几何的面部模型。应用此方法识别部分遮挡表情时得到了较理想的识别率。Gross 应用鲁棒主成分分析（Robust Principal Component Analysis，RPCA）对遮挡表情进行训练，获取表情图像灰度变化模型，在此基础上提出了一种对部分遮挡表情识别具有鲁棒性的活动外观模型。Kotsia 应用 Fisher 线性判别和 SVM 的思想，提出了一种基于最小类内方差的多类分类器，实验研究了在不同器官被遮挡情况下的表情识别效果。

也有研究者使用整体特征进行鲁棒性表情识别。Buciu 利用两种分类器处理部分遮挡表情的 Gabor 特征，针对眼部遮挡和嘴部遮挡取得了较好的识别率。Towner 提出三种 PCA 方法重构被遮挡的表情，其方法具有一定的借鉴性和改进空间。刘晓旻使用平均脸进行模板匹配，并以此对局部区域内的遮挡进行检查，但是此方法损失了遮挡部分的局部特征，无法在人脸结构差异较大的情况下得到良好的识别效果。

1.4.2 非均匀光照下的表情识别研究现状

Hong 提出了一种基于 Gabor 小波变换的人脸特征点提取方法，在光照环境下对人脸表情进行鲁棒性识别。首先确定包含重要表情辨识特征的人脸区域，然后利用 Gabor 小波变换提取关键特征点，并应用相位灵敏度相似性函数对每个特征点进行匹配，最后通过关键表情点的几何分布来估计特征值。该方法在 AR 表情库上获得了 84.1%的识别率。Li 提出了一种基于图像序列光照校正的实时人脸表情识别系统，对独立个体表情的光照变化和运动变化进行建模，实现了对大范围表情运动和光照变化的图像序列的识别。

1.4.3 与视角无关的表情识别研究现状

与视角无关考虑的是当头部发生旋转时的鲁棒性表情识别问题。Black 研究了与视角无关的表情识别问题，获得了对头部运动的鲁棒性。基于三维模型的表情识别方法对不同的观测角度具有较好的鲁棒性，Gokturk 采用基于三维模型的跟踪器，提取每一帧中人脸的姿态和外形，取得了较理想的识别结果。Sung 通过 2D+3DAAM 算法，实现了对头部偏移时人脸表情的鲁棒性识别，最高识别率可达到 91.87%。森博章采用 AAM 跟踪时序图像的特征点，同时结合人脸的动作单元特征，对人脸方向变化时细微表情的变化进行识别。Tong 以动态贝叶斯网络为基础，应用联合概率人脸动作模型，实现了头部偏转状态下的表情识别。

1.5 人脸表情识别相关资料汇总

为便于读者学习，本节提供更多绪论中所提到的人脸表情识别相关研究的资料出处供读者查阅，请至 www. cip. com/资源下载/配书资源，查询书名或者书号，即可下载。

参考文献

[1] Suwa M, Sugie N, Fujimora K. A preliminary note on pattern recognition of human emotional expression [C]//Proceedings of the Fourth International Joint Conference on Pattern Recognition, 1978. Kyoto, Japan, 1978: 408-410.

[2] Yacoob Y, Davis L. Computing spatial-temporal representations of human faces [C]//Proceeding of the Computer Vision and Pattern Recognition Conference, 1994. Seattle, WA, USA: IEEE, 1994: 70-75.

第2章

人脸检测与定位

2.1 概述

随着模式识别和计算机视觉技术的进步，人脸检测和跟踪技术有了长足的发展，这项技术有着非常广泛的应用领域，如信息检索、数字电视、智能人机交互等。此外，实用的人脸检测和跟踪系统具有广阔的前景和经济价值，如在电视电话会议、远程教育、监督和监测、医疗诊断等场合，都需要对特定的人脸目标进行实时跟踪。在人脸表情识别领域中，人脸检测和定位通常作为对人脸表情图像进行预处理的步骤，因此对后续的特征提取起到很大的作用。

人脸检测和定位是要从图像或者图像序列中判断检测出人脸，并提取图像中的人脸信息，对人脸位置进行定位。其中人脸检测是一个非常艰巨的任务，虽然人脸有着大致相似的结构特征，但是识别起来却受到很多因素的影响，总结起来主要有以下几点。

① 人的性别、外貌、年龄和肤色不同的影响。

② 人脸检测受光线的影响非常大，在逆光的环境中，采集到的人脸图像对比度很低，同时对人脸的不均匀光照很容易导致人脸检测的失败。

③ 对人脸的遮挡，如眼镜、头发和佩戴的饰物都会对人脸造成遮挡，这样会损失很多表征人脸的信息。

④ 由于摄像头采集的问题，不可避免地会因为靠近相机和抖动而引起面部特征模糊。

由此可以看出，人脸模式是受多种因素影响的复杂模式，如何找到一种有效的方法来提取人脸的共性特征进而描述人脸模式就成为了人脸检测的关键。现有的研究主要集中在三个方面：一是通过人脸的肤色将人脸信息提取出来；二是通过训练出一个通用的人脸模板对图像进行搜索和匹配；三是通过提取人脸特征，使用分类器进行识别。

本章主要讨论在复杂背景中对人脸进行快速准确地检测和定位的方法，为后续的人脸特征提取过程打下重要的基础。

2.2 基于肤色分割和模板匹配算法的快速人脸检测

本节首先探讨了基于肤色分割和模板匹配算法的快速人脸检测方法。基于彩色图像的人脸检测方法，主要是利用颜色空间对肤色和背景进行分割，由于其算法简单，计算非常容易，所以在人脸检测领域也有着很广泛的应用。利用肤色信息可以在背景中迅速定位出候选的人脸区域，适合应用于在实时视频图像中对实时性要求较高的人脸检测。然而，由于背景中可能有很多类肤色区域的存在，仅仅依靠肤色分割方法，有时不能准确地定位人脸区域，会出现误检和漏检的现象，所以为了更加准确地对人脸进行检测，这里选择将肤色检测和模板匹配算法结合起来使用。

在均匀光照下的彩色图像中，人脸在受光照影响不大的情况下，肤色就会在一个很均匀恒定的范围内，同时肤色不会随着人脸转动而变化。所以，用人脸模板来检测也是一种有效的识别方法，在被测图像中搜索能和人脸模板相匹配的区域，从而确定人脸的位置。模板匹配算法的优点是对光照变化不敏感，但是如果在待检图像中直接应用模板匹配的方法不但计算量大，而且也容易受到人脸姿态变化的影响，不适用于实时系统。所以本节先用肤色检测的算法确定一个大概的人脸区域，缩小搜索范围，在肤色区域内利用人脸模板寻找匹配区域，以实现检测准确性和速度的提升。算法的实现框图如图 2-1 所示。

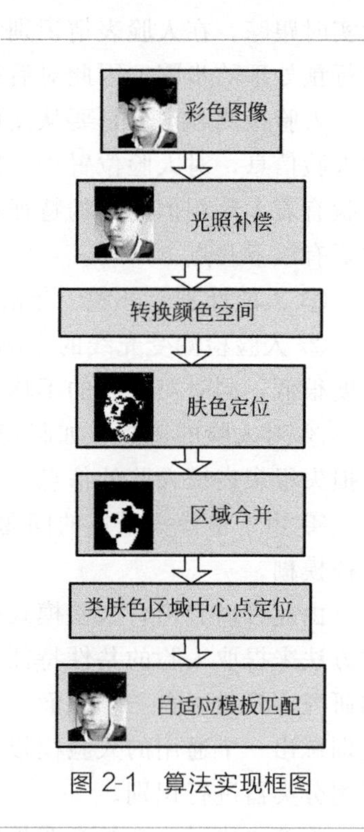

图 2-1 算法实现框图

2.2.1 基于彩色信息的图像分割

人们为了统一表示颜色，建立了一些颜色空间模型。目前常用的几种典型的颜色空间有 CIE 色度模型、RGB 颜色空间、HSI 颜色空间、YUV 颜色空间、YCrCb 颜色空间等。各种颜色空间有各自对应的应用领域，在肤色识别领域使用最多的就是 YCrCb 颜色空间，它同样具有 HSI 格式中将亮度分量分离的优点，它的亮度分量 Y 与色度信息有一定的关联，因为它也可以由对 RGB 格式做线性变换得到，所以肤色的聚类区域也是非线性变化的。

$$\begin{bmatrix} Y \\ C_b \\ C_r \\ 1 \end{bmatrix} = \begin{bmatrix} 0.2990 & 0.5870 & 0.1140 & 0 \\ -0.1687 & -0.3313 & 0.5000 & 128 \\ 0.5000 & -0.4187 & -0.0813 & 128 \\ 0 & 0 & 0 & 1 \end{bmatrix} \begin{bmatrix} R \\ G \\ B \\ 1 \end{bmatrix} \tag{2-1}$$

在进行肤色检测时，如果我们不考虑亮度分量 Y 的影响，就可以把三维颜色空间变为二维，这样在 C_bC_r 的二维平面上，代表肤色的区域就会很集中，通常用高斯分布来描述这种分布。通过训练大量人脸肤色样本图片的方法获得高斯分布的中心，然后通过判断待检测像素点与肤色分布中心的距离就可以得到与肤色的接近程度，从而得到待检测图像的肤色相似度分布情况，按照一定的规则对该分布图进行二值运算，最终确定肤色的区域，再将获得的二值图像进行进一步处理，就可以获得人脸肤色区域在图像中的分布。

由于亮度分量 Y 保存的是亮度信息，主要表示的是图像像素点的亮度信息，而 C_b、C_r 对高斯模型的参数比较稳定，所以我们对 C_b、C_r 进行高斯建模，在图像中的任何一点（x,y）有

$$\begin{cases} \hat{C}_b : N(\mu_b, \sigma_b^2) \\ \hat{C}_r : N(\mu_r, \sigma_r^2) \end{cases} \tag{2-2}$$

式中，μ_b、μ_r 是肤色分量 C_b、C_r 的均值；σ_b、σ_r 是肤色分量 C_b、C_r 的标准偏差，它们的值反映的是图像样本信息。根据图库中大量的训练样本和实验室采集的图像，设定 μ_b、μ_r、σ_b、σ_r 分别为 115、148、10、10。在实际应用中，在不同的环境中，光照的位置可能会发生变化，光线通常也会发生变化，光线的变化直接体现在亮度分量 Y 上，对 C_b、C_r 的影响不大。但是当环境中的光线变化很大时，对 C_b、C_r 的值也会产生比较大的影响，这时如果再使用固定的高斯模型参数，就会出现很高的人脸误检率。因此对模型进行改进如公式(2-3)所示。

$$\begin{cases} \mu_b = 115, \mu_r = 148, Y \in [TL_y, TH_y] \\ \mu_b = 115 + C_1(C_b - 115), \mu_r = 148 + C_2(C_r - 148), \text{其他} \end{cases} \tag{2-3}$$

式中，TL_y、TH_y 设定为在正常亮度下的阈值。

对于测试图像 $F'_k(x,y)$ 来说，若像素点（x,y）的色度分量 C_b、C_r 均满足高斯分布：$|C_b-\mu_b|<2.5\sigma_b$ 并且 $|C_r-\mu_r|<2.5\sigma_r$，便认定是肤色点并予以保留，转为二值图像的白色点；若像素点（x,y）的色度分量 C_b、C_r 出现任何不满足肤色点的条件：$|C_b-\mu_b|>2.5\sigma_b$ 或 $|C_r-\mu_r|>2.5\sigma_r$，则认为该点不是

肤色点，转为二值图像的黑色点。因此在二值图像中，除了肤色区域外，其余的区域都变为了黑色的背景，这样我们就把人脸的候选区域分割出来了。

利用这种方法划分出来的肤色区域很容易有噪声坏点的出现，皮肤边缘可能会不光滑、有毛刺，肤色区域或者背景区域中有明显跳变。这种误识别可以用形态学中的腐蚀操作来修正，并且有比较明显的效果。

一般情况下，人脸并不一定总是图像中的主体，这样在提取出的肤色区域中可能会有其他干扰的区域，所以我们应该把小部分的肤色区域舍弃，而将大面积的肤色区域进行图像的腐蚀操作和膨胀运算，使得大块的肤色区域得以连通到一起，这样做的好处是一方面可以做到去除噪声和去掉小面积肤色干扰的问题，另一方面增加了肤色区域的面积，对肤色区域进行了增强处理。

在最后我们就可以设定一些准则去掉在二值图像中的非人脸区域。

① 利用肤色区域大小的准则。与其他肤色区域相比，正常来说人脸的肤色区域应该在面积上占有一定优势，这样我们就可以统计在二值图像中所有的候选人脸肤色区域的像素点数目，设置阈值 S_r，当色块面积大于 S_r 时，该区域就可以判定为是人脸的肤色区域，予以保留，否则就可以认为该区域不是人脸区域。但是阈值 S_r 的设定是非常困难的，因为人脸在图像中的比例并不是恒定的，如果阈值过小就起不到过滤非人脸肤色区域的作用，当人脸在图像中的比例非常小的情况下，就会出现漏检的现象，所以阈值需要不断地通过实验去调整，在此阈值设定为 35。

② 利用人脸比例的先验知识。在正常情况下，没有大角度的旋转俯仰，人脸区域的矩阵长宽比应该在一定范围之内，这样我们就可以根据人脸比例的先验知识，得到此长宽比范围为 [1.0,1.5]，因此也可以排除掉一些不符合规则的肤色区域。

在对人脸区域进行大致分割以及对图像中的人脸肤色区域有了大致划分后，在人脸区域中进一步地应用模板匹配算法，就可以更加准确地定位出人脸。

2.2.2 自适应模板匹配

模板匹配算法简单来说就是在图像中遍历搜索和一个已知模板的相似程度，当与模板的匹配程度超过阈值时，我们就认为找到了匹配的区域，并标记出来。模板匹配算法首先要制作一个人脸模板，将候选区域和人脸模板进行比对，计算它们的相似程度，相似度高的就判定为人脸。

传统的模板匹配算法容易实现，但是由于图像中人脸的大小、角度都是不确定的，因此传统模板的适应性较差，识别率低。本节针对传统模板的这一缺点，使用能够自适应的模板，自适应模板能够根据待测区域的大小调整模板到相应的大小，提高了模板的自适应性，流程图如图 2-2 所示。

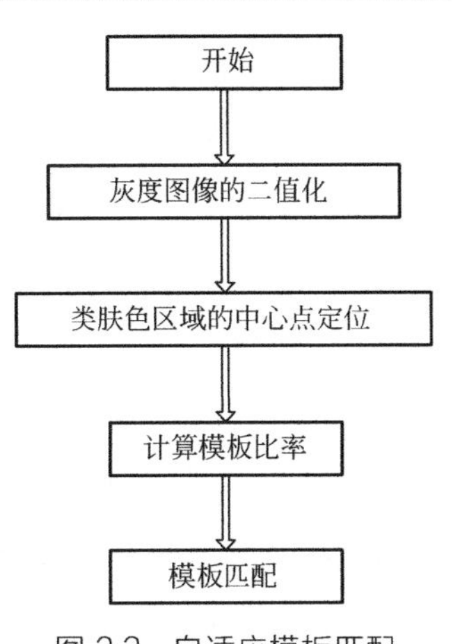

图 2-2 自适应模板匹配

出于对速度的考虑，我们只使用一个模板，为了使模板更好地表现人脸模式，我们需要对人脸样本进行图像处理，包括对人脸样本大小的划分、尺度变换以及标准化灰度分布，然后对多个所选样本的灰度值进行求平均值运算，再将平均值压缩到合适的尺寸，用这种方法构造人脸模板是一个对多样本求平均值的过程，具体操作如下：

① 将每个样本中的人脸区域划分出来作为人脸样本，并将人脸样本中人眼的位置手动标定出来，确保人眼在人脸模板中的位置是准确的；

② 对每个人脸样本的大小和灰度做标准化处理；

③ 对所得的边缘图像的灰度求平均值作为人脸模板。

图 2-3 是最终训练出的人脸模板。

对图像的灰度进行标准化处理可以消除光照的影响，标准化就是使图像灰度的均值和方差大致相同。将图像用向量 $\boldsymbol{x}=[x_0,x_1,\cdots,x_{n-1}]$来表示，其灰度的平均值可以表示为 $\overline{\mu}$，灰度分布的方差可以表示为 $\overline{\sigma}$。对于输入的每一个样本，我们要将它的灰度平均值和方差变换到设定的均值 μ_0 和方差 σ_0，需要进行以下灰度变换：

$$\hat{x}_i=\frac{\sigma_0}{\overline{\sigma}}(x_i-\overline{\mu})+\mu_0,0\leqslant i<n \tag{2-4}$$

当被测区域大小和人脸模板不一样的时候，需要对模板进行拉伸或收缩，从而恰当地匹配待测区域。具体实现方法是：通过公式(2-5) 计算出待测区域的中心点，再由外接矩阵确定图像的位置和面积，最后计算人脸模板和被测区域的面积比值确定模板的伸缩比。这样就可以根据比例对人脸模板进行变换了，如图 2-4 所示。

$$\boldsymbol{X}_{\mathrm{C}}=\sum_{i=0}^{n}\boldsymbol{X}_i/n\ ,\boldsymbol{Y}_{\mathrm{C}}=\sum_{i=0}^{n}\boldsymbol{Y}_i/n \tag{2-5}$$

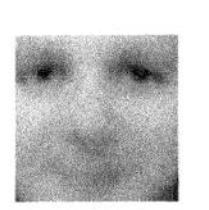
图 2-3 人脸模板

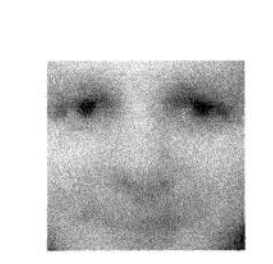
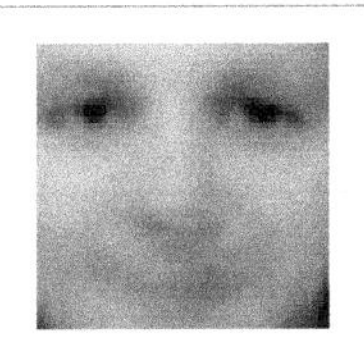
图 2-4 人脸模板的比例变换

假设人脸模板的灰度矩阵为 $\boldsymbol{T}[M][N]$，灰度均值为 μ_r，均方差为 σ_r；输入的图像区域的灰度矩阵为 $\boldsymbol{R}[M][N]$，灰度均值为 μ_R，均方差为 σ_R。那么它们之间的相关系数 $r(\boldsymbol{T},\boldsymbol{R})$ 和对应像素灰度值的平均偏差 $d(\boldsymbol{T},\boldsymbol{R})$ 分别为

$$r(\boldsymbol{T},\boldsymbol{R})=\frac{\sum_{i=0}^{M-1}\sum_{j=0}^{N-1}(T[i][j]-\mu_r)(R[i][j]-\mu_R)}{MN\sigma_r\sigma_R}$$

$$d(\boldsymbol{T},\boldsymbol{R})=\sqrt{\frac{\sum_{i=0}^{M-1}\sum_{i=0}^{N-1}(T[i][j]-R[i][j])^2}{MN}} \tag{2-6}$$

$r(\boldsymbol{T},\boldsymbol{R})$ 越大表示模板与输入图像区域的匹配程度越高，而 $d(\boldsymbol{T},\boldsymbol{R})$ 正相反。将它们作为匹配程度的度量：

$$D(\boldsymbol{T},\boldsymbol{R})=r(\boldsymbol{T},\boldsymbol{R})+\frac{\alpha}{1+d(\boldsymbol{T},\boldsymbol{R})} \tag{2-7}$$

经过肤色分割处理的图像包含多个肤色块，需要对每一个肤色块进行模板匹配。每次匹配从模板的中心点开始，如果和模板的相关程度大于给定人脸阈值的扫描窗口，那么就把这个位置标记为人脸。

2.2.3 仿真实验及结果分析

在基本配置为 Celeron(R)CPU 2.8GHz、内存 2GB 的 PC 机上，系统检测单张图像的运行时间为 50ms，基本可以实时地进行人脸检测。人脸检测算法需要克服光照、表情和个体差异所带来的影响，这就需要算法有很强的鲁棒性，所以针对这些对识别结果有影响的情况都要进行实验。我们选择了自建表情图库 MAFE-JLU 的部分图片做了仿真实验，实验结果如表 2-1 所示。

表 2-1 实验结果

图片类型	正确张数	错误张数
正面人脸	10	0
仰头	9	1
低头	8	2
左转	10	0
右转	10	0
带表情	10	0
光照不均匀	7	3

部分实验结果如图 2-5 所示，可以看出算法可以在有表情干扰和个体差异的情况下准确识别出人脸。

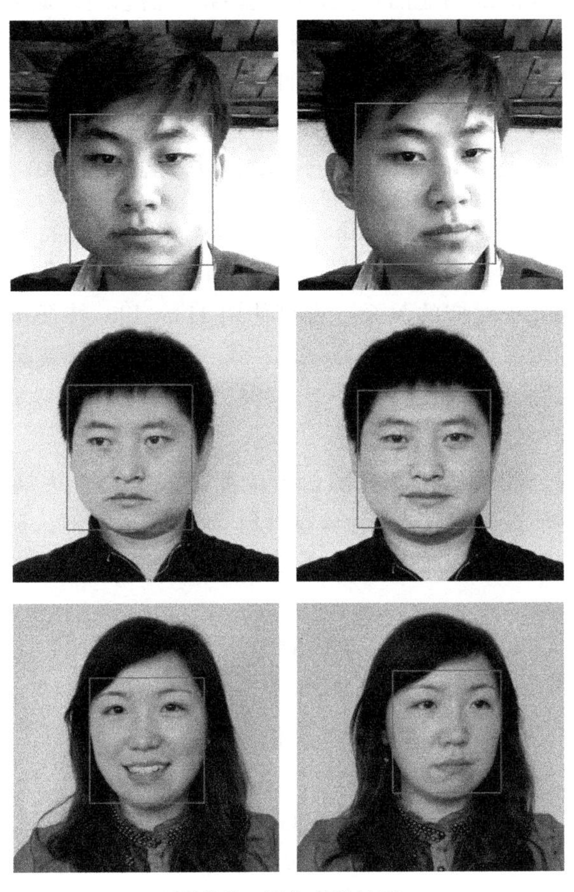

图 2-5 部分实验结果

本节阐述了一种肤色分割和模板匹配相结合的人脸检测算法，可以看出，在建立的标准图库中，背景简单，光照基本均匀，该算法表现出了非常好的检测效果，同时算法计算复杂度低，实时性好。但是基于肤色模型的人脸检测算法，受光照和背景的影响很大，而且在计算中对每一步的操作精度要求很高，所以通用性和实用性不强，这就促使我们对人脸检测算法进行进一步的研究。

2.3 改进 Adaboost 算法的人脸检测

在上一节中我们讨论了用经典的肤色检测算法检测图像中的人脸，但是肤色信息并非是一个受环境影响小的信息，如果想取得更好的识别效果，就需要找到能区别人脸和非人脸的最明显的特征，将这些特征信息组合起来完成对人脸的建模。在利用 Adaboost 人脸检测算法检测人脸的时候，需要把人脸中的简单特征提取出来。在本节中我们选择利用扩展的 Haar-like 特征来提取人脸的特征信息。

2.3.1 由扩展的 Haar-like 特征生成弱分类器

本节采用的弱分类器是 Haar-like 矩形特征，各个矩形特征就构成了一个个的弱分类器，我们把直接利用 Haar-like 特征构成的分类器称为弱分类器，弱分类器与矩形特征是完全对应的关系。直接使用 Haar-like 特征作为弱分类器的优点是通过引入积分图像可以快速计算 Haar-like 特征，缺点就是每个弱分类器的分类能力都不强。因此我们选择一个矩形特征作为弱分类器需要探讨的一个问题就是，如何能够确定矩形特征的阈值。

一般来说，弱分类器的性能比随机分类略好一些，分类器的分类能力大于50%就可以认为是弱分类器了。因此，可以找到一个阈值对人脸样本和非人脸样本进行分类，目标就是要保证找到的分类器的分类能力超过 50%，满足弱分类器的要求。

设输入窗口 x，则第 j 个特征生成的弱分类器形式为

$$h_j(x)=\begin{cases}1, p_j f_j(x)<p_j\theta_j \\ 0, 其他\end{cases} \tag{2-8}$$

式中，$h_j(x)$ 表示弱分类器的值；θ_j 表示设定的阈值；p_j 控制不等号的方向，值的选取为± 1；$f_j(x)$ 表示第 j 个矩形特征的特征值。

在图像中提取的每个矩形的灰度积分的计算，最多只需要从积分图像中取 9 个元素做加减法，而且在进行多尺度检测时，仍然可以使用同一个积分图像，这就意味着在整个检测过程中，只扫描了一遍图像，就对所有的尺度进行了一次遍历。但是对于 Haar-like 特征，一个 24×24 的矩形区域，特征数量也是十分庞大的，远远超过了 24×24 像素的个数，这样即使每个矩形特征都可以很快地计算，把所有要计算的矩形特征加起来计算时间也会很长。因此，在实际应用中，就必须找到对于人脸分类非常重要的特征，而 Adaboost 算法就是选取这些特征最有效的手段。

2.3.2 Adaboost 算法生成强分类器

Adaboost 算法的学习过程，就是一个对特征选择的过程，算法通过加权投票的机制，用大量分类函数的加权组合来判断。算法的关键就是，对那些分类效果好的分类函数赋予较大的权重，对分类效果差的赋予较小的权重。Adaboost 算法的目标就是找出对分类贡献很大的特征，从而减少弱分类器的数量。

由于每个提取出的人脸矩形特征都是一个弱分类器，所以我们利用 Adaboost 算法生成强分类器的过程就是寻找那些对人脸和非人脸区分性最好的矩形特征，由这些特征所对应的弱分类器组合生成的强分类器对人脸的区分度达到最优，这样选出的强分类器就是最具有人脸检测能力的人脸分类器。

由弱分类器级联生成强分类器的算法如下。

设输入为 N 个训练样本：$\{x_1,y_1\},\cdots,\{x_n,y_n\}$。其中，$y_i=\{0,1\}$，0 代表错误的样本，而 1 代表正确的样本。已知训练样本中有 m 个错误样本，l 个正确样本。

在 2.3.1 节中我们已经给出，第 j 个特征生成的弱分类器形式如公式(2-8)所示。

① 初始化误差权重，对于 $y_i=0$ 的样本，$\omega_{1,i}=1/2m$；对于 $y_i=1$ 的样本，$\omega_{1,i}=1/2l$。

② 对于每个 $t=1,\cdots,T$（其中 T 为训练的次数）：

a. 把权重值归一化后可以得到：$\omega_{t,i} \leftarrow \dfrac{\omega_{t,i}}{\sum_{j=1}^{n}\omega_{t,i}}$；

b. 对于每个特征 j，按照上述方法生成相应的弱分类器 $h_j(x_i)$，计算出相对于目前权重的误差：

$$\varepsilon_j=\sum_i \omega_i \left| h_j(x_i)-y_i \right| \tag{2-9}$$

c. 选择具有最小误差 ε_t 的弱分类器 $h_t(x)$ 加入到强分类器中去；

d. 更新所有样本对应的权重：

$$\omega_{t+1,i}=\omega_{t,i}\beta_t^{1-e_i} \tag{2-10}$$

式中，如果第 i 个样本 x_i 被正确分类，则 $e_i=0$；反之 $e_i=1$，$\beta_t=\dfrac{\varepsilon_t}{1-\varepsilon_t}$。

③ 最后生成的强分类器为

$$h_j(x)=\begin{cases}1, \sum_{t=1}^{T}\alpha_t h_t(x) \geqslant \dfrac{1}{2}\sum_{t=1}^{T}\alpha_t \\ 0, 其他\end{cases} \tag{2-11}$$

式中，$\alpha_t=\lg\dfrac{1}{\beta_t}$。

我们可以把以上训练过程的意义描述为：在每一次迭代过程中，在当前的概率分布上找到一个具有最小错误率的弱分类器，然后调整概率分布，增大当前弱分类器分类错误的样本的概率值，降低当前弱分类器分类正确的样本的概率值，以突出分类错误的样本，使下一次迭代更加针对本次的不正确分类，也就是对分类难度更大、很容易错误划分的样本进一步的重视。这样，在后面训练提取的弱分类器就会更加强化对这些分类错误样本的训练。

2.3.3 级联分类器的生成

上一小节我们描述了如何通过 Adaboost 算法生成由最重要的特征组成强分类器的过程。对于这样一个含有很多具有强分类能力特征的分类器，已经是利用整个分类器进行人脸检测了，但是在检测中需要遍历扫描待检测图像的各个位置的窗口，这样就有大量需要检测的窗口，在这样的情况下，我们发现如果把每个窗口都进行很多个特征的特征值运算，整个检测工作的过程就将花费过多的时间。

级联分类器的每一层是一个由连续 Adaboost 算法训练得到的强分类器。通过设置合理的阈值，使得绝大部分的人脸都能通过筛选，在每一层中尽量把负样本去除。级数越高，就会包含更多的弱分类器，当然分类能力也就更强大。显而易见，通过的层数越多，就表明越接近真实的人脸。做一个形象的比喻，级联分类器的分类过程就像是一系列的筛子，筛子孔的大小在不断减小，每一步都筛除得更加精细，从而可以继续淘汰掉一些前面的筛子没有筛选出的负样本，这样最终通过全部筛子的样本就被认定为是人脸样本。级联分类器的结构图如图 2-6 所示。

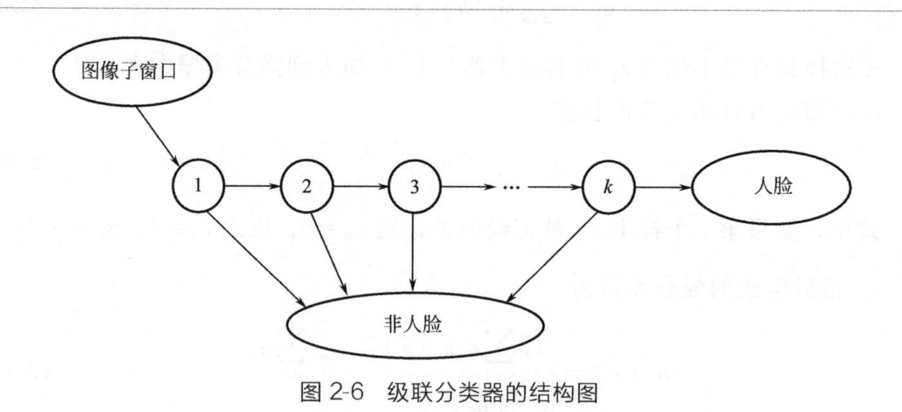

图 2-6 级联分类器的结构图

级联分类器的误检率和检测率分析如下。

假定级联分类器是由 k 个强分类器组成的，我们把各个分类器的误检率定义为 $f_1, f_2, \cdots, f_k$，把检测率定义为 $d_1, d_2, \cdots, d_k$，则级联分类器的误检率 F 和检测率 D 分别为：

$$F=\sum_{i=1}^{k} f_k \tag{2-12}$$

$$D=\sum_{i=1}^{k} d_k \tag{2-13}$$

通过前面介绍的 Adaboost 算法原理我们可以看出，通过级联分类器训练出的强分类器的目标是要达到最低的误检率，这样就无法达到很高的检测率，这是因为增加检测率的同时误检率也会增加。

解决这个问题看似最简单的办法就是降低强分类器的阈值，以便使第 i 层的强分类器的检测率可以达到 d，但是降低强分类器的阈值又会增加误检率，显然这是一个很矛盾的方式，所以需要采取另外的办法，那就是可以增加弱分类器的个数。随着弱分类器个数的增加，强分类器的检测率就会提高，而误检率会降低，但是显然增加弱分类器的个数会引起计算时间的增加，所以在构造级联分类器的时候要考虑到平衡的问题。

级联分类器串联的级数依赖于系统的错误率和响应速度。前面的几层强分类器通常结构简单，一层仅由一到两个弱分类器组成，但这些结构简单的强分类器可以在前期达到近 100%的检测率，同时误检率也很高，我们可以利用它们快速筛选掉那些显然不是人脸的子窗口，从而大大减少需要后续处理的子窗口数量。

级联分类器的训练算法如下。

① 设定每层的最大误检率为 f，每层的最小通过率为 d，整个检测器的目标误检率为 F_{target}，正样本集合为 Pos，负样本集合为 Neg。

② 初始化 $F_1=1$，$i=1$。

③ 当 $F_i>F_{\text{target}}$ 时

a. 用 Pos 和 Neg 训练第 i 层，并设定阈值为 b，使得误检率 f_i 要小于 f，检测率要大于 d。

b. $F_{i+1} \leftarrow F$，$i \leftarrow i+1$，$Neg \leftarrow \varnothing$。

c. 如果 $F_{i+1}>F_{\text{target}}$，则用当前级联检测器扫描非人脸的图像，收集所有误检的集合 Neg。

Adaboost 的训练过程就是通过不断的循环，从提取到的海量特征中选出对人脸检测最为有效的特征。Adaboost 算法中的每次循环，都是从特征中选择一个特征。图 2-7 就是学习过程中得到的特征：第一个特征表征的是人脸嘴的位置；第二个特征表示了人眼的水平区域；第三个特征用于区分人的双眼和鼻梁部位的明暗边界。Adaboost 所选择的特征不但对于正面的人脸具有很好的识别率，在人脸有着姿态变化比如俯仰、左右旋转还有倾斜的情况下同样有着较高的识别率，可以满足人脸检测的需要。

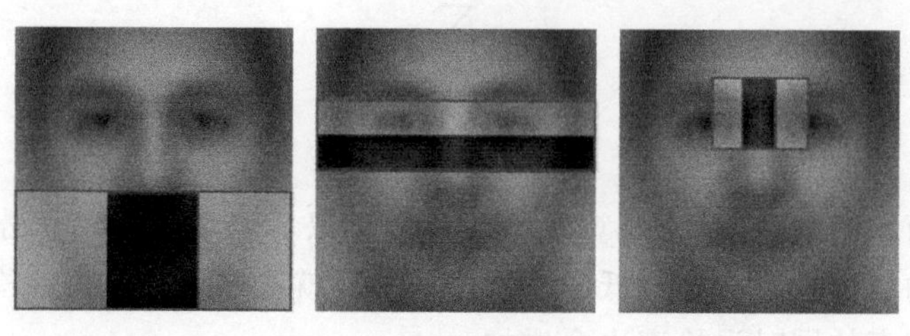

图 2-7 学习得到的特征

2.3.4 极端学习机

由于人脸检测问题是一个典型的两类模式识别问题，人们提出了很多利用模式分类的方法以增强人脸检测的性能。然而，与传统的梯度学习算法（如 BP 算法）和经典的 SVM 相比，极端学习机（Extreme Learning Machine，ELM）有着非常快的计算速度。和传统的梯度学习算法相比，ELM 在局部过小、过拟合学习率的选择等问题上都有了很好的解决，并且在泛化能力上有了很大的改善，同时使用 ELM 不需要通过很多步骤去确定训练参数，这样的好处是 ELM 算法可以很方便地应用并且容易选取合适的参数，更加容易达到算法的最佳识别率。所以在本节中提出利用极端学习机算法改进 Adaboost 算法的人脸检测率，降低误检率。该方法先通过 Adaboost 算法找出图像中的候选人脸区域，根据训练样本集中的人脸和非人脸样本训练出分类器，然后通过极端学习机从候选的人脸区域中最终确定人脸区域。

ELM 是 Huang 等人提出的一种新算法，针对单隐含层前馈神经网络（Single-hidden Layer Feedforward Neural Networks，SLFN）。在 ELM 算法中，隐含层节点参数由连接输入节点和隐含层节点的权值以及隐含层节点的阈值组成，随机产生这些参数，将 SLFN 视为一个线性系统，然后通过对隐含层输出矩阵的广义逆操作分析得出 SLFN 的输出权值。研究表明 ELM 算法简单并且容易实现，具有很好的全局搜索能力。

（1）标准 SLFN 的数学描述

一个有 L 个隐含层节点的 SLFN 的输出可以用公式(2-14) 表示：

$$f_L(x)=\sum_{i=1}^{L}\boldsymbol{\beta}_i G(\boldsymbol{a}_i,b_i,x),x\in R^n,\boldsymbol{a}_i\in R^n,\boldsymbol{\beta}_i\in R^m \tag{2-14}$$

式中，$\boldsymbol{a}_i$、b_i 代表隐含层节点的学习参数；$\boldsymbol{\beta}_i=[\beta_{i1},\beta_{i2},\cdots,\beta_{im}]^{\mathrm{T}}$ 表示的是隐含层第 i 个节点到输出层的连接权值；$G(\boldsymbol{a}_i,b_i,x)$表示第 i 个隐含层节点与输入值 x 的关系。

假设激活函数为 $g(x)$：$R \to R$（例如S型函数），可以得出：

$$G(\boldsymbol{a}_i, b_i, x) = g(\boldsymbol{a}_i \cdot x + b_i), b_i \in R \tag{2-15}$$

式中，$\boldsymbol{a}_i$ 是输入层到第 i 个隐含层节点的连接权值向量；b_i 是第 i 个隐含层节点的阈值；$\boldsymbol{a}_i \cdot x$ 表示向量 $\boldsymbol{a}_i$ 和 x 的内积。

(2) ELM算法描述

我们任意选取 N 个样本 $(\boldsymbol{x}_i, \boldsymbol{t}_i) \in R^n \times R^m$，定义 $\boldsymbol{x}_i \in R^n$ 为输入，$\boldsymbol{t}_i \in R^m$ 为输出。

如果一个有 L 个隐含层节点的SLFN无限逼近这 N 个样本（忽略误差），则存在 $\boldsymbol{\beta}_i$，$\boldsymbol{a}_i$，b_i，有

$$f_L(\boldsymbol{x}_j) = \sum_{i=1}^{L} \boldsymbol{\beta}_i G(\boldsymbol{a}_i, b_i, \boldsymbol{x}_j) = \boldsymbol{t}_j, j = 1, \cdots, N \tag{2-16}$$

公式(2-16) 可以简化成

$$\boldsymbol{H\beta} = \boldsymbol{T} \tag{2-17}$$

这里

$$\boldsymbol{H}_0(\boldsymbol{a}_1, \cdots, \boldsymbol{a}_N, b_1, \cdots, b_N, \boldsymbol{x}_1, \cdots, \boldsymbol{x}_N) = \begin{pmatrix} G(\boldsymbol{a}_1, b_1, \boldsymbol{x}_1) & \cdots & G(\boldsymbol{a}_1, b_1, \boldsymbol{x}_1) \\ \vdots & & \vdots \\ G(\boldsymbol{a}_1, b_1, \boldsymbol{x}_N) & \cdots & G(\boldsymbol{a}_N, b_N, \boldsymbol{x}_N) \end{pmatrix}_{N \times N}$$

$$\boldsymbol{\beta} = \begin{pmatrix} \boldsymbol{\beta}_1^{\mathrm{T}} \\ \vdots \\ \boldsymbol{\beta}_N^{\mathrm{T}} \end{pmatrix}_{N \times m}, \boldsymbol{T}_0 = \begin{pmatrix} \boldsymbol{t}_1^{\mathrm{T}} \\ \vdots \\ \boldsymbol{t}_N^{\mathrm{T}} \end{pmatrix}_{N \times m} \tag{2-18}$$

求得的 $\boldsymbol{H}$ 是隐含层输出矩阵，第 i 列是与输入 $\boldsymbol{x}_1, \boldsymbol{x}_2, \cdots, \boldsymbol{x}_N$ 有关的第 i 个隐含层节点的输出向量，第 j 行是与输入 $\boldsymbol{x}_j$ 有关的隐含层输出向量。

在实际应用中，隐含层节点的个数 L 常常是小于训练的样本数 N 的，因此训练误差不会完全不存在，但是可以无限逼近一个设为 ε 的误差。如果SLFN隐含层节点参数 $\boldsymbol{a}_i$、b_i 在训练过程中直接取随机值，公式(2-17) 就可以看成一个线性系统，输出权值 $\boldsymbol{\beta}$ 如式(2-19) 所示：

$$\boldsymbol{\beta} = \boldsymbol{H}^{\dagger} \boldsymbol{T} \tag{2-19}$$

其中，$\boldsymbol{H}^{\dagger}$ 指的是隐含层的输出矩阵 $\boldsymbol{H}$ 的Moore-Penrose广义逆，符号†表示伪逆运算。

ELM算法可以按照下面三个步骤进行：

假设训练集是 $N = \{(\boldsymbol{x}_i, \boldsymbol{t}_i) | \boldsymbol{x}_i \in R^n, \boldsymbol{t}_i \in R^m, i = 1, \cdots, N\}$，激活函数为 $g(x)$，隐含层节点数设为 L，则

① 选取随机隐含层的节点参数 $(\boldsymbol{a}_i, b_i), i = 1, \cdots, L$；

② 通过计算得出隐含层的输出矩阵 $\boldsymbol{H}$；

③ 计算最终输出的权值 $\boldsymbol{\beta}$：$\boldsymbol{\beta}=\boldsymbol{H}^{\dagger}\boldsymbol{T}$。

首先，利用 Adaboost 分类器和极端学习机分类器分别对人脸训练集进行训练，训练集中包含了含有人脸的训练样本和不含人脸的训练样本，在训练的过程中，一些非常接近正确样本的虚假样本被矩形特征作为弱分类器，利用 Adaboost 算法生成强分类器时，会通过 Adaboost 算法的层层筛选生成最后的强分类器，这样会对人脸检测产生一定的影响，会造成待检图像中人脸的误检、虚检，降低检测成功率。因此我们可以通过提取出错误识别的样本，再次人工标定人脸和非人脸，生成新的样本训练集，然后进一步对极端学习机算法分类器进行训练，利用极端学习机对错误样本继续学习，这样针对 Adaboost 分类器误检的问题，就可以通过极端学习机分类器再次检测做到进一步地排除，最终使得训练好的分类器具有非常优良的检测性能。通过将 Adaboost 分类器与极端学习机分类器相结合，就可以在保持 Adaboost 算法分类器速度快的基础上进一步提高人脸检测的成功率。

2.3.5 仿真实验及结果分析

本节用来训练和测试实验程序的环境如下：CPU 为 Intel Core2 2.70GHz，内存为 2GB，操作系统为 Windows XP。

本节采用 MIT CBCL 图库训练人脸检测分类器，MIT CBCL 图库中拥有 2429 张人脸样本图像，4554 张非人脸图像。在训练前，为了得到更好的训练结果，需要先对图像进行预处理，把图像分辨率归一化为 24×24 的统一大小，再从每幅图像中提取 162336 个 Haar-like 特征。本节在图库中各随机选择 2000 张人脸图像和非人脸图像对人脸分类器进行训练，训练后所得到的级联分类器一共分为 22 级，即共有 22 个强分类器，每级分类器含有的弱分类器的个数如图 2-8 所示。

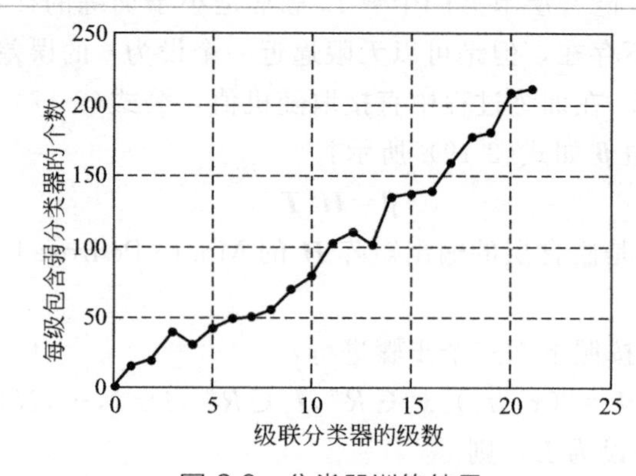

图 2-8 分类器训练结果

下面我们利用已训练好的级联分类器，进行具体的人脸检测实验，我们选用的测试样本集为我们的自建表情图库 MAFE-JLU，检测结果如图 2-9 所示。

从图 2-9 中我们可以看出，基于 Adaboost 算法的检测方法可以准确地定位人脸位置，各种尺度分析全面，用在 MAFE-JLU 上的检测率为 98%，对于一幅 256×256 大小的图像，检测时间大约是 30ms，在识别率和识别速度上都优于传统的方法。

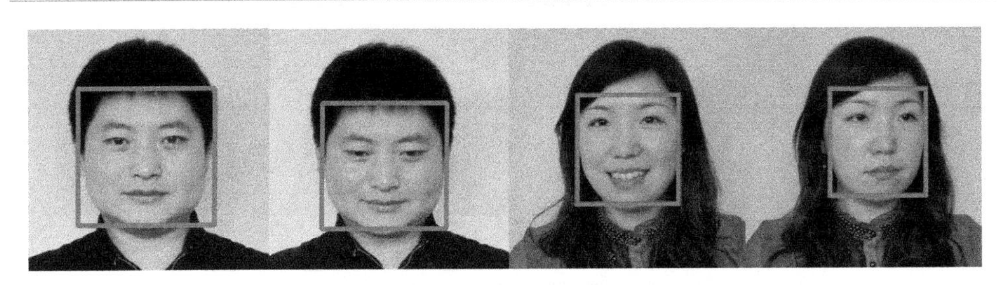

图 2-9 基于 Adaboost 算法的人脸检测结果

然后我们在实验室的复杂环境中采集了 300 帧的图像序列，在这 300 帧的图像中共包含人脸 327 个，实验描述如下。

首先使用 Adaboost 算法分类器对这 300 帧的图像序列进行人脸检测，记录并统计出实验结果，然后对出现误检的图像提取出识别错误的样本，再次训练极端学习机分类器，最后利用改进的 Adaboost 分类器对图像序列进行再次检测，当算法对图像中的人脸检测出现误检和漏检的情况时，我们就判定定位失败。

图 2-10 给出了基于 Adaboost 算法和 ELM 算法相结合的人脸检测结果。我们从图中可以看出，在背景很复杂、有一定的光照干扰，并且人脸占到图像很小比例的情况下，或者有一定旋转、有大面积肤色区域的干扰以及有部分遮挡的条件下，算法均可以很好地检测出图像中的人脸部分。综上所述，该算法具有很强的鲁棒性，作为表情识别算法中的预处理步骤，为之后的人脸特征提取做了很好的铺垫。

我们在用原始算法与改进算法这两种算法检测这 300 帧的图像序列时对每一帧的计算时间做了对比，对比结果如图 2-11 所示。

同时这里还从算法定位成功率方面进行对比，在这 300 帧的图像中，利用 Adaboost 算法正确定位出 268 帧的图像，利用改进算法共成功定位出 287 帧。从实验结果可以看出，利用改进的 Adaboost 算法可以在不过多增加检测时间，仍然可以保持算法实时性的情况下，对动态图像序列中的人脸有更好的检测结果。

图 2-10 基于 Adaboost 算法和 ELM 算法相结合的人脸检测结果

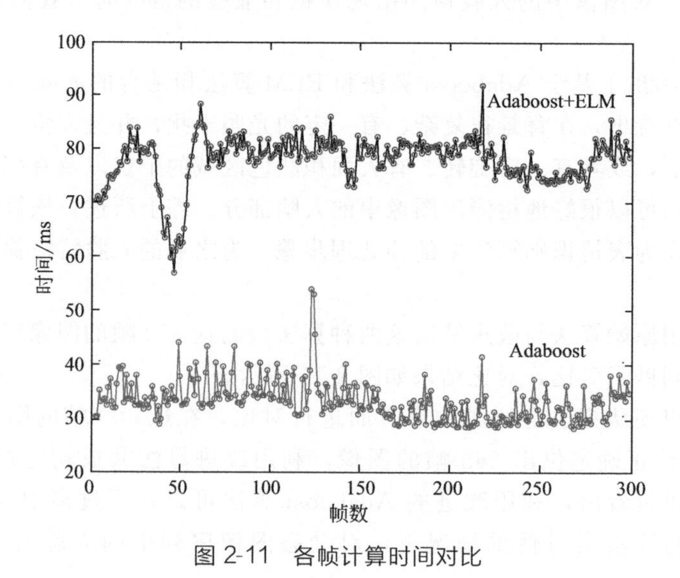

图 2-11 各帧计算时间对比

参考文献

[1] 康进峰，王国营. 基于 YCgCr 颜色空间的肤色检测方法[J]. 计算机工程与设计，2009，19(1):4443-4446.

[2] 曾飞，蔡灿辉. 自适应肤色检测算法的研究[J]. 微型机与应用，2011，4(1):37-40.

[3] 龙开文. 基于模板匹配的人脸检测[D]. 成都：四川大学，2005.

[4] 谢毓湘，王卫威，栾悉道，等. 基于肤色与模板匹配的人脸识别[J]. 计算机工程与科学，2008，30(6)：54-56，59.

[5] Lienhart R，Maydt J. An Extended Set of Haar-like Features for Rapid Object Detection[C]// Proc. of Int. Conf. on Image Processing，2002. Rochester，New York，USA：IEEE，2002，1：900-903.

[6] Freund Y，Schapire R E. Experiments with a new Boosting Algorithm[C]//Proc. of the 13th Int. Conf. on Machine Learning，1996. Bari，Italy，1996：148-156.

[7] 郭冬梅. 基于混合特征和神经网络集成的人脸表情识别[D]. 长春：吉林大学，2009.

[8] 孔凡芝. 基于 Adaboost 和支持向量机的人脸识别系统研究[D]. 哈尔滨：哈尔滨工程大学,2005.

[9] 王志伟，张晓龙，梁文豪. 利用 SVM 改进 Adaboost 算法的人脸检测精度[J]. 计算机应用与软件，2011，28(6)：32-35.

[10] 孙凤琪，史鉴. 基于 AdaBoost. R2 和 ELM 的软测量新方法[J]. 东北师大学报(自然科学版)，2008，40(3)：26-30.

第3章

基于Candide3模型的人脸表情跟踪及动态特征提取

3.1 概述

通过基于Candide3模型的跟踪来反映表情的变化，需要提供一种可靠稳定的跟踪算法。本章首先对Candide3人脸模型进行了研究，并设计了Candide3模型的半自动匹配方法。然后针对Fadi Dornaika和Jorgen Ahlberg等提出的基于Candide3人脸模型的跟踪算法，做了相关研究与实验并提出了存在的问题。最后，针对实验中跟踪算法存在的模型参数初始化困难以及跟踪算法中纹理模型不稳定等问题，提出了相应的解决方案并进行了改进。

在完成了基于Candide3模型跟踪算法的研究及改进后，对基于Candide3模型的人脸动态特征提取方法进行了研究。首先，研究了基于特征点跟踪的动态特征提取方法。其次，提出了一种基于模型的六参数动态特征提取方法，对表情变化对应的AU单元变化做了分析，进一步提出了一种七参数的模型方法。最后，应用无监督的聚类方法进行了聚类分析，以初步验证动态特征提取的有效性。

3.2 基于Candide3人脸模型的跟踪算法研究

3.2.1 Candide3人脸模型的研究

(1) Candide3人脸模型

Candide3模型为Candide模型的第三代，是一个参数化的模型。Candide3模型是由113个点$p_i(i=1,2,\cdots,113)$组成的，并把这些点有顺序地连接成三角形网格状，其中每一个三角形称为一个面片，共计184个面片，如图3-1所示。该模型可以被描述为：

$$\boldsymbol{g}=s\boldsymbol{R}(\overline{g}+AT_{\mathrm{a}}+ST_{\mathrm{s}})+\boldsymbol{t} \tag{3-1}$$

式中，s 为放大系数；$\boldsymbol{R}=\boldsymbol{R}(r_x,r_y,r_z)$为旋转矩阵；$\overline{g}$ 为标准模型；A 为运动单元；S 为形状单元；T_{a}、T_{s} 分别为其对应的变化参数；$\boldsymbol{t}=\boldsymbol{t}(t_x,t_y)$为模型在空间上的转换向量；$\boldsymbol{g}$ 为期望得到的人脸模型。

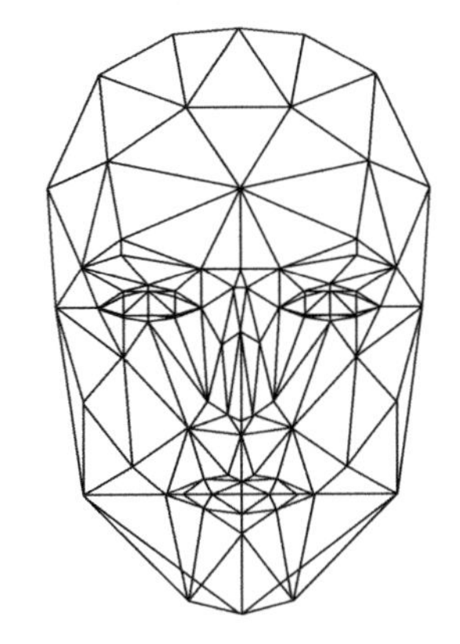
图 3-1 Candide3 人脸模型

Candide3 模型是一个十分细化的人脸模型，在给出了控制模型变化的 12 个形状单元和 11 个运动单元的同时，Candide3 模型中还根据各个运动单元给出了相对应的 AU 单元，为表情分析工作提供了方便。

(2) Candide3 人脸模型半自动匹配方法设计

通过对 Candide3 人脸模型的研究我们知道，如果只考虑正面人脸表情，也就是不考虑公式(3-1) 中的参数 $\boldsymbol{R}$，我们可以得到以下线性的模型表达：

$$\boldsymbol{g}=s(\overline{g}+AT_{\mathrm{a}}+ST_{\mathrm{s}})+\boldsymbol{t} \tag{3-2}$$

如果我们手动选择 Candide3 模型 113 个点中的若干个，而这若干个点可代表 Candide3 模型的 113 个点，那么我们就能建立一个有关未知参数的方程组，通过解该方程组，我们就能够得到我们希望得到的模型参数。我们经过反复实验选择了 26 个点，如图 3-2 所示。通常未知参数有 11 个形状参数 T_{s}（不包含 Head height 形状单元），6 个运动参数 T_{a}，1 个放大系数 s 和 2 个平移量 t_x 和 t_y，共 20 个未知参数。很明显，这样构成的方程为一个超定方程，在不能得出精确解的情况下，我们应用最小二乘法得到近似的超定方程解，即我们所求的未知参数。

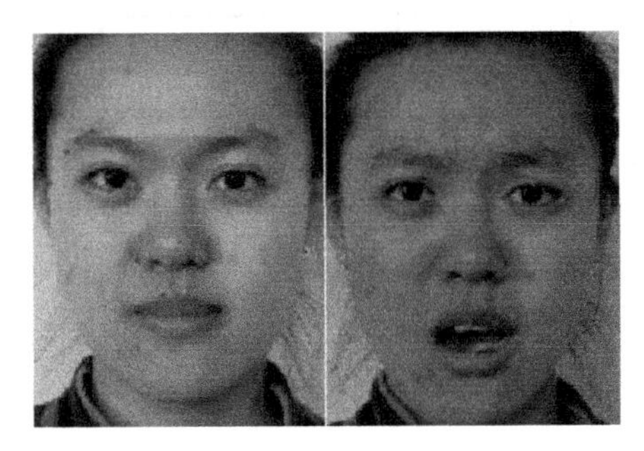
图 3-2 半自动匹配设计中手动选取的点（电子版[①]）

①说明：为了方便读者学习，书中部分图片提供电子版（提供电子版的图，在图上有“电子版”标识），在 www. cip. com. cn/资源下载/配书资源中查找书名或者书号即可下载。

3.2.2 基于 Candide3 模型的跟踪算法研究

基于 Candide3 模型的跟踪算法最早是由 Fadi Dornaika 和 Jorgen Ahlberg 等人提出的，原算法流程如图 3-3 所示。

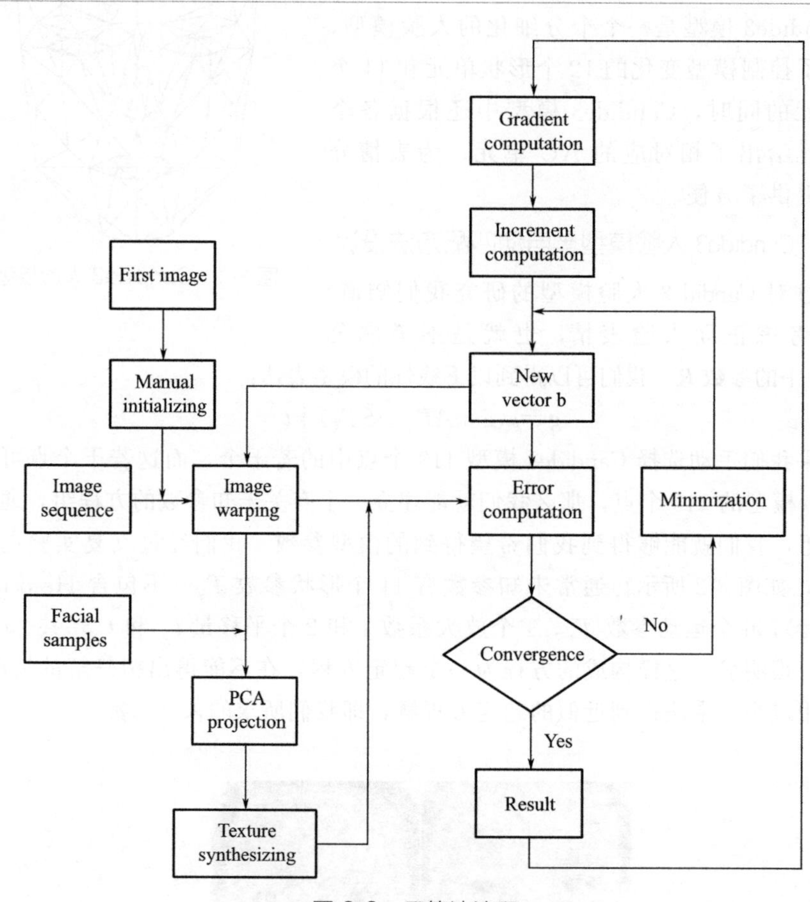

图 3-3 原算法流程

(1) 形状无关纹理

形状无关纹理即归一化后的人脸纹理，是一个应用三角形重心不变的原理，通过输入图像的人脸模型和一个固定人脸模型，将输入图像中的人脸纹理映射为统一形状的过程（图 3-4），这一过程可以表述为

$$x(b)=W(y,b) \tag{3-3}$$

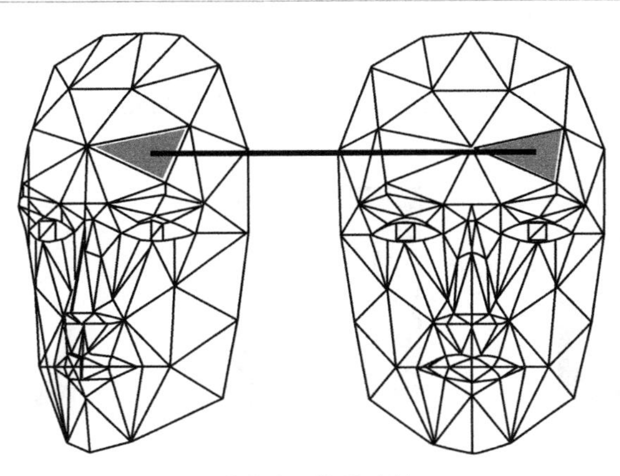

图 3-4 纹理映射

具体实现流程如下。

设模型中的 184 个三角面片为 $\boldsymbol{M}=\{\boldsymbol{M}_1,\boldsymbol{M}_2,\cdots,\boldsymbol{M}_N\}$，其中第 n 个三角面片可以以坐标的形式表示为

$$\boldsymbol{M}_n=\begin{bmatrix} x_1 & y_1 \\ x_2 & y_2 \\ x_3 & y_3 \end{bmatrix} \tag{3-4}$$

① 对目标中每一个像素 (x,y) 计算重心坐标 (a,b,c) 与第一个三角形的关系：

$$(x,y)=(a,b,c)\boldsymbol{M}_1 \tag{3-5}$$

如果 $a,b,c\notin[0,1]$，那么尝试直到找到其所在的三角形，并记录下其重心坐标 (a,b,c)。

② 计算源图像中对应像素点的坐标：

$$(x',y')=(a,b,c)\boldsymbol{M}'_n \tag{3-6}$$

③ 在 $\boldsymbol{M}=\{\boldsymbol{M}_1,\boldsymbol{M}_2,\cdots,\boldsymbol{M}_N\}$ 点添加源图像在 $\boldsymbol{M}=\{\boldsymbol{M}_1,\boldsymbol{M}_2,\cdots,\boldsymbol{M}_N\}$ 点的像素即有

$$f(x,y)=f(x',y') \tag{3-7}$$

④ 在形变过程中可能会存在像素的缺失或增加，可应用双线性插值解决这一问题。

实验结果如图 3-5 所示，为一侧面人脸到正面人脸的映射过程。

（2）运动模型

主动外观模型（Active Appearance Models，AAMs）的概念被引入的几年来，人们做了大量的研究。伴随着主动外观模型的研究应运而生了相应的主动外

观算法（Active Appearance Algorithm，AAA）。Fadi Dornaika 和 Jorgen Ahlberg 等人将主动外观算法应用于 Candide3 模型中。Candide3 模型是一个更为简单的人脸模型，它在几何和纹理模型上各自实现参数化。

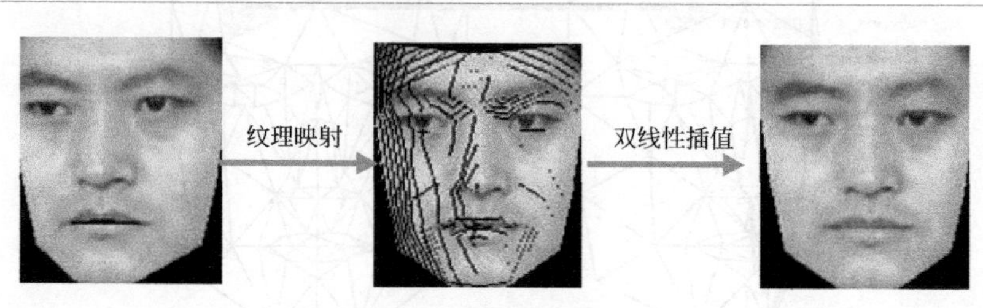

图 3-5 纹理映射过程

① 形状无关人脸纹理的合成

任何形状无关的人脸纹理 $\boldsymbol{x}$ 可以通过基于主成分分析（Principal Components Analysis，PCA）的图像重构方法得到近似的表达 $\hat{\boldsymbol{x}}$：

$$\hat{\boldsymbol{x}}=\overline{\boldsymbol{x}}+\boldsymbol{X}\chi \tag{3-8}$$

式中，$\overline{\boldsymbol{x}}$ 为平均人脸纹理；正交矩阵 $\boldsymbol{X}$ 为特征向量；χ 为其相应的纹理参数。

实验如图 3-6 所示，其中应用前 5 幅图像生成形状无关人脸纹理样本，然后应用上述方法合成第 6 幅图像的人脸纹理。

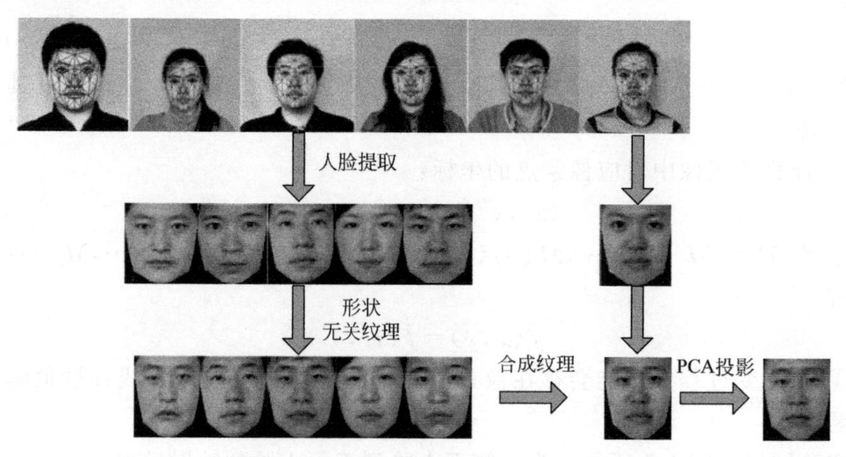

图 3-6 形状无关人脸纹理合成实验

② 可形变的网格化模型

网格化模型 g 可以表示为

$$g=\overline{g}+AT_a+ST_s \tag{3-9}$$

式中，$\overline{g}$ 为标准模型；A 为运动单元；S 为形状单元；T_a、T_s 分别为其对应的变化参数。通过 T_a、T_s 的变化就可以得到正面人脸不同表情的变化。

由于期望对不同头部姿态、大小和位置的人脸进行跟踪，所以模型又引入了3个参数，即上一小节中所提到的放大系数 s、旋转矩阵 $\boldsymbol{R}=\boldsymbol{R}(r_x,r_y,r_z)$ 以及转换向量 $\boldsymbol{t}=\boldsymbol{t}(t_x,t_y)$，最终得到：

$$\boldsymbol{g}=s\boldsymbol{R}(\overline{g}+AT_a+ST_s)+\boldsymbol{t} \tag{3-10}$$

在跟踪过程中，形状参数一旦确定，便不再发生变化，把余下的参数组成向量 $\boldsymbol{b}$，即有 $\boldsymbol{b}=[s,r_x,r_y,r_z,T_a,t_x,t_y]$，作为跟踪过程中的变化参数向量。

（3）更新运动参数

基于 Candide3 模型的跟踪算法实质上就是通过 $\boldsymbol{b}$ 的快速更新，以达到模型对当前纹理的匹配过程。以前面的描述为基础，这里将阐述参数 $\boldsymbol{b}$ 的更新方法。

对于一个初始参数 $\boldsymbol{b}$，我们计算残差 $r(\boldsymbol{b})$ 和误差 $e(\boldsymbol{b})$：

$$r(\boldsymbol{b})=\boldsymbol{x}-\hat{\boldsymbol{x}}(t-1) \tag{3-11}$$

$$e(\boldsymbol{b})=\| r(\boldsymbol{b}) \|^2 \tag{3-12}$$

更新参数 $\Delta\boldsymbol{b}$ 是由残差图像 $\boldsymbol{r}$ 与更新矩阵 $\boldsymbol{G}$ 相乘得到的：

$$\Delta\boldsymbol{b}=-\boldsymbol{G}^{\dagger}\boldsymbol{r}=-(\boldsymbol{G}^{\mathrm{T}}\boldsymbol{G})^{-1}\boldsymbol{G}^{\mathrm{T}}\boldsymbol{r} \tag{3-13}$$

式中，$\boldsymbol{G}=\dfrac{\partial \boldsymbol{r}}{\partial \boldsymbol{b}}$为与 $\boldsymbol{r}$ 相关的梯度矩阵。通过计算 $\Delta\boldsymbol{b}$，可以得到一个新的模型参数和新的误差：

$$\boldsymbol{b}'=\boldsymbol{b}+\rho\Delta\boldsymbol{b} \tag{3-14}$$

$$e'=e(\boldsymbol{b}') \tag{3-15}$$

式中，ρ 为一正实数。

如果 $e'<e$，根据上式更新参数 $\boldsymbol{b}$，直到达到稳定；如果 $e'\geqslant e$，减小 ρ。当误差不再发生变化的时候，认为达到了稳定状态。

（4）实验及存在的问题

实验使用了 CMU 图库中的 50 组图像序列中的 50 幅正面人脸图像，应用设计的半自动匹配方法进行模型匹配，并将匹配得到的纹理映射到统一的标准人脸模型中，生成形状无关的人脸纹理，人脸纹理的像素为 50×74。生成的形状无关人脸纹理，被用于基于主成分分析的图形重构中所需要的纹理样本。

这里选取了剩下图像序列中的 10 组，用于跟踪实验，如图 3-7 所示，实验中同样应用了设计的半自动匹配方法对图像序列进行初次模型匹配。跟踪结果表明当光照不足、表情变化较大的情况下会造成跟踪失败。

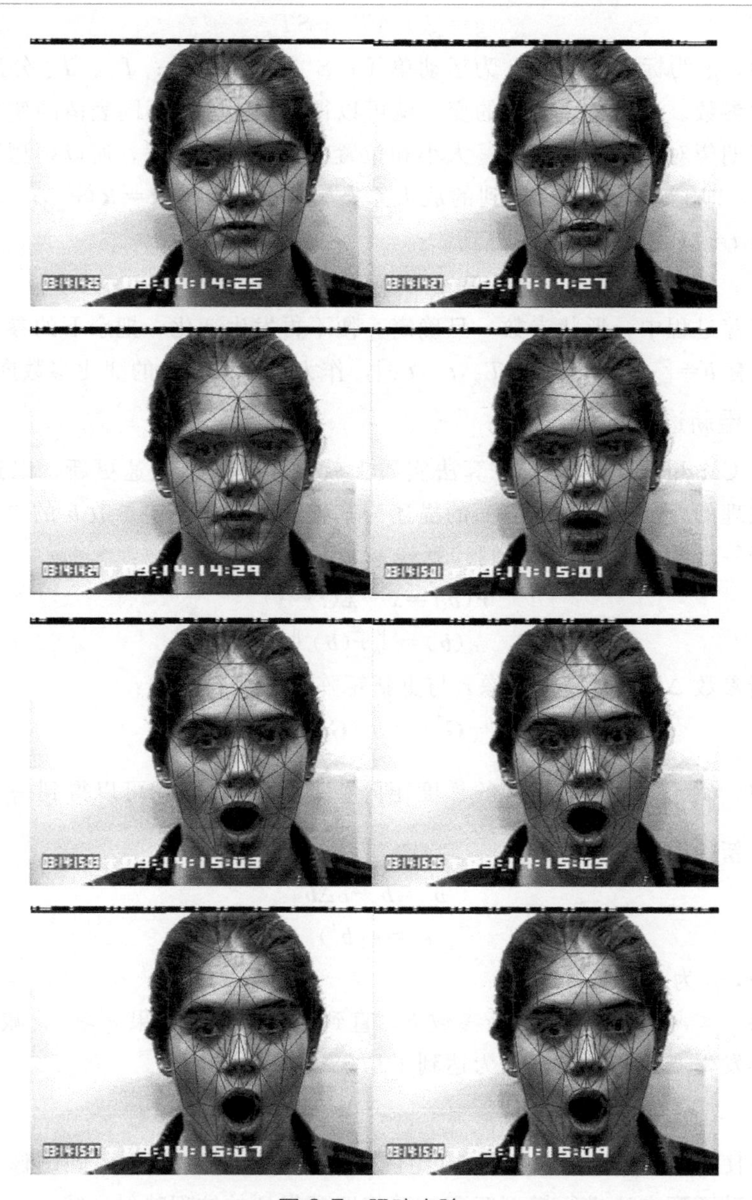

图 3-7 跟踪实验

图 3-7 中口部及眉毛的变化都没有达到理想的跟踪效果。分析可能造成跟踪效果不理想的主要原因如下：

① 光照不足；

② 纹理模型不够准确。

除存在上述问题外，不能够自动初始化模型参数也是基于 Candide3 模型跟踪算法的一个致命弱点。针对这些不足和需要改进的地方，我们在下面给出了相应的改进策略。

3.3 跟踪算法改进

针对原有跟踪算法可能存在的问题改进后，我们给出了新的算法流程，如图 3-8 所示。

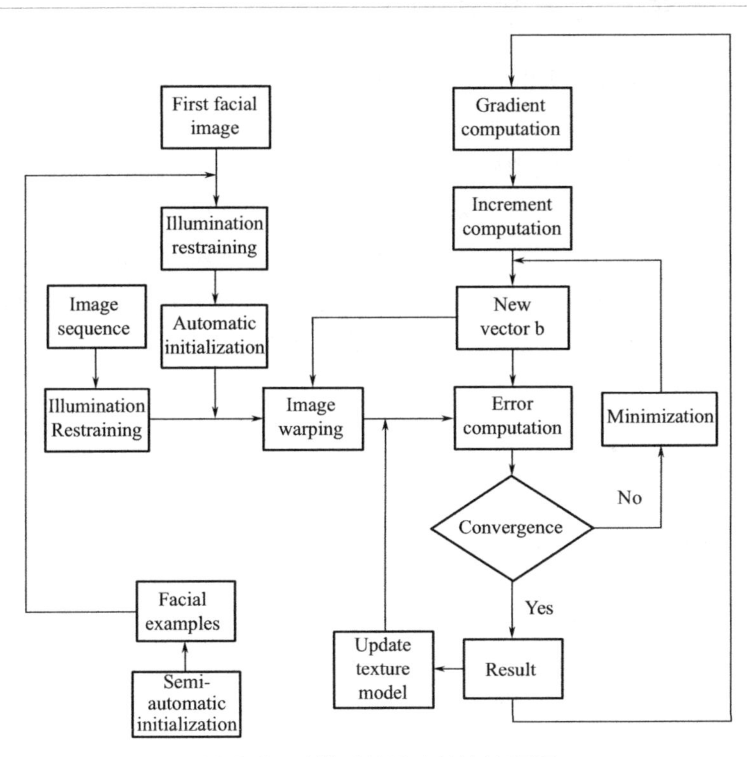

图 3-8 改进后的跟踪算法流程图

3.3.1 光照处理

为了克服整体光照带来的影响，并尽量减少增加的计算复杂度，我们这里应用了对灰度图像进行归一化的方法。首先对形状无关纹理中的每一个像素按照某一固定顺序排列，生成一个向量 $\boldsymbol{g}=[g_1,g_2,\cdots,g_N]^{\mathrm{T}}$，$N$ 为形状无关纹理图像

中所有像素的个数。然后对其进行归一化处理，生成均值为 0、方差为 1 的灰度向量，这样得到的归一化向量为

$$\boldsymbol{g}'=\frac{1}{\sqrt{(g_1-\overline{g})^2+(g_2-\overline{g})^2+\cdots+(g_N-\overline{g})^2}}\begin{bmatrix} g_1-\overline{g} \\ g_2-\overline{g} \\ \vdots \\ g_N-\overline{g} \end{bmatrix} \tag{3-16}$$

式中，$\overline{g}=\frac{(g_1+g_2+\cdots+g_N)}{N}$。

3.3.2 基于在线表观模型的跟踪算法

Jepson 和 Fleet 等人指出，一个限制跟踪算法发展的重要原因是缺少可靠的表观模型。这里的表观模型对照我们所研究的 Candide3 模型就是包含几何模型和覆盖于几何模型之上的纹理模型的总称。我们这里应用在线表观模型的方法主要是为了获得一个稳定的形状无关纹理模型，使跟踪更加稳定可靠。

假设 A_t 为对 t 时刻之前表观模型的描述，μ_t 为其对应的形状无关纹理模型。在当前输入人脸图像达到跟踪的时候，即 $\hat{x}_t$ 可被应用的时候。我们可以通过当前时刻的形状无关纹理更新下一时刻的形状无关纹理：

$$\begin{aligned} \mu_{t+1}&=(1-\alpha)\mu_t+\alpha\hat{x}_t \\ \alpha&=1-\exp(-\lg 2/n_{\mathrm{h}}) \end{aligned} \tag{3-17}$$

式中，n_{h} 表示模型的半衰期。

3.3.3 模型的自动初始化研究

（1）模型自动匹配方法

通常基于模型的人脸跟踪方法，初始化参数是通过手动获得的（我们前面的研究是通过设计的半自动模型匹配方法获得的）。我们期望找到一种方法，令整个跟踪算法实现自动模型匹配。

柴秀娟、山世光、高文、陈熙霖等人提出了基于样例学习的面部特征自动标定算法。他们在研究中发现，人脸图像差与人脸形状差之间存在近似线性关系，即相似的人脸图像在很大程度上蕴含着相似的人脸形状。胡峰松、张茂军等人将这种方法应用于基于 Candide3 人脸模型的自动匹配中。我们在这里应用此方法解决跟踪算法初始化参数的问题。

其基本思想为，对人脸图像进行大小和灰度归一化后，对输入图像 $\boldsymbol{y}_0$ 可以近似表示成训练集中图像的线性组合：

$$\boldsymbol{y}'=\sum_{j=1}^{m}\boldsymbol{w}_j\boldsymbol{y}_j \tag{3-18}$$

式中，$\boldsymbol{y}_j(j=1,2,\cdots,m)$为训练集中的样例图像；$m$ 为图像总数；$\boldsymbol{w}_j(j=1,2,\cdots,m)$为线性组合系数。若 $\boldsymbol{w}^*$ 为令 $\Delta\boldsymbol{y}=\boldsymbol{y}_0-\boldsymbol{y}'$取得最小值时的线性组合系数，则与输入图像 $\boldsymbol{y}_0$ 自动匹配的模型 $\boldsymbol{g}$ 为

$$\boldsymbol{g}=\boldsymbol{w}^*(g_1,g_2,\cdots,g_m)^{\mathrm{T}} \tag{3-19}$$

式中，$g_j(j=1,2,\cdots,m)$为训练集中各样例图像手工匹配的模型。那么模型中各参数可通过公式(3-20) 计算得到：

$$\begin{cases}\boldsymbol{R}=\boldsymbol{w}^*(R_1,R_2,\cdots,R_m)^{\mathrm{T}}\\ \boldsymbol{s}=\boldsymbol{w}^*(s_1,s_2,\cdots,s_m)^{\mathrm{T}}\\ \boldsymbol{T}_{\mathrm{a}}=\boldsymbol{w}^*(T_{\mathrm{a}1},T_{\mathrm{a}2},\cdots,T_{\mathrm{a}m})^{\mathrm{T}}\\ \boldsymbol{T}_{\mathrm{s}}=\boldsymbol{w}^*(T_{\mathrm{s}1},T_{\mathrm{s}2},\cdots,T_{\mathrm{s}m})^{\mathrm{T}}\\ \boldsymbol{t}=\boldsymbol{w}^*(t_1,t_2,\cdots,t_m)^{\mathrm{T}}\end{cases} \tag{3-20}$$

取得最小值的线性组合系数 $\boldsymbol{w}^*$ 可以通过下述方法得到。首先将训练集图像矩阵数据转化成图像矢量数据，训练集中全部图像的矢量记为 $\boldsymbol{B}=(b_1,b_2,\cdots,b_n)$，$n$ 为 $\boldsymbol{y}_0$ 的像素总数。则 $\boldsymbol{wA}$ 为 $\boldsymbol{B}$ 的线性近似，两者之间存在误差：

$$\boldsymbol{E}=\|\boldsymbol{B}-\boldsymbol{wA}\|^2 \tag{3-21}$$

对 $\boldsymbol{w}^*$ 的求解转换为求解最小化的问题：

$$\boldsymbol{w}^*=\min_{w}\boldsymbol{E} \tag{3-22}$$

其求解结果为

$$\boldsymbol{w}^*=\boldsymbol{BA}^{\perp} \tag{3-23}$$

式中，$\boldsymbol{A}^{\perp}=(\boldsymbol{A}'\boldsymbol{A})^{-1}$，$\boldsymbol{A}'$为 $\boldsymbol{A}$ 的逆转置矩阵。

(2) 模型匹配实验

上述基于样例的模型匹配方法通常应用于人脸在图像中占据较大尺寸的情况，当输入的图像为头肩图像，即脸部在整个输入图像中所占比例较小的时候，我们首先需要进行人脸检测，单独提取出人脸区域部分，然后进行模型的自动匹配。这里我们选用了 Mikael Nilsson，Jorgen Nordberg 以及 Ingvar Claesson 等人提出的基于局部 SMQT（Successive Mean Quantization Transform）特征和 SNoW（Sparse Network of Winnows）分类器的人脸检测方法。

实验步骤如下。

① 针对 CMU 图库中的 97 个人的人脸图像，我们选取了其中 50 个人的 50 张正面人脸图像，对 50 张正面人脸图像应用人脸检测算法提取人脸区域部分，并对提取得到的图像进行尺寸和灰度归一化后作为样本图像。

② 应用设计的半自动模型匹配方法，对样本图像进行模型匹配。

③ 对余下的 47 人分别选取一张正面人脸图像，应用上述的模型自动匹配方法，进行自动模型匹配，匹配成功率达到了 93.6%（对于不能达到匹配要求的图片，我们在后续的实验中应用设计的半自动匹配方法完成参数的初始化）。

基于样例学习的面部特征自动标定实验流程如图 3-9 所示。

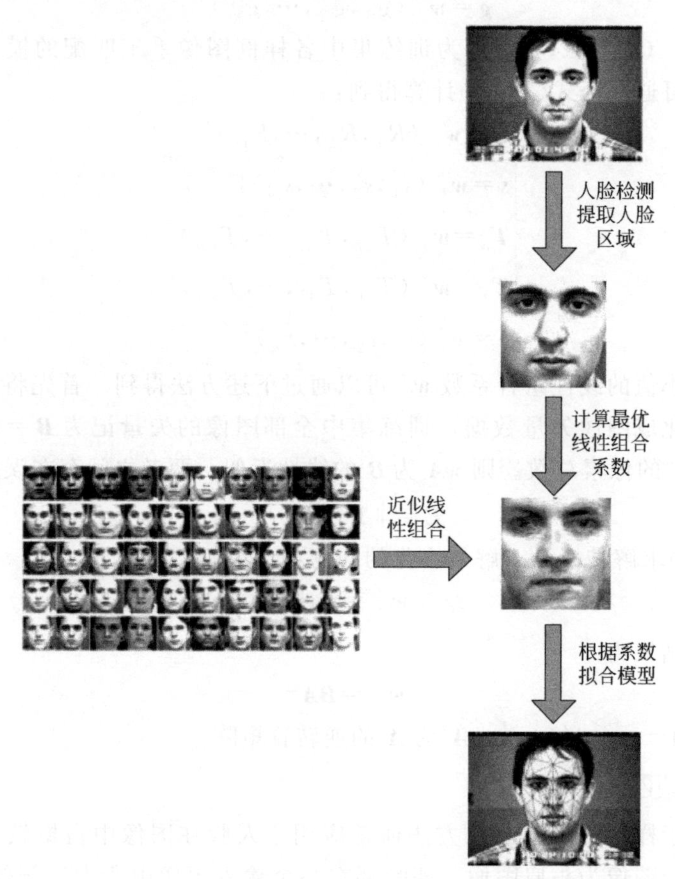

图 3-9 基于样例学习的面部特征自动标定实验流程

3.3.4 改进算法后跟踪实验

根据改进的跟踪算法，我们对包含前面 5 组图像序列在内的 10 组图像序列进行了跟踪实验，图 3-10 为改进算法后的跟踪实验。实验结果表明，算法对头部姿态及人脸表情的跟踪均具有良好的表现。

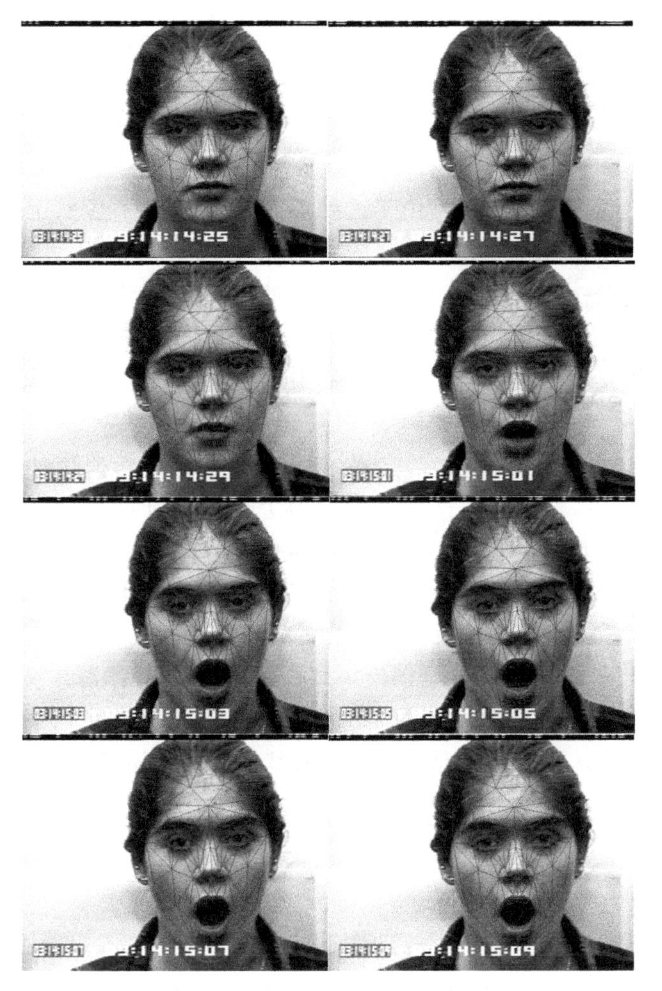

图 3-10 改进算法后的跟踪实验

3.4 动态特征提取

3.4.1 特征点的跟踪

首先研究了 Bourel 提出的基于 12 个特征点跟踪的运动特征提取方法。人脸特征点的跟踪，实质上是人脸的一种时空表示方式，它是一种基于特征点间欧氏

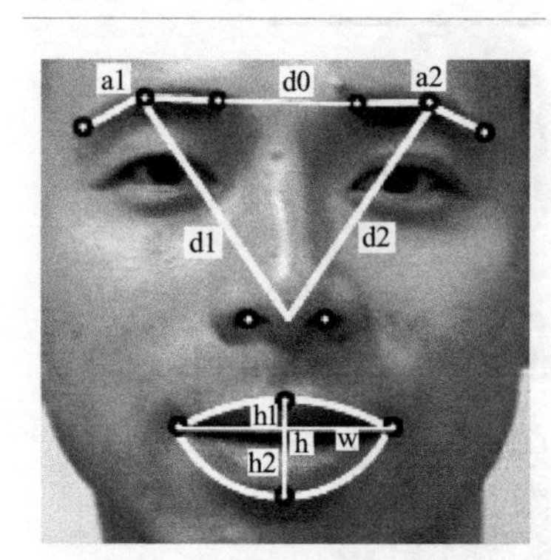

图 3-11 基于 12 个点的动态特征提取方法

距离的几何特征，如图 3-11 所示，每一组参数 $\boldsymbol{V}$ 是由序列图像中每一幅图像的 9 个几何特征构成的，$\boldsymbol{V}=\{V_{h1};V_{h2};V_{h};V_{w};V_{d0};V_{d1};V_{d2};V_{a1};V_{a2}\}$。把序列图像中每幅图像的几何系数与第一幅图像的几何系数作差值，得到特征向量。由于这种动态特征提供了形状上的独立，所以主要的工作集中在了表情运动特征的表达上。为了达到尺寸上的归一化，结合序列图像的第一帧系数，令特征向量中各个几何特征进一步地分离，用于构造 9 个时空特征向量的几何人脸模型。

基于特征点跟踪的运动特征提取方法在人脸表情识别中具有较好的鲁棒性，而该方法在 Candide3 模型中反映为运动参数的变化，即 Candide3 模型通过运动参数的变化，体现相应特征点的变化，从而达到对特征点的跟踪。因此基于 Candide3 模型的特征点跟踪，实质上就是对运动参数变化的跟踪。

控制 Candide3 模型变化的运动模块共有 11 个，而在跟踪中主要应用了其中的 6 个运动模块作为六参数，分别是上唇提升、下唇抑制、内眉降低、外眉提高、闭眼、噘嘴唇，七参数则是在六参数的基础上又增加了皱鼻子这个运动模块参数。

3.4.2 动态特征提取

基于特征点跟踪的思想，并结合表情动作单元分析，这里我们提出了一种基于 Candide3 模型参数的动态特征提取方法，即应用基于 Candide3 模型的跟踪算法，跟踪图像序列中人脸头部姿态及内部表情的变化，将连续若干帧更新得到的运动参数 $\boldsymbol{b}$ 构成动态特征。

基于 Candide3 模型参数的动态特征提取方法的优点如下。

① 在实现跟踪的同时，同步实现了特征的提取，不需要额外进行几何特征的计算。

② 基于模型的运动参数与控制头部姿态的旋转矩阵是相对独立的，也就是说在跟踪准确的情况下，运动参数的变化几乎不受头部姿态的影响。

③ 基于模型参数的运动特征维数不但小于几何特征所需要的维数，并且还结合了人脸表情变化中的 AU 特征，在下面的实验中被证明具有更好的分类效果。

我们利用加入新运动模块的跟踪算法，对动态特征进行提取实验，实验的跟踪效果如图 3-12 所示。

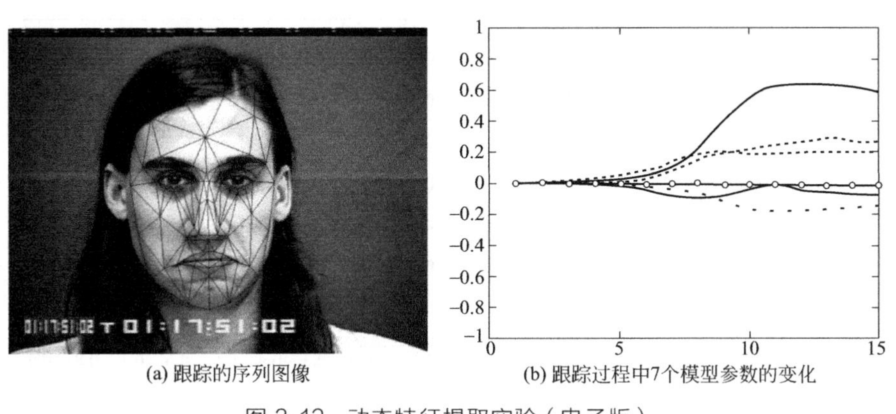

(a) 跟踪的序列图像　　(b) 跟踪过程中7个模型参数的变化

图 3-12　动态特征提取实验（电子版）

3.4.3 基于 k 均值的聚类分析

这里我们选取了六种基本表情（害怕、高兴、惊讶、难过、生气、厌恶）各 30 组图像序列。分割以高点表情图像为结尾的 8 幅连续表情图像，提取其模型参数，构成运动特征。然后选择了一种无监督的聚类方式来验证我们所提出的基于模型的六参数运动特征与基于模型的七参数运动特征的聚类能力，进而比较并分析我们所提出的两类运动特征的分类能力。

这里选取了较为简单的 k 均值聚类方法，原因在于：

① 我们提出的基于模型参数的运动特征本质上是对人脸几何变化的跟踪，相同的表情会在运动变化规律上具有一定的几何相似性；

② k 均值聚类方法是一种非常简单基础的聚类方法，而通过简单的聚类方法，若能令我们所提出的运动特征达到一定的聚类能力，那么我们可以间接地证明我们所提出的特征提取方案是有效的。

k 均值聚类是最著名的划分聚类算法，其算法流程如下：

```
Begin initialize n,c,μ1,μ2,…,μc
      Do 按照最近邻 μi 分类 n 个样本
          重新计算 μi
      Until μi 不再变化
    Return μ1,μ2,…,μc
End
```

应用 k 均值分析两种运动特征的聚类情况，其中类别定为六类，分别用红、黄、蓝、绿、青、黑来表示，六参数运动特征聚类情况如图 3-13 所示。

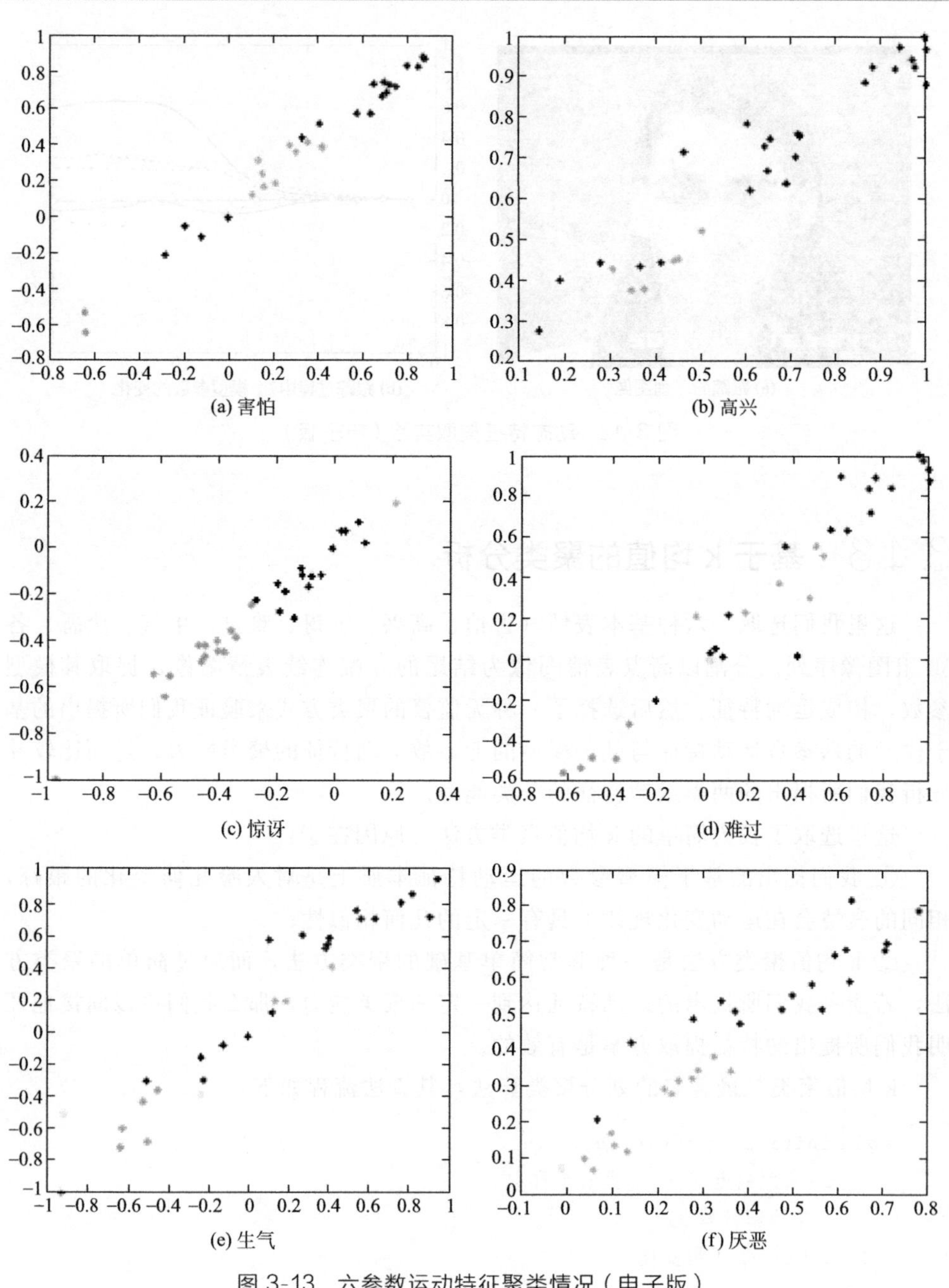

图 3-13 六参数运动特征聚类情况（电子版）

六参数运动特征对应表情的聚类情况如表 3-1 所示。

表 3-1 六参数运动特征对应表情的聚类情况

表情 \ 颜色	红色	黄色	蓝色	绿色	青色	黑色
害怕	8	3	6	2	**9**	4
高兴	**17**	0	7	0	6	0
惊讶	0	0	0	14	1	**15**
难过	**10**	1	3	5	6	5
生气	5	2	**7**	6	3	5
厌恶	4	1	**13**	0	12	0

七参数运动特征聚类情况如图 3-14 所示。

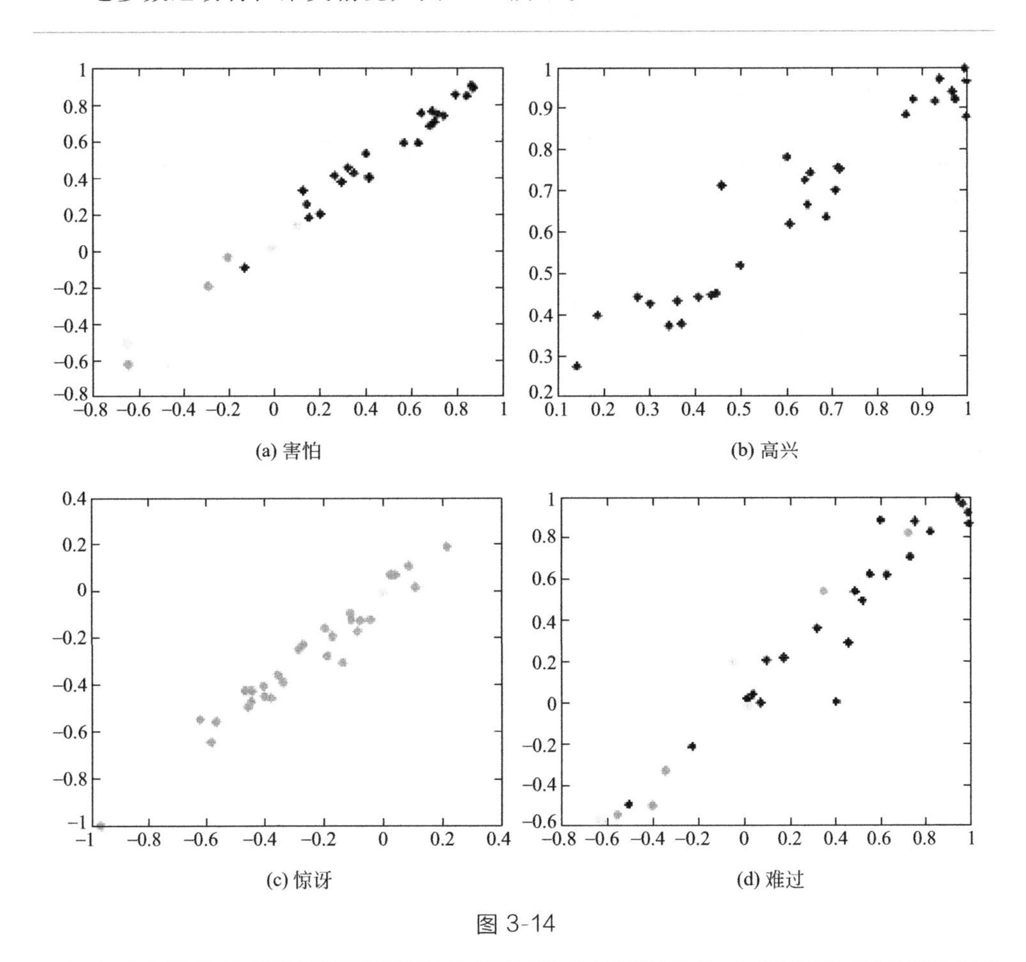

图 3-14

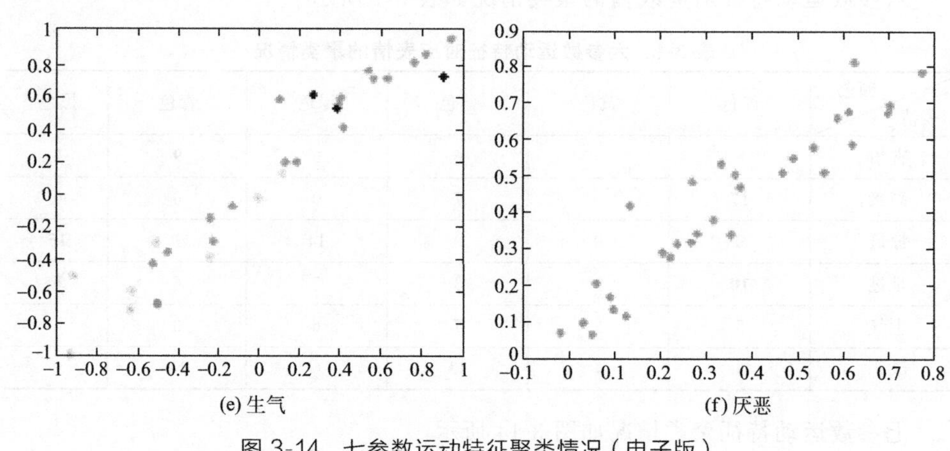

图 3-14　七参数运动特征聚类情况（电子版）

七参数运动特征对应表情的聚类情况如表 3-2 所示。

表 3-2　七参数运动特征对应表情的聚类情况

表情 \ 颜色	红色	黄色	蓝色	绿色	青色	黑色
害怕	**13**	3	8	3	0	3
高兴	2	0	**28**	0	0	0
惊讶	0	1	0	**29**	0	0
难过	3	3	5	3	2	**14**
生气	2	8	1	1	**18**	0
厌恶	0	0	0	0	**30**	0

每种表情的最佳聚类已经在表格中用黑色粗体标出，从上述实验结果我们可以得到如下结论。

① 七参数运动特征明显要优于六参数运动特征，具有更好的分类能力。

② 害怕表情与高兴表情容易混淆。

③ 生气表情与厌恶表情容易混淆。

参考文献

[1]　Ahlberg J. An active model for facial feature tracking [J]. DURASIP J. Appl. Signal

Process.，2002，(6)：566-571.

[2] Ahlberg J. Model-based coding：extraction，coding，and evaluation of face model parameters [D]. Linköping：Linköping University，2002.

[3] Dornaika F，Ahlberg J. Fast and reliable active appearance model search for 3-D face tracking[J]. IEEE Transactions on Systems，Man and Cybemetics. PartB(Cybermetics)，2004，34(4)：1838-1853.

[4] Dornaika F，Davoine F. On appearance based face and facial action tracking[J]. IEEE Trans. Circuits Syst. Video Technol.，2006，16(9)：1107-1124.

[5] Strom J，Davoine F，Ahlberg J，et al. Very low bit rate facial texture coding [C]//Proceedings of International Workshop on Synthetic-Natural Hybrid Coding and Three Dimensional Imaging Rhodes，1997. Rhodes，Greece，1997，237-240.

[6] Edwards G J，Cootes T F，Taylor C J. Interpreting Face images using Active Appearance Models [C]//Proc. 3rd Int. Conf. on Automatic Face and Gesture Recognition，1998. Nara，Japan：IEEE，1998：300-305.

[7] Allan D J，David J F，Thomas F E. Robust Online Appearance Models for Visual Tracking[C]// IEEE Conference on Computer Vision and Pattern Recognition，2001. Kauai，Hawaii：IEEE，2001，1：415-422.

[8] Fleet D J，Jepson A D. Stability of phase information [J]. IEEE Trans. PAMI，1993，15(12)：1253-1268.

[9] Chai X J，Shan S G，Gao W，et al. Example-based learning for automatic face alignment [J]. Journal of Software，2005，16(5)：718-726.

[10] 胡峰松，张茂军，邹北冀，等. 基于HMM的单样本可变光照、姿态人脸识别[J]. 计算机学报，2009，32(7)：1424-1433.

[11] Wang X Z，Tian Y T，Liu S S，et al. Face detection and tracking algorithm in video images with complex background[C]// IEEE Int. Conf. Rob. Biomimetics，2010. Tianjin China：IEEE，2010:1206-1211.

[12] Bourel F，Chibelushi C C，Low A A，el al. Robust Facial Expression Recognition Using a State-Based Model of Spatially-Localised Facial Dynamics [C]// Proc Fifth IEEE Int. 1 Conf. on Automatic Face and Gesture Recognition (FGR-02)，2002. Washington D. C.，USA：IEEE，2002：113-118.

第4章

表情分类的实现

4.1 概述

在前面的章节中，我们已经研究了动态特征的提取方法，这里我们将对分类器进行设计和讨论。分类器的选择也是决定表情识别能否达到一个较好识别率的重要环节，本章分别尝试了 KNN 分类器、SVM 分类器以及 Adaboost 级联下的 KNN 分类器、贝叶斯分类器、线性分类器、SVM 分类器，并进行了分类实验。

4.2 K 近邻分类器

4.2.1 K 近邻规则

令 $D^n=\{x_1,x_2,\cdots,x_n\}$，$x_i(i=1,2,\cdots,n)$代表 n 个样本，其中每一个样本 x_i 的所属类别均已标定。对于测试样本点 x，在集合 D^n 中距离它最近的点记为x'。那么，最近邻规则的分类方法就是把点 x 分为x'点所标定的类别。最近邻规则的一个推广就是 K 近邻规则。这个规则将一个测试数据点 x 分类为它最接近的k 个近邻中出现最多的那个类别，这个过程可以描述为：K 近邻算法从测试样本点 x 开始搜索，不断地扩大搜索区域，直到包含进来 k 个训练样本为止，并且把测试样本 x 归类为最近的k 个训练样本中出现频率最高的类别。

4.2.2 K 近邻分类的距离度量

在设计 K 近邻（KNN）分类器的时候，需要选择一种合适的、能够衡量样本之间距离的度量方式。通常人们选用 d 维空间中的欧氏距离。但是，距离这个概念本身具有十分广泛的定义。因此，需要详细讨论几种可选择的距离度量方式，这是 K 近邻分类器设计的核心问题之一。

度量 $D(\cdot,\cdot)$在本质上是一个函数，这个函数能够给出两类样本之间标量距离的大小，这里我们首先要给出度量的性质，对于任意的向量 $\boldsymbol{a}$、$\boldsymbol{b}$ 和$\boldsymbol{c}$，有：

① 非负性：$D(\boldsymbol{a},\boldsymbol{a})\geqslant 0$

② 自反性：$D(\boldsymbol{a},\boldsymbol{b})=0$，当且仅当 $\boldsymbol{a}=\boldsymbol{b}$

③ 对称性：$D(\boldsymbol{a},\boldsymbol{b})=D(\boldsymbol{b},\boldsymbol{a})$

④ 三角不等式：$D(\boldsymbol{a},\boldsymbol{b})+D(\boldsymbol{b},\boldsymbol{c})\geqslant D(\boldsymbol{a},\boldsymbol{c})$

很容易证明，d 维空间中的欧氏距离能够满足上述 4 个性质：

$$D(\boldsymbol{a},\boldsymbol{b})=\left[\sum_{k=1}^{d}(a_k-b_k)^2\right]^{1/2} \tag{4-1}$$

虽然向量之间总能够应用欧氏距离公式来计算，但是，这样得到的距离未必总是有意义的。d 维空间中更广义的度量为 Minkowski 距离：

$$L_k(\boldsymbol{a},\boldsymbol{b})=\left[\sum_{i=1}^{d}(a_i-b_i)^k\right]^{1/k} \tag{4-2}$$

通常称为 L_k 范数。欧氏距离实质上就是 L_2 范数，而 L_1 范数有时候被称作 Manhattan 距离或者街区距离。

另外描述两个集合间的 Tanimoto 距离在分类中也得到广泛的应用，其表达式为：

$$D_{\text{Tanimoto}}(S_1,S_2)=\frac{n_1+n_2-2n_{12}}{n_1+n_2-n_{12}} \tag{4-3}$$

式中，n_1、n_2 分别是集合 S_1 和 S_2 的元素个数；而 n_{12} 是这两个集合的交集中的元素个数。Tanimoto 距离度量在处理下类问题中得到广泛应用：两个集合中的元素或者全部相同，或者全部不同，而分级的相似性度量则不存在。

如何选择距离的表达方式，是研究 K 近邻分类器中一个重要的问题，与分类结果的好坏有着直接的关系。

4.2.3 基于 K 近邻分类器的分类实验

我们对选取的害怕、高兴、惊讶、难过、生气、厌恶六种表情序列的各 30 组图像进行了初步分类实验。初步分类实验中，我们仅对每组图像序列的高点进行了分类实验来测试分类器的性能（后续实验中，为了令分类器具有一定的分类灵敏度，我们划分了表情变化阶段，对从半高点到高点处的表情进行了分类实验）。

实验中我们选取了 15 个样本图像序列和 15 个测试图像序列。分别选取了包括顶点在内的 5 幅连续图像、6 幅连续图像、7 幅连续图像、8 幅连续图像、9 幅连续图像、10幅连续图像的模型参数组成运动特征，并进行了分类实验。分类结果如表4-1所示。

表4-1 KNN分类器分类结果

图像数 / k值	5幅	6幅	7幅	8幅	9幅	10幅
$k=1$	69.99%	69.99%	69.99%	69.99%	67.77%	68.88%
$k=3$	71.11%	71.11%	71.11%	69.99%	69.99%	66.66%
$k=5$	71.11%	72.21%	73.32%	71.11%	68.88%	67.77%
$k=7$	69.99%	68.88%	71.11%	68.88%	67.77%	66.66%

我们基于表情高点处单一图像中的人脸模型参数（静态特征）进行了分类测试，并把测试结果与基于动态特征的最好组进行比较，比较结果如表4-2所示。

表4-2 静态特征与动态特征的分类比较

特征类型 / k值	单幅图像(静态特征)	多幅图像(动态特征)
$k=1$	69.99%	69.99%
$k=3$	67.77%	71.11%
$k=5$	71.11%	73.32%
$k=7$	68.88%	71.11%

通过分析上述实验结果，我们得到如下的结论。

① 选用K近邻分类器的运动特征在图像数目为7幅的时候得到最好表征，这说明不是构成运动特征的图像数目越多分类效果就越理想。

② 在应用K近邻分类器的情况下，动态特征的分类效果略优于静态特征，但是K近邻分类器对非线性分类效果并不理想，因此令分类效果不尽如人意。

4.3 流形学习

运动特征在包含了大量信息的同时也存在着两个问题：第一，数据维度较高；第二，包含了干扰信息，如跟踪不准造成的奇点等。为了解决这两点问题，我们在这里将对流形学习进行研究。

流形学习（Manifold Learning）通常分为两类，线性流形学习算法和非线性流形学习算法。线性流形学习算法包括传统的主成分分析（PCA）和线性判别分析（LDA）等。非线性流形学习算法包括等距映射（Isomap）和拉普拉斯特征映射（LE）等。我们在此对常用的主成分分析方法和拉普拉斯映射方法做了研究。

4.3.1 主成分分析（PCA）

主成分分析（PCA）是最常用的特征降维方法，PCA 的目的是通过线性变换寻找一组最优的单位正交向量基（即主分量），用它们的线性组合来重构原来的样本，并使重构以后的样本和原来样本的均方差最小，可以证明，在数学上，PCA 可以通过求解特征值问题来求得用于将样本进行投影的向量。

设 $\boldsymbol{x}$ 是一个 n 维随机向量，对于一组样本数据$\{\boldsymbol{x}_i | i=1,2,\cdots,N\}$，将其表达为矩阵的形式 $\boldsymbol{X}=[\boldsymbol{x}_1,\boldsymbol{x}_2,\cdots,\boldsymbol{x}_N]$，对 $\boldsymbol{X}$ 的所有列取平均值，可以求得：

$$\boldsymbol{\mu}=\frac{1}{N}\sum_{i=1}^{N}\boldsymbol{x}_i \tag{4-4}$$

式中，N 代表样本数目；$\boldsymbol{\mu}$ 是所有样本的平均值。

令 $\overline{\boldsymbol{X}}=[\boldsymbol{\mu},\boldsymbol{\mu},\cdots,\boldsymbol{\mu}]$，那么可用下式来定义数据 $\boldsymbol{X}$ 对应的协方差矩阵 $\boldsymbol{S}_{\mathrm{t}}$：

$$\boldsymbol{S}_{\mathrm{t}}=\frac{1}{N}(\boldsymbol{X}-\overline{\boldsymbol{X}})(\boldsymbol{X}-\overline{\boldsymbol{X}})^{\mathrm{T}}=\frac{1}{N}\sum_{i=1}^{N}(\boldsymbol{x}_i-\boldsymbol{\mu})(\boldsymbol{x}_i-\boldsymbol{\mu})^{\mathrm{T}} \tag{4-5}$$

设 $\boldsymbol{S}_{\mathrm{t}}$ 的秩为 m，而 $\lambda_1,\lambda_2,\cdots,\lambda_m$ 是矩阵 $\boldsymbol{S}_{\mathrm{t}}$ 的特征值，且 $\lambda_1\geqslant\lambda_2\geqslant\cdots\geqslant\lambda_m$，$\boldsymbol{w}_i(i=1,2,\cdots,m)$为对应的特征向量。则 λ_i 与 $\boldsymbol{w}_i$ 满足：

$$\boldsymbol{S}_{\mathrm{t}}\boldsymbol{w}_i=\lambda_i\boldsymbol{w}_i \tag{4-6}$$

令 $\boldsymbol{W}=[\boldsymbol{w}_1,\boldsymbol{w}_2,\cdots,\boldsymbol{w}_m]$，在主分量分析中，可将特征向量 $\boldsymbol{w}_i$ 称为这组数据的主分量，$\boldsymbol{W}$ 称为这组数据的主分量矩阵。

对一个 n 维随机变量 $\boldsymbol{x}$，经过下式的变换：

$$\boldsymbol{y}=\boldsymbol{W}^{\mathrm{T}}(\boldsymbol{x}-\boldsymbol{\mu}) \tag{4-7}$$

可以得到一个新的 n 维变量 $\boldsymbol{y}=[\boldsymbol{y}_1,\boldsymbol{y}_2,\cdots,\boldsymbol{y}_m]^{\mathrm{T}}$，这一变换过程从代数空间的角度讲就是将变量 $\boldsymbol{x}$ 向 $\boldsymbol{W}$ 所对应的一组基投影的过程，从而获得一组投影系数 $\boldsymbol{y}$。$\boldsymbol{y}$ 就称为 $\boldsymbol{x}$ 在这组数据下经过 PCA 变化得到的结果。已知投影系数 $\boldsymbol{y}$ 后，可以重构出原始数据：

$$\hat{\boldsymbol{x}}=\boldsymbol{W}\boldsymbol{y}+\boldsymbol{\mu} \tag{4-8}$$

4.3.2 拉普拉斯映射（LE）

LE 的基本思想是在高维空间中离得很近的点投影到低维空间中的像也应该离得很近。通过使用两点间加权的距离来作为损失函数，可求得其相应的降维结果。具体方法如下。

第一步，构建邻域图，通常方法有下面两种。

① 如果满足 $\| \boldsymbol{x}_i - \boldsymbol{x}_j \|^2 < \varepsilon$，其中 ε 为给定参数，则可认为 $\boldsymbol{x}_i$ 和 $\boldsymbol{x}_j$ 是相邻的。

② 选择 k 个距离最近的近邻点，即如果 $\boldsymbol{x}_i$ 是 $\boldsymbol{x}_j$ 的 k 个最邻近点之一，则它们之间就存在连接。

第二步，选择权值矩阵，节点之间的连续是具有权值的，权值的选择一般有以下两种方式。

① 热核法，即如果两个节点之间有连接，则 $w_{ij} = \mathrm{e}^{-\frac{\| x_i - x_j \|^2}{t}}$，否则 $w_{ij} = 0$。

② 直观法，即如果两个节点之间有连接，则 $w_{ij} = 1$，否则 $w_{ij} = 0$。

通常人们会选用热核法，因为根据热传导偏微分方程的解，可建立流形上可微函数的算子与热流的一种紧密联系。

第三步，特征映射，假设图为连接图，我们要计算 $\boldsymbol{Ly} = \lambda \boldsymbol{Dy}$ 的特征值和特征向量，这里，$\boldsymbol{D}$ 为对角权值矩阵，$D_{ii} = \sum_j W_{ji}$，$\boldsymbol{L} = \boldsymbol{D} - \boldsymbol{W}$ 为拉普拉斯矩阵。除去特征值为零对应的特征向量，最小的 d 个特征值对应的特征向量就形成了输入数据集在低维空间中的像。

4.3.3 基于流形学习的降维分类实验

这里针对所研究的流形学习算法结合我们提出的动态特征进行了实验，实验中选择了 180 组动态图像序列中的 90 组作为训练样本，其余作为测试样本进行测试，其中每种表情各 30 组，每组选用了 10 幅连续图像构成运动特征。将每组训练样本映射到三维空间中，如图 4-1 所示，我们不难得出结论，拉普拉斯映射方法在进行降维的同时对各类表情有更好的区分度，在下面的分类实验中我们将验证这一说法。

应用流形学习结合 K 近邻的方法，对不同长度的运动特征，在不同的参数设置下，我们再次对六种表情进行分类实验。

(1) 主成分分析结合 K 近邻分类实验

实验中我们尝试了从 1 维映射到 30 维映射，这里我们只给出了存在最佳分类的一组，如表 4-3 所示。

表 4-3 主成分分析，映射维数 20

图像数 / k 值	5 幅	6 幅	7 幅	8 幅	9 幅	10 幅
$k=1$	72.22%	71.11%	72.22%	74.44%	**78.88%**	**78.88%**
$k=3$	74.44%	74.44%	69.99%	69.99%	72.22%	69.99%
$k=5$	71.11%	72.22%	75.55%	73.33%	68.88%	67.77%
$k=7$	69.99%	72.22%	72.22%	69.99%	68.88%	68.88%

从实验中我们不难发现，经过主成分分析降维之后，经过 K 近邻分类器分类，同样获得了准确率上的提高。

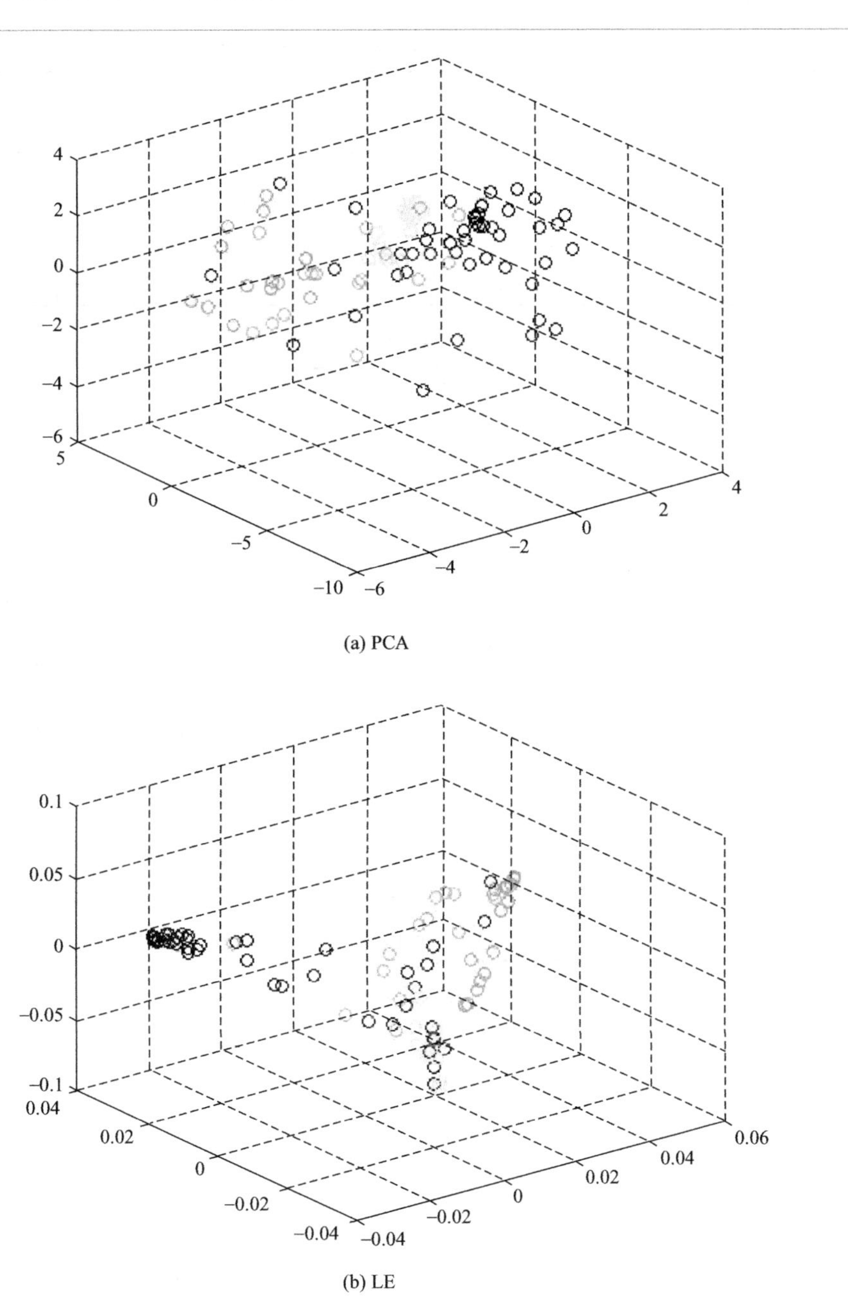

(a) PCA

(b) LE

图 4-1 应用 PCA 与 LE 两种方法的降维分类实验（电子版）

(2) 拉普拉斯映射结合 K 近邻分类实验

实验结果如表 4-4～表 4-7 所示。

表 4-4 拉普拉斯映射，选择近邻数目为 3，映射维数为 7

图像数 / k 值	5 幅	6 幅	7 幅	8 幅	9 幅	10 幅
$k=1$	68.88%	64.44%	**75.55%**	65.56%	69.99%	**75.55%**
$k=3$	71.11%	65.55%	**75.55%**	74.44%	65.55%	64.44%
$k=5$	71.11%	69.99%	**74.44%**	72.22%	69.99%	65.55%
$k=7$	69.99%	**73.33%**	71.11%	71.11%	57.77%	63.33%

表 4-5 拉普拉斯映射，选择近邻数目为 3，映射维数为 8

图像数 / k 值	5 幅	6 幅	7 幅	8 幅	9 幅	10 幅
$k=1$	69.99%	67.77%	**76.66%**	69.99%	71.11%	**76.66%**
$k=3$	68.88%	67.77%	73.33%	**74.44%**	66.66%	68.88%
$k=5$	71.11%	68.88%	71.11%	**75.55%**	69.99%	67.77%
$k=7$	71.11%	71.11%	69.99%	**72.22%**	58.88%	65.55%

表 4-6 拉普拉斯映射，选择近邻数目 3，映射维数为 9

图像数 / k 值	5 幅	6 幅	7 幅	8 幅	9 幅	10 幅
$k=1$	69.99%	68.88%	76.66%	68.88%	71.11%	**79.99%**
$k=3$	69.99%	67.77%	**75.55%**	74.44%	72.22%	72.22%
$k=5$	72.22%	69.99%	72.22%	**73.33%**	71.11%	69.99%
$k=7$	66.66%	**73.33%**	69.99%	69.99%	62.22%	65.56%

表 4-7 拉普拉斯映射，选择近邻数目 3，映射维数为 10

图像数 / k 值	5 幅	6 幅	7 幅	8 幅	9 幅	10 幅
$k=1$	68.88%	67.77%	**77.77%**	68.88%	69.99%	73.33%
$k=3$	68.88%	67.77%	**75.55%**	74.44%	72.22%	72.22%
$k=5$	72.22%	69.99%	**73.33%**	71.11%	69.99%	72.22%
$k=7$	72.22%	**73.33%**	68.88%	69.99%	59.99%	59.99%

实验数据表明，结合了拉普拉斯映射的 K 邻近分类方法能够有效地提高分类准确率，各种情况下的最高准确率已用黑体标出，其中最高的分类准确率几乎达到了 80%。

通过对两种典型流形学习方法的研究和实验可知，流形学习在大幅度降低特征维数的同时，能够有效地提高分类准确率。在本实验中，拉普拉斯映射较之主成分分析，具有更好的准确率并能映射到更低的维度。

4.4 支持向量机

支持向量机（Support Vector Machine，SVM）是20世纪90年代中期在统计学理论基础上发展起来的一种新型机器学习方法。支持向量机采用结构风险最小化准则（Structural Risk Minimization，SRM）训练学习机器，其建立在严格的理论基础之上，较好地解决了非线性、高维数以及局部极小点等问题，成为神经网络研究之后机器学习领域的新研究热点。

由于在前面的研究中，我们并没有得到令人满意的分类效果，所以这里将尝试应用支持向量机分类方法进行研究，力求获得更加理想的分类准确率。

4.4.1 支持向量机的基本思想

支持向量机为一个有监督方法，它将正面样本和负面样本看作两个在 $N-D$ 空间中的集合，然后自动寻找一个超平面将这个 $N-D$ 空间分成两部分，使得正面样本集合和负面样本集合分别落在两个不同的半空间中，同时保证两个集合之间的间隔最大。所谓间隔一般是指与超平面平行，且分别与正面和负面样本集合相切的两个超平面间的距离。

对于超平面起决定性作用的只有决定间隔的少数几个数据点，这些起着决定性作用的数据被称为支持向量，这些向量决定了间隔的大小，同时也决定了最后的分类超平面。显然，在一个 $N-D$ 空间中，满足这样条件的超平面是 $(N-1)-D$ 的。对于新输入的测试样本数据，可以根据判断样本处于超平面的哪一面，进而判定测试样本是负面样本还是正面样本。

对于给定的训练样本数据 $D=\{(\boldsymbol{x}_i,y_i)|\boldsymbol{x}_i\in R^N,y_i\in[-1,1]\}_{i=1}^N$，其中 $\boldsymbol{x}_i$ 是 $N-D$ 特征空间中的向量，而 y_i 为其所对应的标签，1为正样本的标签，−1为负样本的标签。这里要通过给定的训练数据集合 D 来寻求一个超平面 $\{\boldsymbol{x}|\boldsymbol{x}^{\mathrm{T}}\beta+\beta_0=0\}$，且对于新输入的测试样本 $\boldsymbol{x}_i$，可以用 $\mathrm{sign}(\boldsymbol{x}_i^{\mathrm{T}}\beta+\beta_0)$ 来预测其所属的类别。

由支持向量机的直观定义可以发现，求解超平面实际就是确定 β 和 β_0 的过程，而该过程可以描述为如下优化问题：

$$\lim_{\|\beta\|_2=1,\beta_0} C \text{ s.t. } y_i(\boldsymbol{x}_i^{\mathrm{T}}\beta+\beta_0)\geqslant C, i=1,2,\cdots,N \tag{4-9}$$

该问题也等价于

$$\lim_{\|\beta\|_2=1,\beta_0} \|\beta\|_2 \text{ s.t. } y_i(\boldsymbol{x}_i^{\mathrm{T}}\beta+\beta_0)\geqslant 1, i=1,2,\cdots,N \tag{4-10}$$

求解支持向量机，实际上就是求解以上所述的优化问题，在测试中，利用得到的 β 和 β_0 对新来的测试样本的类别做预测。

理论上讲，对于训练样本中的正面集合和负面集合，至少存在一个超平面可以将这两类完全分开，但是在实际的训练样本中，这样的条件不一定能够满足。在实际训练样本中，正面样本和负面样本有一定的重叠，这种情况下难以找到一个超平面可以将训练样本完全分开。为了解决这个问题，我们引入了松弛变量 r_i，将上述优化问题修改为

$$\lim_{\|\beta\|_2=1,\beta_0} \|\beta\|_2 \text{s.t. } y_i(\boldsymbol{x}_i^{\mathrm{T}}\beta+\beta_0)\geqslant 1-r_i, r_i\geqslant 0, \sum r_i<\theta, i=1,\cdots,N \tag{4-11}$$

式中，非负参数 θ 控制支持向量机的松弛程度。由于该参数的存在，可以对正负样本集合有一定重叠的训练数据进行计算得到一个分类超平面。当训练样本有噪声时，松弛变量 r_i 的存在就显得尤为重要了。

4.4.2 非线性支持向量机

非线性支持向量机的主要思想是寻找一个从低维空间到高维空间的映射，将数据从原始的特征空间映射到一个高维空间，使得在这个空间中具有更好的可分性。在映射得到的高维特征空间中求解线性支持向量机的超平面，投影回原始特征空间就是一个非线性的曲面，这种方法构成了非线性支持向量机，方法如下。

首先，我们要选择一组基函数 $h(x)=\{h_1(x),h_2(x),\cdots,h_p(x)\}$，即某种非线性变换。此时需要构造的超平面为 $\{\boldsymbol{x}|h(\boldsymbol{x})^{\mathrm{T}}\beta+\beta_0=0\}$，那么对于测试的样本 $\boldsymbol{x}_t$ 的类别预测则改为 $\mathrm{sign}[h(\boldsymbol{x}_t)^{\mathrm{T}}\beta+\beta_0]$，其中 β 与 β_0 和训练样本有关。如果 $h(x,x')=h(x)h(x')$，可以得到如下形式：

$$\beta=\sum_{i=1}^{N}c_n h(\boldsymbol{x}_i), \beta_0=b \tag{4-12}$$

预测函数为

$$\mathrm{sign}\left[\sum_{i=1}^{N}c_n h(\boldsymbol{x}_t,\boldsymbol{x}_i)+b\right] \tag{4-13}$$

整个推导过程用到了拉格朗日乘子法求解优化函数对偶问题，该推导过程与线性支持向量机相似。

4.4.3 基于支持向量机的分类实验

我们应用了支持向量机对提取到的不同长度运动特征做了分类实验，分类中

采用了一对一的多分类方法，即在每两个种类之间建立一个分类器，共建立$k(k-1)/2$个SVM分类器，最后的分类结果由全部分类器投票决定，实验结果如表4-8所示。

表4-8 SVM分类器分类结果

样本＼图像数目	5幅	6幅	7幅	8幅	9幅	10幅	单幅
训练样本	91.11%	91.11%	96.66%	96.66%	**97.7%**	96.66%	78.88%
测试样本	76.66%	78.88%	78.88%	79.99%	**81.1%**	78.88%	73.33%
总样本	83.88%	85.00%	87.77%	83.33%	**89.4%**	87.77%	76.11%

每一项的最高识别率在表4-8中用黑体标出，通过对SVM分类方法的实验我们发现：

① 总的样本识别率能够达到89.4%，对于测试样本的识别率虽然较基于流形学习和K近邻相结合的方法有所提高，但效果并不明显；

② 通过实验我们仍可证明动态特征的分类效果明显优于静态特征的分类效果。

4.5 基于Adaboost的分类研究

4.5.1 Adaboost算法

Adaboost是一种机器学习算法，能够自动地从整个弱分类器空间中挑选出若干个组成一个强分类器，最终的强分类器具有如下形式：

$$h(x)=\operatorname{sign}\left[\sum_{i=1}^{T} a_i h_i(x)-b\right] \tag{4-14}$$

式中，h_i是弱分类器；T为弱分类器的个数；b为阈值。可以看出，最终强分类器在形式上类似于线性感知机。

Adaboost是一个贪婪算法，每一轮根据当前的样本概率分布D_t，选取使公式(4-15)最大化的弱分类器。

$$r_t=\sum_{i=1}^{m} D_t y_i h_t(x_i) \tag{4-15}$$

式中，m为样本总数。在离散的情况下，即弱分类器只输出±1时，$1-r_t$可以看作是h_t在D_t下的错误率。此时r_t最大化就是使错误率最小化。在找到当前最优的弱分类器后，Adaboost 动态调整样本的概率分布，增加错分样本的权重，减小正确样本的权重，这样在下一轮中当前错分的样本会得到更多的重视。连续的 Adaboost 算法要求弱分类器能够输出一个表示置信度的连续值，这种连续的置信度能够更精确地反映样本的概率特性。关于连续 Adaboost 算法的收敛性有如下不等式：

$$\frac{1}{m}|\{i:H(x_i)\neq y_i\}|\leqslant \prod_{t=1}^{T} Z_t \tag{4-16}$$

当弱分类器 h_t 的正确率大于 50%时，Z_t 总小于 1。

对于多类情况，假定共有 k 类，记 $\gamma=\{1,2,\cdots,k\}$，将弱分类器看作是 $\chi\times\gamma\rightarrow[-1,1]$的映射。定义指标函数：

$$Y(i,l)=\begin{cases}1, y_i=l \\ -1, y_i\neq l\end{cases} \tag{4-17}$$

借助上述弱分类器和指标函数的概念就可以将 Adaboost 推广到多类情况。连续多分类 Adaboost 算法如下所示。

第一步，给定训练样本$(x_1,y_1),\cdots,(x_m,y_m)$，其中 $x_i\in\gamma$ 为类别标签，m 为样本总数。初始化样本概率分布 $D_1(i,l)=1/(mk), i=1,2,\cdots,m; l=1,2,\cdots,k$。

第二步，对 $t=1,2,\cdots,T$（T 为要选择的弱分类器个数）：

① 在分布 D_t 下，选择一个弱分类器 $h_t(x_i,l)$，使 $r_t=\sum_{i,l} D_t(x_i,l)Y(x_i,l)h_t(x_i,l)$ 最大化；

② 令 $a_t=\frac{1}{2}\ln\left(\frac{1+r_t}{1-r_t}\right)$；

③ 更新样本概率分布 $D_{t+1}(i,l)=\frac{D_t(i,l)\exp[-a_t Y(i,l)h_t(x_i,l)]}{Z_t}$，其中 Z_t 是归一化因子。

第三步，最终构成强分类器 $H(x)=\arg\max_l\left[\sum_{t=1}^{T} a_t h_t(x,l)\right]$。

多分类 Adaboost 算法中 r_t 称为 Harmming 损失，在 Harmming 损失意义下可以保证弱分类器的正确率总大于 50%。

4.5.2 基于 Adaboost 的分类实验

我们应用上述的两种分类器以及朴素贝叶斯（Naive Bayes）分类器和线性判别（LDA）分类器作为弱分类器，对数据重新进行了分类实验，各方法分类准确率如表 4-9 所示。

4-9 基于 Adaboost 级联的分类器设计实验

图像数目＼弱分类器	KNN	SVM	Naive e Bayes	LDA	KNN+Manifold
5 幅	91.11%	96.66%	96.66%	92.22%	92.22%
6 幅	93.33%	96.66%	94.44%	91.11%	91.11%
7 幅	93.33%	96.66%	93.33%	92.22%	92.22%
8 幅	94.44%	96.66%	96.66%	94.44%	94.44%
9 幅	92.22%	100%	92.22%	91.11%	94.44%
10 幅	93.33%	97.77%	94.44%	92.22%	97.77%
单幅	91.11%	93.33%	87.77%	91.11%	93.33%

参考文献

[1] Li X C, Wang L, Sung E, AdaBoost with SVM-based component classifiers [J]. Engineering Application of Artifical Inteligence, 2008, 21 (5): 785-795.

[2] Richard O D, Peter E H, David G S, Pattern Classification Second Edition [M]. USA: Wiley-Interscience, 2000.

[3] Seung H S, Lee D D, The manifold ways of perception [J]. Science, 2000, 290 (5500): 2268-2269.

[4] Tenbaum J, Silva D D, Langford J. A global geometric frame work for nonlinear dim ensionality reduction [J]. Science, 2000, 290 (5500): 2319-2323.

[5] Roweis S, Saul L. Nonlinear dimensionality reduction by locally linear embedding [J]. Science, 2000, 290 (5500): 2323-2326.

[6] 章毓晋,等. 基于子空间的人脸识别 [M], 北京: 清华大学出版社, 2009.

[7] Cortes C, Vapnik V. Support-vector networks [J]. Machine Learning, 1995, 20 (3): 273-297.

[8] 周宽久, 张世荣, 支持向量机分类算法研究 [J]. 计算机工程与应用, 2009, 45 (1): 159-182.

[9] Schapire R E, Singer Y. Improved boosting algorithms using confidence-rated predictions [J]. Machine Learning, 1999, 37 (3): 297-336.

[10] 王宇博, 艾海周, 武勃, 等. 人脸表情的实时分类 [J]. 计算机辅助设计与图形学学报, 2005, 17 (6): 1296-1301.

[11] Ahlberg J. CANDIDE-3—An updated parameterized face [R]. Linköping, Sweden: Dept. of Electrical Engineering, Linköping University, 2001.

第5章
人脸动态序列图像表情特征提取

5.1 概述

表情特征提取在表情识别过程中是至关重要的一部分，目前，国内外学者就人脸表情特征提取提出了很多算法，这些算法都是基于 Ekman 和 Friesen 提出的六种基本表情框架进行的。基于静态图像的人脸表情识别有着高效特点，但也有很大的局限性，由于图像包含的信息量较小，所以容易受到外部环境和个体差异等众多因素的影响，比如肤色不同、五官长相差别、光照不均等，都容易干扰表情识别的最终结果，使得系统鲁棒性降低。人脸表情是一个连续的变化过程，而动态图像序列中包含连续运动或变化的图像，从图像序列中可以提取更多更加丰富的人脸表情信息，从而减少乃至消除个体和外部环境的干扰，使得表情识别在各种不同条件下都能达到比较好的效果，于是很多人开始研究基于动态图像序列的人脸表情识别，那么，如何更好地提取动态图像序列中的表情特征就成为了一项重要课题。在这一章中我们主要讨论两种动态特征提取方法，分别是基于特征点跟踪的 ASM 算法和基于模型参数跟踪的 Candide3 算法，并对算法如何提取图像序列中表情的运动特征进行深入研究。

5.2 基于主动外观模型的运动特征提取

5.2.1 主动形状模型

对人脸表情变化的特征点进行跟踪是动态特征提取的一种方法，这种方法选择对表情变化最具代表性的特征点，通过这些特征点的变化就可以反映出表情的运动趋势，特征点一般都选取在脸部的器官上，通过对这些特征点的跟踪就可以不用理会其他没有必要的背景和无关信息，从而提取表情的运动信息。

主动形状模型（Active Shape Models，ASM）是一种基于统计模型的特征匹配方法，它需要标定出目标物体的形状特征点作为训练样本，从而构造出一个主动形状模型。其核心算法是两个子模型：全局模型和局部纹理模型。首先，通过人工标定的方式标定出目标物体的形状特征点，作为一个集合生成一个训练样本集，然后对样本进行统计，建立起一个统计模型。这个模型只是一个具有特征点大致位置的模型，所以在统计模型建立后，ASM 方法还要再使用局部纹理模型对待检测目标的特征点进行搜索，以找到特征点的最佳匹配位置，然后通过反馈调整建立起统计模型参数，使得模型与目标的真实轮廓一点点接近，在完成调整后，就可以对目标特征点进行精确定位。

本节采用了基于改进的 ASM 的特征点提取算法提取人脸表情图像序列中的人脸特征点，通过方法的改进，可以更加精确地定位人脸特征点。

图 5-1 是对 Cohn-Kanade 动态表情图库中的 8 帧图像利用 ASM 跟踪特征点运动的结果，可以看出在表情平静和表情最高点的情况下，都可以对人脸特征点进行准确定位。

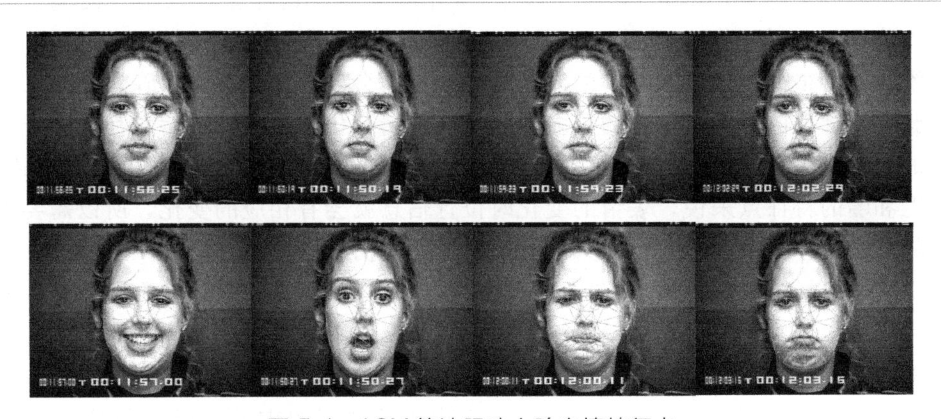

图 5-1 ASM 算法跟踪人脸表情特征点

5.2.2 几何特征提取

在特征点提取时，首先利用第 2 章的人脸检测算法对第一帧图像中的人脸位置进行检测和定位，然后再利用人脸检测结果对 ASM 初始化，接下来的每一帧都将前一帧的结果作为初始化的值，然后将跟踪到的结果更新到 ASM 模型中。计算出每一帧各个人脸特征点之间的距离参数，再用后一帧图像的距离参数减去前一帧的距离参数，就得到了这个表情的几何特征向量。这样做的目的是可以更好地提取动态图像序列表情之间的运动相关性，更好地利用表情的运动信息。算法流程图如图 5-2 所示。

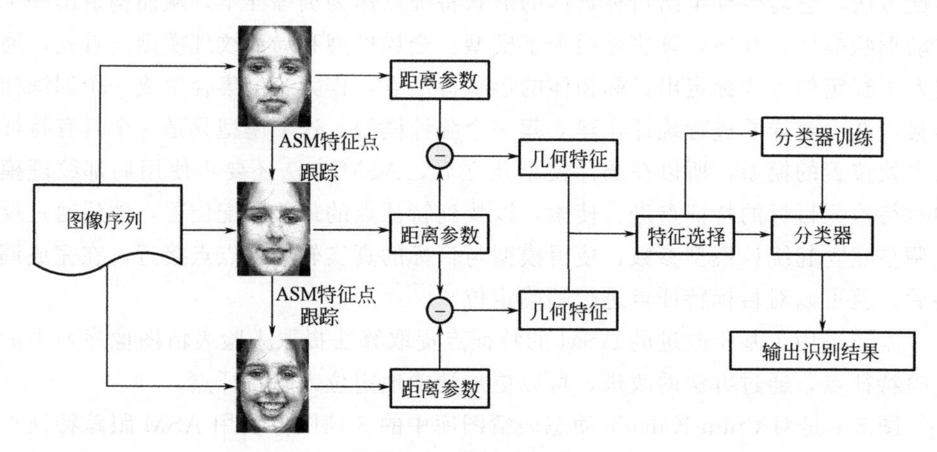

图 5-2 算法流程图

首先利用 ASM 模型对人脸定位了 68 个特征点，这样就可以很方便地提取出人脸这 68 个特征点的坐标，但是如果对这 68 个点全部进行特征提取的话，向量维数就会很高，会带来很多的冗余信息，反而会导致识别率的下降。包括部分人脸外轮廓上的特征点在内的很多特征点在表情变化的时候位置信息都不会有很大的改变，这对于我们的几何特征提取来说是无意义的。对于人脸器官如眼睛、眉毛和嘴的特征点来说，表情的变化时位置信息就会有相应的变化，所以需要提取的就是这些对表情识别贡献大的特征点的运动信息。

我们选择了表情特征点（Facial Characteristic Points，FCP）的集合，在整个特征点集合中一共定位了 20 个人脸的特征点，都是最能反映表情变化的点，随着表情变化时器官的特征点也随着变化，如图 5-3 所示。

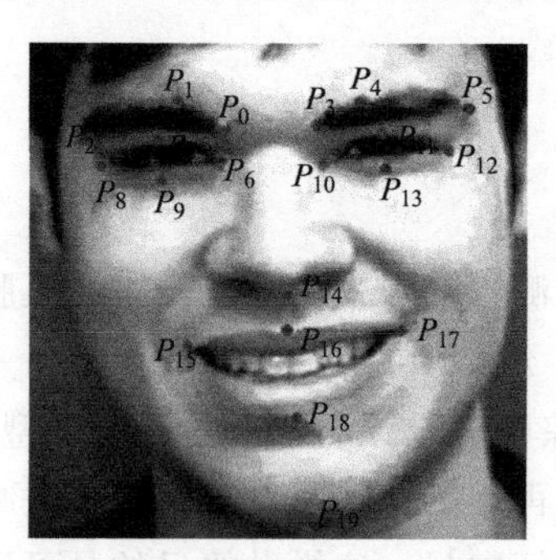

图 5-3 特征点定义

由于各帧图像中的人脸不可能完全一致，所以在提取距离参数的时候，需要对这些特征点的位置进行归一化，这样就可以消除由于头部位姿变化或者人脸尺寸差异引起的人脸特征点形变。利用 P_6、P_{10} 和 P_{14} 这三个点的坐标，就可以通过仿射变换将每帧图像中的 20 个特征点的坐标对齐，然后利用这 20 个表情特征点的位置信息构造出 18 维的几何特征。人脸表情变化引起的面部肌肉形变通常在垂直方向上，因此提取的距离参数主要集中在垂直方向上，而水平方向上只计算了两个外嘴角点的水平距离。这 20 个点的 18 维几何距离参数定义如表 5-1 所示。

表 5-1 表情特征点几何距离参数定义

v_i	几何距离	特征	v_i	几何距离	特征
v_1	$(P_0,P_1)_y$	左眉	v_{10}	$(P_{11},P_{13})_y$	右眼
v_2	$(P_0,P_2)_y$	左眉	v_{11}	$(P_{10},P_{12})_y$	右眼
v_3	$(P_3,P_4)_y$	右眉	v_{12}	$(P_{10},P_{13})_y$	右眼
v_4	$(P_3,P_5)_y$	右眉	v_{13}	$(P_{14},P_{16})_y$	嘴
v_5	$(P_0,P_{14})_y$	左眉	v_{14}	$(P_{15},P_{18})_y$	嘴
v_6	$(P_3,P_{14})_y$	右眉	v_{15}	$(P_{14},P_{15})_y$	嘴
v_7	$(P_7,P_9)_y$	左眼	v_{16}	$(P_{14},P_{17})_y$	嘴
v_8	$(P_6,P_8)_y$	左眼	v_{17}	$(P_{15},P_{17})_x$	嘴
v_9	$(P_6,P_9)_y$	左眼	v_{18}	$(P_{14},P_{19})_y$	下巴

P 为表情特征点，$(P_i,P_j)_x$ 为特征点 P_i 和 P_j 的水平距离，$(P_i,P_j)_y$ 为特征点 P_i 和 P_j 的垂直距离。对于一个视频序列，我们通过把每一帧图像的几何距离减去上一帧图像的几何距离，可以计算得到每帧人脸特征点的运动变化，把特征向量都存入矩阵。

$$\boldsymbol{x}_i=(dv_1,dv_2,dv_3,\cdots,dv_{18})^{\mathrm{T}},i=1,\cdots,n-1 \tag{5-1}$$

式中，$\boldsymbol{x}_i$ 是一个 18 维的特征向量，代表特征点运动的几何距离；n 为图像序列的长度。这样我们就可以通过图像序列中每一帧特征点的位移向量，得到特征点位移矩阵 $\boldsymbol{X}=[\boldsymbol{x}_1,\boldsymbol{x}_2,\cdots,\boldsymbol{x}_{n-1}]$，显然，特征矩阵 $\boldsymbol{X}$ 的特征维数为 $18\times(n-1)$。

5.3 基于 Candide3 三维人脸模型的动态特征提取

5.3.1 Candide3 三维人脸模型

Candide3 是一个参数化的模型。在 3.2.1 节中介绍过，请参见。

5.3.2 提取表情运动参数特征

表情动作单元（Facial Action Units，FAU），是指人脸的器官变化构成表情变化的基本元素，喜怒哀乐等常见表情都可以用 FAU 的组合来表示，因此在计算机视觉中通常通过跟踪 FAU 来分析表情变化。

对照 Candide3 模型运动单元与人脸运动单元的对应关系，研究中找出了相应的 7 个运动单元，除了包括跟踪中应用的上唇提升（Upper lip raiser），下唇抑制（Lower lip depressor），内眉降低（Inner brow lower），外眉提高（Outer brow raiser），闭眼（Upper lip raiser），噘嘴唇（Lip stretcher）6 个运动单元外，还包括了皱鼻子（Nose wrinkler）运动单元。

Candide3 模型在给出了控制模型变化的 12 个形状单元和 11 个运动单元的同时，还根据各个运动单元给出了相对应的 AUs 单元，为表情分析工作提供了方便。

结合表情动作单元分析，这里提出了一种基于 Candide3 模型参数的动态特征提取方案，即应用基于 Candide3 模型的跟踪算法，跟踪图像序列中人脸头部姿态及内部表情的变化，将连续若干帧更新得到的运动参数 $\boldsymbol{b}$ 构成动态特征，$\boldsymbol{T}_{\mathrm{a}}$ 代表了运动参数的变化，也就是代表了表情运动单元的强度，这样每一帧都得到了一个代表表情运动单元的 $\boldsymbol{T}_{\mathrm{a}}$ 向量，在 Candide3 模型跟踪的每个表情序列图像中，提取到的运动特征就可以表示为

$$\boldsymbol{f}=[\boldsymbol{T}_{\mathrm{a}}(1)^{\mathrm{T}},\boldsymbol{T}_{\mathrm{a}}(2)^{\mathrm{T}},\boldsymbol{T}_{\mathrm{a}}(3)^{\mathrm{T}},\cdots,\boldsymbol{T}_{\mathrm{a}}(L-1)^{\mathrm{T}},\boldsymbol{T}_{\mathrm{a}}(L)^{\mathrm{T}}]^{\mathrm{T}} \tag{5-2}$$

式中，L 代表图像序列的长度。由于我们使用了 7 个运动单元，所以可以得出 $\boldsymbol{f}$ 是一个 $L\times 7$ 维的特征矩阵。

我们利用算法对图像序列中的一帧进行了定位，提取出七运动参数的运动特征，实验的跟踪效果如图 5-4 所示。

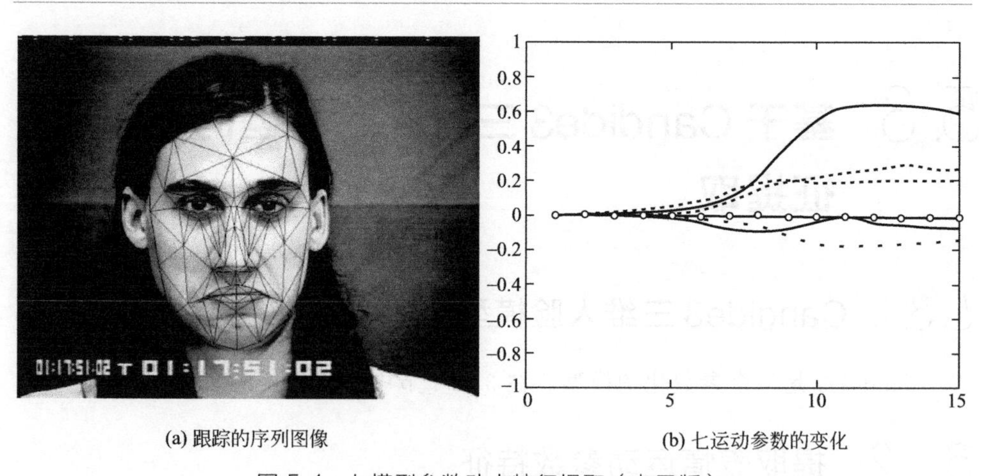

(a) 跟踪的序列图像　　(b) 七运动参数的变化

图 5-4　七模型参数动态特征提取（电子版）

基于 Candide3 模型参数的动态特征提取方法的优点如下。

① 在跟踪人脸的同时，就可以将特征参数直接提取出来，并不像 ASM 算法那样对几何特征点进行跟踪计算。

② 该模型的运动参数不受头部旋转的影响，表征表情变化的运动参数对人脸姿态的变化具有很强的鲁棒性。

③ 该模型可以通过只更新维数很低的运动参数就可以反映表情的变化，所以在图像序列的每帧中提取的运动参数就是反映表情变化的动态特征向量。

5.4 动态时间规整（DTW）

动态序列图像的表情图库按照时间顺序将人脸表情图像排列起来，但是即使是同一个表情，每个人每次完成的时间都不会完全一样，在图库中的图像序列长度当然也就不能做到完全一致，这直接导致我们获取的特征所对应的时间范围也不一样。在分类器中通常要求有统一的特征维数，这就要求在具有统一长度的序列图像中提取特征，对图库中的图像序列按照设定的帧数进行归一化。本节采用动态时间规整（DTW）算法来解决图像序列长度不一致的问题。

DTW 算法是一种基于动态规划思想，对非线性时间进行归一化再模式匹配的算法，应用在步态识别等对时间变化很敏感的模式识别问题中。其主要思想如下：对于两个不同的时间范围，使用时间规整函数对它们时间轴上的差异进行建模，为了消除两个时间范围的差别，DTW 通过变化其中一个时间轴，使之跟另外一个尽可能地重叠。

我们之所以说 DTW 是基于动态规划思想，就在于它将一个复杂的整体最优问题转化为了许多简单的局部最优问题。假如我们拥有一个动态变化的特征矢量时间序列 $\boldsymbol{A}=\{a_1,a_2,\cdots,a_i\}$，并且有另外一个等待识别的序列 $\boldsymbol{B}=\{b_1,b_2,\cdots,b_j\}$，其中 $i\neq j$，那么 DTW 算法就需要寻找一个时间规整函数，使得序列 $\boldsymbol{B}$ 的时间轴 j 能非线性地映射到序列 $\boldsymbol{A}$ 的时间轴 i，并尽量减少失真。假设时间规整函数为 $\boldsymbol{C}=\{c(1),c(2),\cdots,c(N)\}$（$N$ 为路径长度），$c(n)=(i(n),j(n))$表示第 n 个匹配点，这个匹配点是由序列 $\boldsymbol{A}$ 的第 $i(n)$个特征矢量与序列 $\boldsymbol{B}$ 的第 $j(n)$个特征矢量所构成，这两个特征向量之间的距离 $d(a_{i(n)},b_{j(n)})$，我们称之为局部匹配距离。

通过不断地寻找局部匹配距离，寻找出一条路径可以使得通过这条路径的所有匹配点的特征向量之间的加权距离总和最小：

$$D=\min\sum_{n=1}^{N}[d(a_{i(n)},b_{j(n)})] \tag{5-3}$$

在利用规整函数计算最优路径之前，需要对规整函数加上约束条件，否则不合适的规整函数可能会带来一些问题。在我们的问题中，对动态图像序列的表情图库进行动态规整时，规整函数应该满足下列两个条件。

① 连续性。由于表情是一个动态连续的过程，为了有效保留特征信息，同时要保证识别的准确性，这就要求规整函数不跳过序列中的任何匹配点。

② 单调性限制。显然图像序列中的表情是随着时间的变化由平静状态逐渐到高潮的状态，这就要求规整函数计算得到的最优路径要保持时间的变化，不能出现跳跃，即满足 $c_{i+1} \geqslant c_i$。

要实现这两个条件，在路径选取的时候就要设计相应的约束。路径首先需要满足连续性和单调性的要求，还可以根据实际情况，添加不同的局部路径约束，图 5-5 代表了一种局部路径约束。

如图 5-6 所示，图中的实线表示了一条完整的路径，这条路径具有连续和单调的特点，满足图 5-5 所示的路径约束。

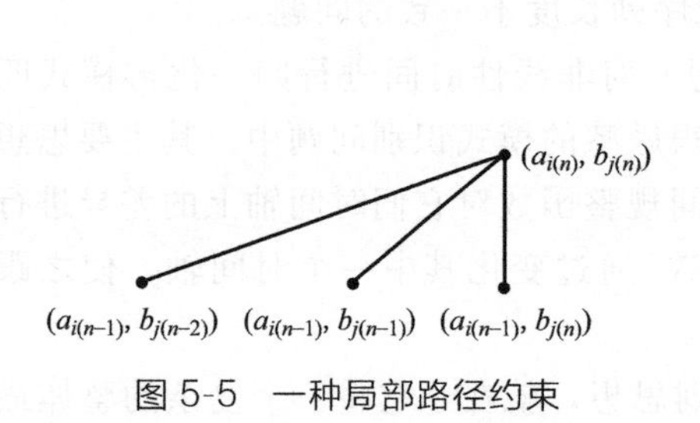

图 5-5 一种局部路径约束

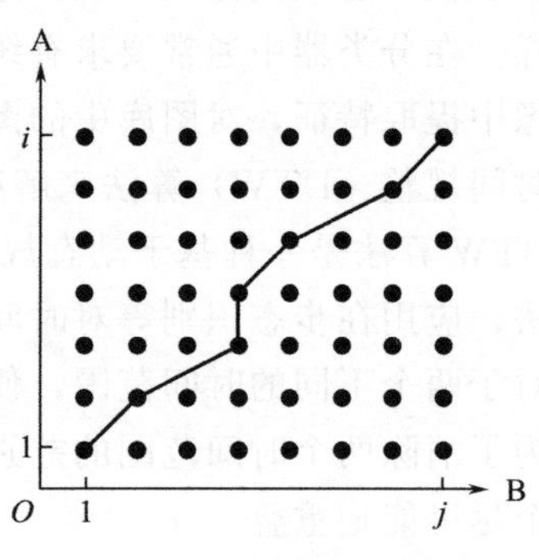

图 5-6 DTW 搜索路径示例

下面对 DTW 算法搜索最佳路径的方法进行描述。

对于图 5-5 的路径约束，点 $(a_{i(n)}, b_{j(n)})$ 之前的格点只能是下面的三个点其中之一：$(a_{i(n-1)}, b_{j(n)})$、$(a_{i(n-1)}, b_{j(n-1)})$ 或 $(a_{i(n-1)}, b_{j(n-2)})$，则 $(a_{i(n)}, b_{j(n)})$ 将选择到这三个点的距离最小的点来作为其前序格点，其累计距离为

$$D(a_{i(n)}, b_{j(n)}) = d(a_{i(n)}, b_{j(n)}) + \min[D(a_{i(n-1)}, b_{j(n)}), D(a_{i(n-1)}, b_{j(n-1)}), D(a_{i(n-1)}, b_{j(n-2)})] \tag{5-4}$$

有了上述计算方法，就可以从（1,1）出发开始搜索，反复递推直到获得最优的路径。

DTW 算法的原理非常简单明了，但是因为算法在寻找最佳路径的时候需要回头进行反复递推，导致运算量变得很大，对计算效率影响很大。通过分析可以发现其产生的原因在于搜索空间过于庞大，各种分支路径过多，而其中很多搜索

到的路径往往并不是需要的。因此，我们考虑增加一个对于选取全局路径的约束，这里选取一个约束斜率在$\frac{1}{2}\sim 2$的范围（图5-7），如果斜率过大，路径的搜索就会过早结束，这样做的目的是既保证路径可以充分被搜索，也可以减少误匹配，最重要的是在给定了一定范围的搜索路径后，可以使得计算量大幅度降低。

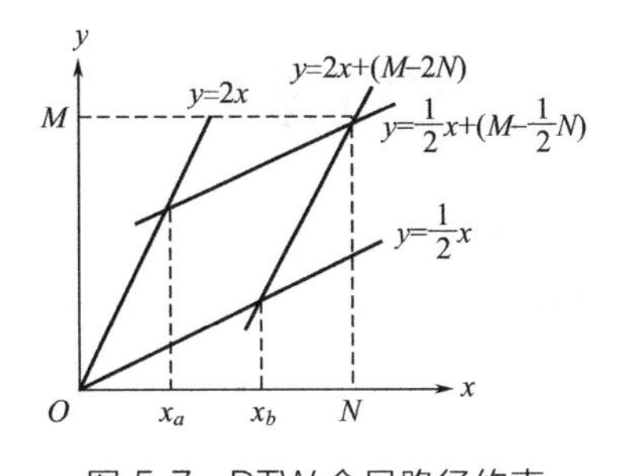

图5-7 DTW全局路径约束

当$x_a=x_b$时，比较分为2段进行：

$$\begin{cases}\frac{1}{2}x\sim 2x, & x<x_a \\ 2x+(M-2N)\sim\frac{1}{2}x+\left(M-\frac{1}{2}N\right), & x>x_a\end{cases} \tag{5-5}$$

而当$x_a<x_b$时，比较分为如下3段：

$$\begin{cases}\frac{1}{2}x\sim 2x, & x<x_a \\ \frac{1}{2}x\sim 2x+\left(M-\frac{1}{2}N\right), & x_a<x\leqslant x_b \\ 2x+(M-2N)\sim\frac{1}{2}x+\left(M-\frac{1}{2}N\right), & x>x_b\end{cases} \tag{5-6}$$

当$x_a>x_b$时，比较方法与式(5-6)类似。

DTW算法同时具有以下两个特点：首先，其计算过程可以看作一个循环进行的累积矩阵生成的问题；其次，DTW算法基于动态规划的思想，在累积矩阵生成的过程中，每一点的计算都只跟该点之前的若干个点有关。因此，在使用DTW算法的时候，不需要计算图5-7中菱形之外的点，而且不用再保存匹配距离和累积距离的矩阵，只需要保存局部矩阵并在计算过程中不断更新即可。

根据之前的分析可知，使用DTW算法在X轴方向计算下一帧的累积距离时，只需要前一列的累积距离，所以在算法的实现过程中，我们不需要保存整个矩阵，而只需要用两个变量D和d来保存当前列和上一列的累积距离。当进行到待测模板最后一帧的时候，变量D中的最后一个元素就是待测模板和参考模板之间的匹配距离。通过这样的方法，可以极大地减少存储空间和计算量，从而提高识别的速度。

5.5 特征选择

特征选择是将有用的关键特征从所有的特征中挑选出来，去除原始特征中的冗余特征，从而留下对分类贡献最大的特征。图 5-8 为特征选择算法的基本框架。

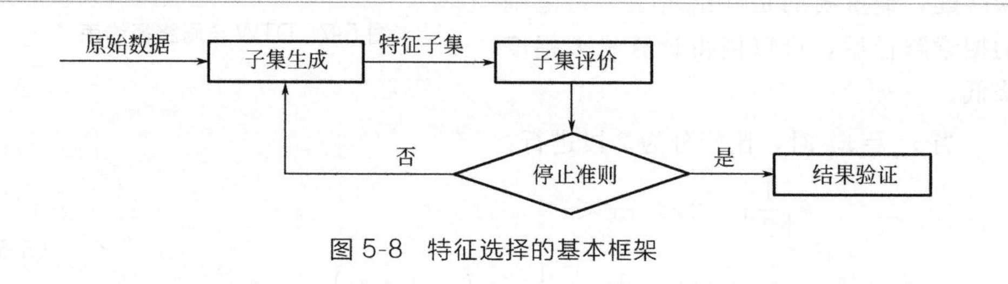

图 5-8 特征选择的基本框架

通过特征选择算法对特征进行选择后再进行模式分类，可以为模式识别系统带来很多好处：

① 降低特征维数；

② 减少获取数据的时间；

③ 减少训练分类器的时间；

④ 提高分类器的识别率。

在基于序列图像的表情识别中，不同帧的表情图像里，对于表情提取所使用的特征是不一样的，因此，我们要从所有提取到的特征中选择出对分类最有利的特征，特征选择就是完成这一任务的。

5.5.1 基于 Fisher 准则的特征选择

本节主要工作是去除每帧提取到的运动特征中不相关的冗余信息，即特征选择。采用单个特征的 Fisher 判别法，对运动特征进行筛选之后得到一组次优的特征子集，这样可以去除分类性能较差的特征。

特征的类内离散度越小，类间离散度越大，它的分类性就越强，Fisher 准则就是根据这一思想进行特征提取的。本节采用单个特征的 Fisher 判别率作为准则，计算每一个特征的准则值，然后从高到低排列这些特征，选择分类能力强的特征，去除分类能力弱的特征，从而达到较好的表情识别效果。

定义训练集中共有 n 个样本，属于 C 个类：$\omega_1, \omega_2, \cdots, \omega_C$，每类包含 n_i 个样本，$\boldsymbol{\mu}_i$ 表示第 i 类样本的均值，则类内离散度和类间离散度的计算公式如下：

$$\boldsymbol{S}_{\mathrm{b}}=\sum_{i=1}^{C}P_i(\boldsymbol{\mu}_i-\boldsymbol{\mu}_0)(\boldsymbol{\mu}_i-\boldsymbol{\mu}_0)^{\mathrm{T}} \tag{5-7}$$

式中，$\boldsymbol{\mu}_0$ 是全局均值向量，$\boldsymbol{\mu}_0=\sum_{i=1}^{C}P_i\boldsymbol{\mu}_i$；$\{\boldsymbol{S}_{\mathrm{b}}\}$是每一类的均值和全局均值之间平均距离的一种测度。

$$\boldsymbol{S}_{\mathrm{w}}=\sum_{i=1}^{C}P_i\boldsymbol{S}_i \tag{5-8}$$

式中，$\boldsymbol{S}_i$ 是 ω_i 类的协方差矩阵，$\boldsymbol{S}_i=\boldsymbol{E}[(\boldsymbol{x}-\boldsymbol{\mu}_i)(\boldsymbol{x}-\boldsymbol{\mu}_i)^{\mathrm{T}}]$；$P_i$ 是 ω_i 的先验概率，$P_i\approx n_i/n$；迹$\{\boldsymbol{S}_{\mathrm{w}}\}$是所有类的特征方差的平均测度。

在使类内离散度尽可能小而类间离散度尽可能大的原则下，最优的投影矩阵可以表示如下：

$$\boldsymbol{W}_{\mathrm{opt}}=\underset{W}{\arg\max}|\boldsymbol{W}^{\mathrm{T}}\boldsymbol{S}_{\mathrm{w}}^{(k)}\boldsymbol{W}|/|\boldsymbol{W}^{\mathrm{T}}\boldsymbol{S}_{\mathrm{b}}^{(k)}\boldsymbol{W}| \tag{5-9}$$

式中，$\boldsymbol{W}_{\mathrm{opt}}=[\boldsymbol{w}_1,\boldsymbol{w}_2,\cdots,\boldsymbol{w}_m]$；$m$ 是投影子空间的维数；$\boldsymbol{S}_{\mathrm{w}}^{(k)}$ 和 $\boldsymbol{S}_{\mathrm{b}}^{(k)}$ 分别表示该 k 维特征在训练集上的类内离散度和类间离散度。可以证明，$\boldsymbol{w}_i(i=1,2,\cdots,m)$是特征方程中最大的 m 个特征值所对应的特征向量。

$$\boldsymbol{S}_{\mathrm{b}}^{(k)}\boldsymbol{w}_i=\lambda_i\boldsymbol{S}_{\mathrm{w}}^{(k)}\boldsymbol{w}_i,i=1,2,\cdots,m \tag{5-10}$$

5.5.2 基于分布估计算法的特征选择

分布估计算法（EDA）是进化计算领域的前沿研究内容，是在1996年被提出来的，这种算法提出了一种全新的进化算法，改进了传统的遗传算法(GA)。图5-9对比了遗传算法和分布估计算法的共同点和不同点。

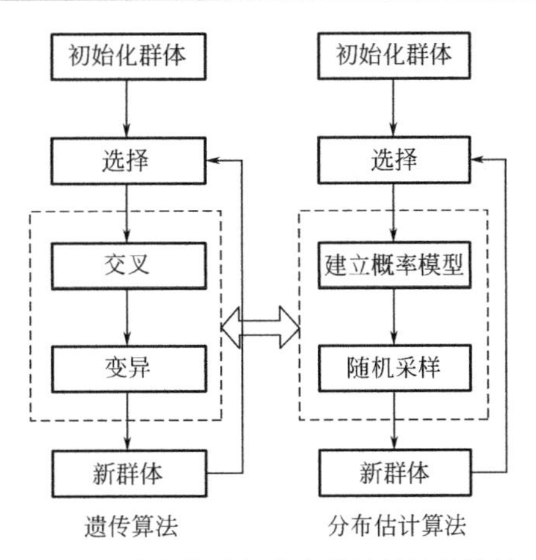

图5-9 遗传算法与分布估计算法的比较

在GA中，为了优化问题的候选解，将它们用种群表示出来，种群中的每一个个体都有各自的适应值，然后模拟自然进化的过程，进行选择、交叉和变异等操作，这样反反复复进行操作求解。在EDA中，不再进行传统的选择、交叉和变异这类遗传操作，而是对概率模型进行采样和学习，EDA用概率模型来描述候选解的空间分布，从宏观的角度统计出候选解的概率分布并建立模型，基于这个概率模型，随机采样得到新的种群，EDA采用这样的方法并不断地重复进行来实现种群的进化，直到求出问题的解。

在EDA选择特征的过程中，本节采用了EDA中比较简单的模型——基于群体的增量学习（Population-Based Increased Learning，PBIL）算法。

PBIL算法是由美国卡内基梅隆大学的Baluja提出的，在PBIL算法中，$\boldsymbol{p}(x)=(p(x_1),p(x_2),\cdots,p(x_n))$是一个概率向量，其中$p(x_i)$表示第$i$个基因位置上取值为1的概率。

(1) 编码

编码的主要目标是表征所有选择出的特征子集，特征子集由二进制编码构成。在我们的问题中，编码的长度是所有特征的个数，每个运动单元对应二进制串的一位。如果第i位是1，就代表选择了这个特征；如果为0，就代表不会选择这个特征。最优特征子集由二进制编码表示，个体的编码由概率向量随机产生。

(2) 特征子集的适应度值

得到每个个体的编码之后，还要计算个体的适应度值，目的是使得算法得以进化。在我们的分类问题上，适应度值是靠计算分类能力来衡量的。这是因为选择特征子集的目的就是要在全部特征中提取出对于分类贡献最大的特征子集，所以选出适应度值更高的个体，就代表着选出了分类能力更强的特征，因此适应度值应该考虑两个方面的内容：一是识别率；二是所选择特征的数量。适应度函数计算为公式(5-11)。

$$fitness=1000\times accuracy+0.4\times zeros \tag{5-11}$$

式中，*accuracy*对应的就是个体的识别率；*zeros*就是未被选择的特征数目，也就是个体二进制数中0的数目。从式(5-11)中我们可以发现，适应度值随着所选择的特征数量的减少而增大，随着识别率的提高而增大。识别率的定义为

$$accuracy=\frac{N_{\mathrm{C}}}{N_{\mathrm{T}}} \tag{5-12}$$

式中，N_{T}是测试集中所有图像的数目；N_{C}是被正确分类的图像的数目。

(3) 算法流程

基于PBIL的特征选择算法过程描述如下。

① 设置算法参数：种群大小M，个体长度L，变异率P_{m}，学习率a，概率变异的学习率a_{m}，最优个体数目μ。

② 初始化概率向量$\boldsymbol{p}(x)$。根据概率向量，生成第一代的M个个体。设置

训练次数 t 为 1。

③ 根据适应度函数公式(5-11) 评估每个个体的适应度值。

④ 选择 μ 个适应值最高的最优个体，并根据公式(5-13) 修正概率向量 $\boldsymbol{p}(x)$。

$$\boldsymbol{p}_{l+1}(x)=(1-a)\boldsymbol{p}_{l}(x)+a(1/\mu)\sum_{k=1}^{\mu}x_{l}^{k} \tag{5-13}$$

式中，$\boldsymbol{p}_{l}(x)$ 表示第 l 代的概率向量；$x_{l}^{1},x_{l}^{2},\cdots,x_{l}^{\mu}$ 表示选择的 μ 个个体。

⑤ 根据概率变异公式(5-14) 修改概率模型。

$$\boldsymbol{p}_{l+1}(x)=(1-a_{\mathrm{m}})\boldsymbol{p}_{l}(x)+a_{\mathrm{m}}U(0,1) \tag{5-14}$$

式中，$U(0,1)$ 表示 0～1 的均匀分布随机数。

⑥ 根据新的概率模型生成下一代个体。

⑦ 如果终止条件满足，算法终止，输出最优解；否则，转步骤③，$t=t+1$。

5.6 仿真实验及结果分析

在本章的实验中选取了卡内基梅隆大学的 Cohn-Kanade 表情数据库中的图像序列作为表情样本。Cohn-Kanade 表情数据库集合了 18～30 岁的不同肤色人的不同表情。其中女性占 60%，非裔美国人占 15%，拉丁美洲或亚洲人占 3%。这样就涵盖了不同肤色不同年龄的男女面部表情。每个人采集 Ekman 和 Friesen 的 6 种基本表情，在采集过程中跟踪人脸面部 23 个表情运动单元，每个表情都是从中性开始过渡的。图库中的图像均为 8 位灰度图像，像素为 640×480。

实验中选取了经过动态规整算法对齐后的 30 个图像序列样本，每个序列设定为包含 15 帧图像，选择 15 个样本图像序列和 15 个测试图像序列。各选取了 5、6、7、8、9、10 帧的包含表情最高潮状态的连续图像，并进行了分类实验。

实验中采用的分布估计算法参数：个体染色体的维数 D、种群中染色体数目 M 和精华个体的数目由图像序列的长度决定，变异率 P_{m} 为 0.1，概率变异的学习率 a_{m} 为 0.1，学习率 a 为 0.1。

5.6.1 基于主动外观模型的运动特征提取

在序列图像中进行表情运动特征的提取，不同的序列长度会带来不同的特征维数，首先为了对比不同长度的序列图像对表情识别的影响，在对不同长度的序列图像中的人脸表情特征点进行定位后，我们使用了不同的特征分别对不同长度的序列图像进行了特征点运动信息的提取和识别，结果如图 5-10 所示。

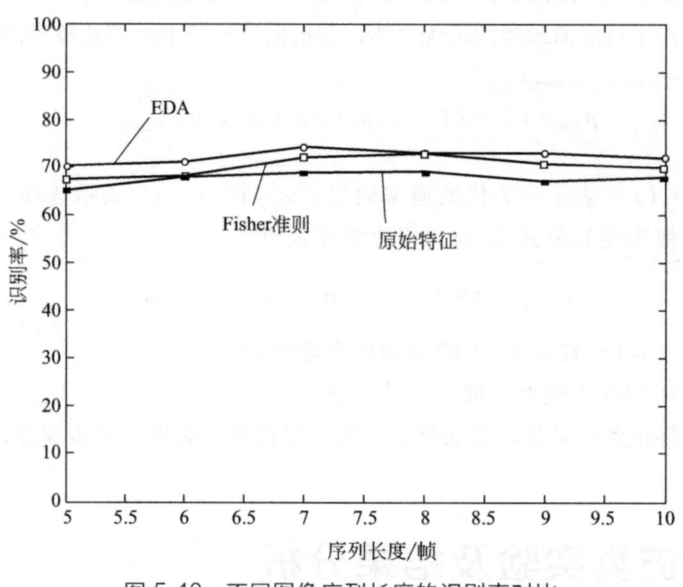

图 5-10 不同图像序列长度的识别率对比

从图 5-10 中的识别率可以看出，使用特征选择算法并没有对识别率提升很大，这是因为基于几何特征的特征点对于分类的贡献都比较平均。同时我们发现在图像序列长度为 7 的时候取得了实验最高的识别率。值得一提的是，随着序列长度的增加识别率反而降低了，这是因为在 ASM 提取特征点时，对每一帧的定位并不够绝对准确，即使进行仿射运算后，可能仍然会有像素的偏移，这对几何特征的提取来说会带来误差，在计算运动特征时会把定位误差当作特征点的几何距离变化也一并计算进去，而且随着帧数的增加，各帧之间的表情变化会变小，随着特征向量维数的增加，会带来一些不利于分类的冗余信息，提取真正反映特征点运动的信息就会变得更加困难，影响最终的识别率。反之，当序列长度较短，人脸特征点的定位误差对于每帧进行几何运动特征提取的影响就会大大降低，如图 5-11 所示。

表 5-2 给出了在 7 帧的图像序列中，在用 ASM 算法对人脸表情的运动特征进行提取并用分布估计算法进行特征选择后，使用支持向量机分类器得到各个表情测试集的识别结果。从结果可以看出，采用对特征点的运动进行跟踪的方法，对于恐惧、高兴和惊讶这些比较夸张的表情，识别比较准确，但是对于动作变化幅度比较小的表情，识别效果就不够理想了，这是基于特征点跟踪的表情识别方法的局限性导致的。

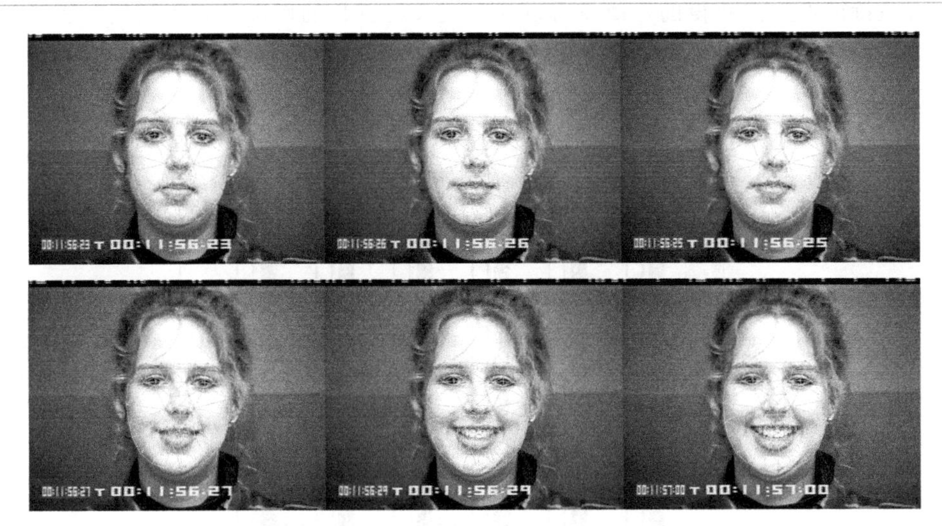

图 5-11 表情图像序列中的 6 帧定位效果

表 5-2 识别结果

测试样本		正确识别样本	
表情类别	测试集	正确识别数目	识别率
生气	15	11	73%
厌恶	15	10	67%
恐惧	15	12	80%
高兴	15	13	87%
悲伤	15	9	60%
惊讶	15	12	80%
平均	90	67	74%

5.6.2 基于 Candide3 模型的动态特征提取

这里针对不同长度的序列图像对 Candide3 模型提取表情运动参数的影响进行实验，在对不同长度的序列图像中的人脸表情特征点进行定位后，分别使用了六模型运动参数和七模型运动参数对不同长度的序列图像进行了表情运动单元运动信息的提取，结果如图 5-12 所示。

从图 5-12 中可以看出，选择七模型运动参数并且图像序列在 9 帧的情况下获得了本次测试的最高识别率。通过对比利用 ASM 算法提取运动特征，我们发现基于 Candide3 模型跟踪人脸更为准确，并且作为特征的运动参数并不是直接对人脸特征点定位获得的，所以可以在序列长度较长的情况下，得到更多有利于分类的表情特征信息，从而提高识别率。图 5-13 为 Candide3 模型对 10 帧图像的跟踪结果。

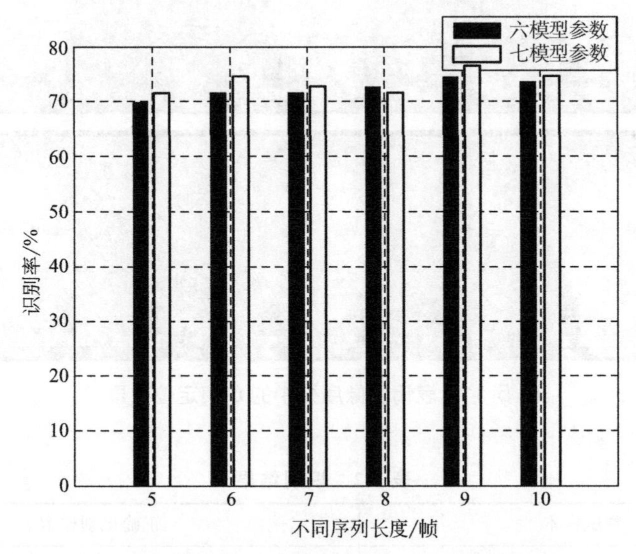

图 5-12 不同模型参数和序列长度的识别率对比

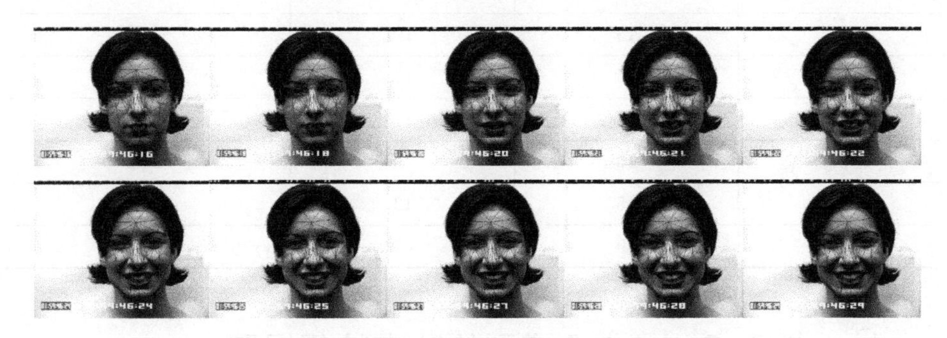

图 5-13 Candide3 模型对 10 帧图像的跟踪结果

图 5-14 用不同的分类器对 9 帧图像中提取到的七模型运动参数利用分布估计算法进行特征选择。从图中就可以看出在不同帧数的图像中，对于不同的分类器来说，每帧中的运动参数对分类的贡献都是不同的。

为了验证特征选择算法的有效性并取得最佳的结果，在下面的实验中，我们选择了七模型参数并且把图像序列长度设定为 9 帧，这样共有 63 维特征向量。分别利用了 KNN 分类器（$k=5$）、贝叶斯分类器、神经网络和支持向量机分类器对原始特征和经过特征选择后的特征进行了分类，结果如图 5-15 所示。

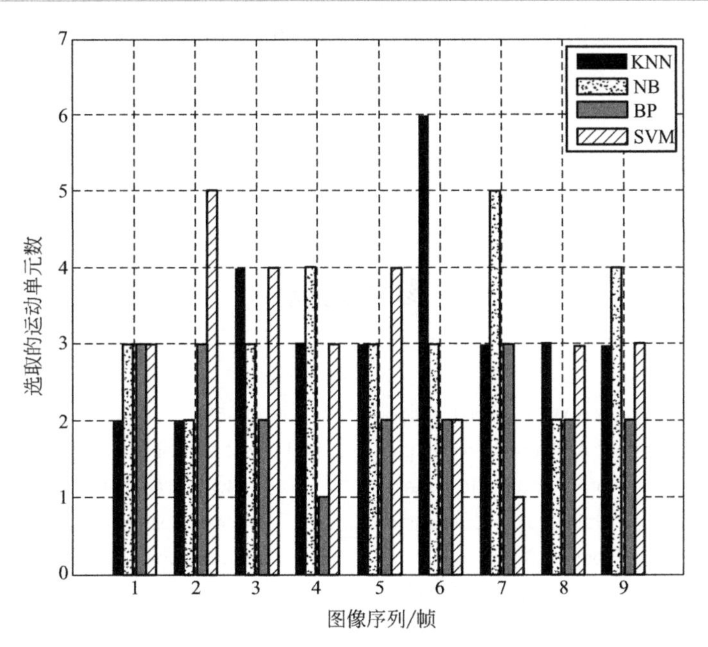

图 5-14 每帧图像中提取的运动参数

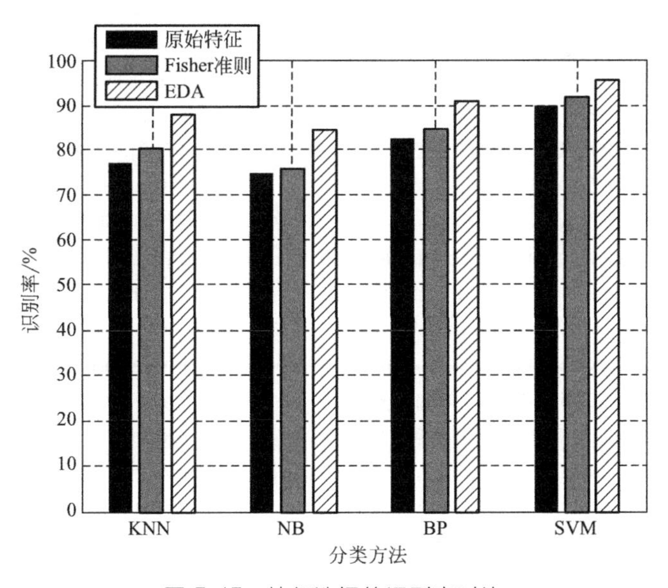

图 5-15 特征选择的识别率对比

从结果中对比各种特征选择方法可以发现：对于不同的分类器来说，利用基于分布估计算法对原始特征进行特征选择后，得到了最佳的识别效果，这说明经过特征选择算法对原始特征进行选择可以提取出对分类更有效的特征。从分类器方面看，SVM 分类效果比较好，其最高平均识别率达到了 96%。

参考文献

[1] Ekman P，Friesen W V. Facial Action Coding System：A Technique for the measurement of Facial Movement [M]. Canada：Palo Alto Consulting Psychologists Press，1978.

[2] 辛静. 基于帧间灰度差的动态表情识别[D]. 天津：天津大学，2009.

[3] Yang M H，Kriegman D J，Ahuja N. Detecting Faces in Images：A Survey [J]. IEEE. Transactions on Pattern Analysis and Machine Intelligence，2002，24（1）：34-58.

[4] 薛雨丽，毛峡，郭叶，等. 人机交互中的人脸表情识别研究进展[J]. 中国图像图形学报，2009，14（5）：764-772.

[5] Cootes T F，Hill A，Taylor C J，et al. The use of active shape models for locating structures in medical images [J]. Image and Vision Computing，1994，12（6）：355-366.

[6] 彭程，刘帅师，万川，等. 基于局部纹理ASM 模型的人脸表情识别[J]. 智能系统学报，2011，6（3）：231-238.

[7] Kanade T，Cohn J，Tian Y. Comprehensive database for facial expression analysis [C]// In Proc. IEEE int. Conf. Face and Gesture Recognition，2000. Grenoble，France：IEEE，2000，3：46-53.

[8] Kobayashi H，Hara F. Facial interaction between animated 3D face robot and human beings [C]// Proceedings of IEEE International Conference on System，Man and Cybernetics，1997. Orlando，USA：IEEE，1997：3732-3737.

[9] 徐文晖，孙正兴. 面向视频序列表情分类的LSVM 算法[J]. 计算机辅助设计与图形学学报，2009，21（4）：542-548，553.

[10] Lien J J J. Automatic recognition of facial expressions using hidden Markov models and estimation of expression intensity [D]. Pittsburgh：Carnegie Mellon University，CMU-RI-TR-98-31，1998.

[11] 徐雪绒. 基于单张正面照片的三维人脸建模及表情合成的研究[D]. 成都：西南交通大学，2011.

[12] Ahlberg J. CANDIDE-3—An updated parameterized face [R]. Linköping，Sweden：Dept. of Electrical Engineering，Linköping University，2001.

[13] 王磊. 人脸表情自动提取与跟踪技术研究[D]. 长沙：湖南大学，2007.

[14] 王新竹. 基于动态图像序列的人脸表情特征提取和识别算法的研究[D]. 吉林：吉林大学，2012.

[15] 刘凌峰. 基于图像序列和压力的步态识别

研究[D]. 合肥：中国科学技术大学，2010.
[16] 邹洪. 实时动态手势识别关键技术研究[D]. 广州：华南理工大学，2011.
[17] 计智伟，胡珉，尹建新. 特征选择算法综述[J]. 电子设计工程，2011，19(9)：46-51.
[18] 王飒，郑链. 基于Fisher准则和特征聚类的特征选择[J]. 计算机应用，2007，27(11)：2812-2840.
[19] 王圣尧，王凌，方晨，等. 分布估计算法研究进展[J]. 控制与决策，2012，27(7)：961-966，974.
[20] 周树德，孙增圻. 分布估计算法综述[J]. 自动化学报，2007，33(2)：113-124.
[21] 郑秋梅，吕兴会，时公喜. 基于多特征集成分类器的人脸表情识别[J]. 中国石油大学学报（自然科学版），2011，35(1)：174-178.

第6章

基于子空间分析和改进最近邻分类的表情识别

6.1 概述

子空间分析方法是统计模式识别中一类重要的方法，本质上是一种特征提取和选择的方法，主要思想是在原空间（样本空间）中寻找合适的子空间（特征空间），通过将高维样本投影到低维子空间上，在子空间上进行分类。这样做有两个好处：一方面对高维样本进行了降维、压缩，大大简化了计算；另一方面，高维样本在子空间上的投影可以比在原空间中具有更好的可分性，这也是寻找子空间的一个重要标准。本章将对几种常用的线性子空间方法和特征分类器进行讨论。

近年来，很多研究工作表明人脸可能存在于一个非线性的子空间中。而PCA和LDA又都是仅仅对欧氏空间结构有效。如果人脸图像存在于图像空间的非线性子空间中，那么以上两种方法就很难构建根本的人脸空间结构。一些非线性方法如Isomap、LLE和LE都可以用来处理非线性问题，但这些方法仅仅是建立在训练集基础之上的，因而无法处理测试集。

6.2 特征降维

6.2.1 非线性流形学习方法

流形学习的概念最早是由Riemann在1854年提出的。简单来说，流形是线性子空间的一种非线性推广，是一个局部可坐标化的拓扑空间，基于流形学习的特征提取方法可以认为是一种无监督的非线性降维方法。当前的研究已经发现，当人脸发生转动或者光照强度发生变化时，其相应的特征变化可以看作是嵌入在高维人脸图像空间中的一个低维非线性子流形，称为外观流形。

设低维空间 R^{d_2} 中的数据集 $\boldsymbol{Y}=[y_1,\cdots,y_n]$，定义光滑映射 $f:y_i \rightarrow x_i$，$x_i \in R^{d_1}, i=1,\cdots,n, d_1>d_2$。流形学习可以描述为给定高维空间 R^{d_1} 中的数据集 $\{x_i=f(y_i)\}$，求解 $\boldsymbol{Y}$ 和 f 的过程。在非线性流形学习方法中，等距映射(Isomap)、局部线性嵌入算法（LLE)、拉普拉斯映射（LE）等最具有代表性。

(1) 局部线性嵌入（LLE）

局部线性嵌入（LLE）算法的基本思想是假定观测数据集位于或者近似位于高维空间中的低维嵌入流形上，并且嵌入空间与内在低维空间对应的局部邻域中的数据点保持相同的局部近邻关系，是一种无监督的学习算法，它保留了原始流形中局部邻域间的相互关系。设初始数据集为高维空间中的 n 个数据点 $\{x_i\}_{i=1}^{n} \in R^{d_1}$，映射到低维空间中 $\{y_i\}_{i=1}^{n} \in R^{d_2}$。该算法共有三个步骤。

① 局部近邻搜索：计算出数据点 x_i 的邻域点 $\{x_{ij}, j=1,\cdots,k\}$ (取与之欧氏距离最小的 k 个点)，并假定 x_i 及其邻域点构成线性超平面。

② 最小化目标函数：在 x_i 的邻域中，计算重构每个 x_i 的权值 W_{ij}，使重构代价误差最小。定义如式(6-1) 所示代价误差：

$$\varepsilon_{\mathrm{I}}(\boldsymbol{W})=\sum_i \left| x_i - \sum_j W_{ij} x_{ij} \right|^2 \tag{6-1}$$

式中，权值 W_{ij} 代表第 j 个点对第 i 个点的近邻加权，W_{ij} 满足两个条件：若 x_j 不属于 x_i 的邻域时，$W_{ij}=0, j=1,\cdots,n$ 且 $j \neq i$；权值矩阵 $\boldsymbol{W}$ 的每一行相加为 1，即 $\sum_j W_{ij}=1$。

对任一个数据点 x_i，W_{ij} 具有旋转、尺度和平移不变性。求得 $\boldsymbol{W}$ 的过程就是求解带约束的最小二乘问题。线性重构误差亦可写为

$$\varepsilon_{\mathrm{I}}^{(i)}(\boldsymbol{W})=\left| \sum_{j=1}^{k} W_j^{(i)}(x_i - x_{ij}) \right|^2 = \sum_{j=1}^{k}\sum_{m=1}^{k} W_j^{(i)} W_m^{(i)} W_{jm}^{(i)} \tag{6-2}$$

$\boldsymbol{Q}^i \in R^{k \times k}$ 是局部协方差矩阵，定义为每个点与其邻域点差的二次型：

$$Q_{jm}^{(i)}=(x_i - x_{ij})^{\mathrm{T}}(x_i - x_{ij}) \tag{6-3}$$

使用拉格朗日乘法确保约束 $\sum_j W_j^{(i)}=1$，误差可以在封闭的形式下最小化，用局部协方差的转置形式，优化的权值可以写为

$$W_j^{(i)}=\sum_k Q_{jk}^{-1(i)} / \sum_{lm} Q_{lm}^{-1(i)} \tag{6-4}$$

重构权值 W_{ij} 反映了空间流形在局部线性降维中的不变特性，因此重构原始数据空间 R^{d_1} 中的权值，也是重构对应嵌入拓扑空间 R^{d_2} 中的权值。

③ 映射到低维嵌入空间 R^{d_2}：嵌入空间的代价误差定义为公式(6-5)，与前

面定义的代价误差公式(6-1) 类似，都是基于局部线性重构误差，但这里是固定 W_{ij}，优化 d_2 维坐标下 y_i，使代价误差公式(6-5) 最小。

$$\varepsilon_{\mathrm{II}}(\boldsymbol{W})=\sum_i \left| y_i-\sum_j W_{ij} y_j \right|^2 \tag{6-5}$$

式中，W_{ij} 可以扩展为 $n \times n$ 的稀疏矩阵 $\boldsymbol{W}$，仅 $W_{i,N(j)}=W_{ij}$，则映射后的代价误差可以写为：

$$\varepsilon_{\mathrm{II}}(\boldsymbol{Y})=\sum_i \left| y_i-\sum_j W_{ij} y_{ij} \right|^2=\sum_i \left| (\boldsymbol{I}-\boldsymbol{W}) y_i \right|^2=\operatorname{tr}(\boldsymbol{Y}^{\mathrm{T}} \boldsymbol{M} \boldsymbol{Y}) \tag{6-6}$$

式中，$\boldsymbol{M} \in R^{n \times n}$，$\boldsymbol{M} \in (\boldsymbol{I}-\boldsymbol{W})^{\mathrm{T}}(\boldsymbol{I}-\boldsymbol{W})$。由此，将 LLE 问题转化为谱分析中求取最小非零特征值问题，获得原始数据集在低维的映射结果。

(2) 拉普拉斯映射（LE）

该方法与 LLE 的差别在于，它采用了拉普拉斯算子，令算法更具优越性。具体方法参见 4.3.2 节。

6.2.2 线性子空间方法

主成分分析（Principal Component Analysis，PCA）和线性判别分析（Linear Discriminant Analysis，LDA）两种方法在线性降维方法中是比较有效的，但是它们又具有难以保持原始数据非线性流形的特点。前面论述的局部保持的流形学习算法在高维观测空间和内在低维空间之间建立的是隐式的非线性映射，所以在训练数据上定义出的映射，难以对新的样本点低维投影。

线性降维的方法就是对于一个 R^n 中的集合 $\{x_1, x_2, \cdots, x_n\}$，寻找一个转换矩阵 $\boldsymbol{A}$ 将这个点映射到 $R^{\prime}(m \ll n)$ 空间的 $\{y_1, y_2, \cdots, y_m\}$，其中 $y_i=\boldsymbol{A}^{\mathrm{T}} x_i$。

如果将高低维空间的非线性映射用一个线性映射来近似，使得整个线性投影变换不但能够保持局部几何特性而且具有线性子空间投影的优点，那么就可以像 PCA、LDA 一样可以应用到线性降维的领域中。He 等人将线性变换分别融入 LE 和 LLE 中，提出了两种新的线性投影技术：局部保持投影（LPP）和近邻保持嵌入（NPE)。PCA 和 LDA 算法保持的是数据的全局结构，但在许多实际应用中，在低维投影中能够保持局部结构才能保持更好的数据结构。与 PCA 和 LDA 不同，LPP 将数据在保持局部结构的基础上投影到线性子空间。

(1) LPP 子空间

LPP 就是一种用于计算局部保持的子空间投影方法，它保持了数据的内在几何性质和局部结构，在高维空间中近邻的数据点，也就是相似度大的点，投影到低维空间后仍将保持为近邻点。下面介绍下 LPP 算法的基本原理。

目标函数为

$$\min \sum_{ij} (\boldsymbol{y}_i - \boldsymbol{y}_j)^2 \boldsymbol{S}_{ij} \tag{6-7}$$

式中，$\boldsymbol{y}_i$ 是 $\boldsymbol{x}_i$ 的一维表示，矩阵 $\boldsymbol{S}_{ij}$ 是相似阵。如下两种方法定义 $\boldsymbol{S}_{ij}$：

$$\boldsymbol{S}_{ij} = \begin{cases} \exp\left(\| \boldsymbol{x}_i - \boldsymbol{x}_j \|^2 / t \right), \| \boldsymbol{x}_i - \boldsymbol{x}_j \| < \varepsilon \\ 0, \text{其他} \end{cases} \tag{6-8}$$

或者如果 $\boldsymbol{x}_i$ 属于 $\boldsymbol{x}_j$ 的第 k 个近邻点时可定义如下：

$$\boldsymbol{S}_{ij} = \exp\left(\| \boldsymbol{x}_i - \boldsymbol{x}_j \|^2 / t \right) \tag{6-9}$$

式中，$\varepsilon > 0$，并且 ε 要足够小，ε 代表着局部的结构。最小化带有对称矩阵 $\boldsymbol{S}_{ij}(\boldsymbol{S}_{ij} = \boldsymbol{S}_{ji})$ 的等式就可以确定 $\boldsymbol{x}_i$ 和 $\boldsymbol{x}_j$ 是否距离很近。

通过简单地变换可以得到：

$$\begin{aligned} & \frac{1}{2} \sum_{ij} (\boldsymbol{y}_i - \boldsymbol{y}_j)^2 \boldsymbol{S}_{ij} \\ & = \frac{1}{2} \sum_{ij} (\boldsymbol{w}^{\mathrm{T}} \boldsymbol{x}_i - \boldsymbol{w}^{\mathrm{T}} \boldsymbol{x}_j)^2 \boldsymbol{S}_{ij} \\ & = \sum_{ij} \boldsymbol{w}^{\mathrm{T}} \boldsymbol{x}_i \boldsymbol{S}_{ij} \boldsymbol{x}_i^{\mathrm{T}} \boldsymbol{w} - \sum_{ij} \boldsymbol{w}^{\mathrm{T}} \boldsymbol{x}_i \boldsymbol{S}_{ij} \boldsymbol{x}_j^{\mathrm{T}} \boldsymbol{w} \\ & = \sum_{ij} \boldsymbol{w}^{\mathrm{T}} \boldsymbol{x}_i D_{ii} \boldsymbol{x}_i^{\mathrm{T}} \boldsymbol{w} - \boldsymbol{w}^{\mathrm{T}} \boldsymbol{X} \boldsymbol{S} \boldsymbol{X}^{\mathrm{T}} \boldsymbol{w} \\ & = \boldsymbol{w}^{\mathrm{T}} \boldsymbol{X} \boldsymbol{D} \boldsymbol{X}^{\mathrm{T}} \boldsymbol{w} - \boldsymbol{w}^{\mathrm{T}} \boldsymbol{X} \boldsymbol{S} \boldsymbol{X}^{\mathrm{T}} \boldsymbol{w} \\ & = \boldsymbol{w}^{\mathrm{T}} \boldsymbol{X} (\boldsymbol{D} - \boldsymbol{S}) \boldsymbol{X}^{\mathrm{T}} \boldsymbol{w} \\ & = \boldsymbol{w}^{\mathrm{T}} \boldsymbol{X} \boldsymbol{L} \boldsymbol{X}^{\mathrm{T}} \boldsymbol{w} \end{aligned} \tag{6-10}$$

式中，$\boldsymbol{X} = [\boldsymbol{x}_1, \boldsymbol{x}_2, \cdots, \boldsymbol{x}_n]$；$\boldsymbol{D}$ 是一个对角矩阵，它对角线上的数值是 $\boldsymbol{S}$ 对应列或行（因为 $\boldsymbol{S}$ 是对称矩阵）的和，即 $D_{ij} = \sum_j S_{ji}$；而 $\boldsymbol{L} = \boldsymbol{D} - \boldsymbol{S}$ 是拉普拉斯矩阵。矩阵 $\boldsymbol{D}$ 是数值点的本质描述，D_{ii} 的数值越大，则对应的 $\boldsymbol{y}_i$ 越重要。定义如下限定条件：

$$\begin{aligned} & \boldsymbol{y}^{\mathrm{T}} \boldsymbol{D} \boldsymbol{y} = 1 \\ & \Rightarrow \boldsymbol{w}^{\mathrm{T}} \boldsymbol{X} \boldsymbol{D} \boldsymbol{X}^{\mathrm{T}} \boldsymbol{w} = 1 \end{aligned} \tag{6-11}$$

最终可以将目标式表示如下：

$$\underset{\substack{\boldsymbol{w} \\ \boldsymbol{w}^{\mathrm{T}} \boldsymbol{X} \boldsymbol{D} \boldsymbol{X}^{\mathrm{T}} \boldsymbol{w} = 1}}{\operatorname{argmin}} \ \boldsymbol{w}^{\mathrm{T}} \boldsymbol{X} \boldsymbol{L} \boldsymbol{X}^{\mathrm{T}} \boldsymbol{w} \tag{6-12}$$

式(6-12) 的转换向量 $\boldsymbol{w}$ 可由下式获得：

$$\boldsymbol{X} \boldsymbol{L} \boldsymbol{X}^{\mathrm{T}} \boldsymbol{w} = \lambda \boldsymbol{X} \boldsymbol{D} \boldsymbol{X}^{\mathrm{T}} \boldsymbol{w} \tag{6-13}$$

需要注意的是矩阵 $\boldsymbol{X}\boldsymbol{L}\boldsymbol{X}^{\mathrm{T}}$ 和 $\boldsymbol{X}\boldsymbol{D}\boldsymbol{X}^{\mathrm{T}}$ 都是对称矩阵，而且是半正定的，因为拉普拉斯矩阵 $\boldsymbol{L}$ 和对角矩阵 $\boldsymbol{D}$ 也都是对称矩阵和半正定的。

(2) LPP与PCA和LDA的关系

① LPP与PCA的关系

对于拉普拉斯矩阵，其中 n 是数据个数，$\boldsymbol{I}$ 是单位矩阵，$\boldsymbol{e}$ 是单位列向量，那么 $\boldsymbol{XLX}^{\mathrm{T}}$ 就是数据的协方差矩阵。拉普拉斯矩阵受到从样本向量中去除样本均值的影响，这种情况下，权值矩阵 $\boldsymbol{S}$ 中的值均为 $1/n^2$，即对任意 i、j，有 $S_{ij}=1/n^2$。而 $D_{ij}=\sum_j S_{ij}=1/n$，所以拉普拉斯矩阵 $\boldsymbol{L}=\frac{1}{n}\boldsymbol{I}-\frac{1}{n^2}\boldsymbol{ee}^{\mathrm{T}}$。

如果以 $\boldsymbol{m}$ 代表样本均值，即 $\boldsymbol{m}=1/n\sum_i \boldsymbol{x}_i$ 可以得到：

$$\begin{aligned}
\boldsymbol{XLX}^{\mathrm{T}} &= \frac{1}{n}\boldsymbol{X}(\boldsymbol{I}-\frac{1}{n}\boldsymbol{ee}^{\mathrm{T}})\boldsymbol{X}^{\mathrm{T}} \\
&= \frac{1}{n}\boldsymbol{XX}^{\mathrm{T}}-\frac{1}{n^2}(\boldsymbol{Xe})(\boldsymbol{Xe})^{\mathrm{T}} \\
&= \frac{1}{n}\sum_i \boldsymbol{x}_i\boldsymbol{x}_i^{\mathrm{T}}-\frac{1}{n^2}(n\boldsymbol{m})(n\boldsymbol{m})^{\mathrm{T}} \\
&= \frac{1}{n}\sum_i(\boldsymbol{x}_i-\boldsymbol{m})(\boldsymbol{x}_i-\boldsymbol{m})^{\mathrm{T}}-\frac{1}{n}\sum_i \boldsymbol{x}_i\boldsymbol{m}^{\mathrm{T}}+\frac{1}{n}\sum_i \boldsymbol{m}\boldsymbol{x}_i^{\mathrm{T}}-\frac{1}{n}\sum_i \boldsymbol{mm}^{\mathrm{T}}-\boldsymbol{mm}^{\mathrm{T}} \\
&= \boldsymbol{E}[(\boldsymbol{x}-\boldsymbol{m})(\boldsymbol{x}-\boldsymbol{m})^{\mathrm{T}}]+2\boldsymbol{mm}^{\mathrm{T}}-2\boldsymbol{mm}^{\mathrm{T}} \\
&= \boldsymbol{E}[(\boldsymbol{x}-\boldsymbol{m})(\boldsymbol{x}-\boldsymbol{m})^{\mathrm{T}}]
\end{aligned} \tag{6-14}$$

式中，$\boldsymbol{E}[(\boldsymbol{x}-\boldsymbol{m})(\boldsymbol{x}-\boldsymbol{m})^{\mathrm{T}}]$ 正是数据集的协方差矩阵。

我们可以看出定义的权值矩阵 $\boldsymbol{S}$ 在LPP算法中起到了关键的作用。当目标是保留全局结构时使 ε 无穷大即可，并且根据 $\boldsymbol{XLX}^{\mathrm{T}}$ 矩阵最大的特征值选择其对应的特征向量，数据点就会被投影到最大方差的方向。当目标是要保留局部结构信息时令 ε 足够小，并根据 $\boldsymbol{XLX}^{\mathrm{T}}$ 矩阵最小的特征值获得其对应的特征向量，数据点就会在保持局部结构的情况下投影到低维空间。

② LPP与LDA的关系

LDA通过以下公式获得最佳的投影方向：

$$\boldsymbol{S}_{\mathrm{B}}\boldsymbol{w}=\lambda\boldsymbol{S}_{\mathrm{w}}\boldsymbol{w} \tag{6-15}$$

$$\boldsymbol{S}_{\mathrm{B}}=\sum_{i=1}^{l} n_i(\boldsymbol{m}^{(i)}-\boldsymbol{m})(\boldsymbol{m}^{(i)}-\boldsymbol{m})^{\mathrm{T}} \tag{6-16}$$

$$\boldsymbol{S}_{\mathrm{w}}=\sum_{i=1}^{l}\left[\sum_{j=1}^{n_i}(\boldsymbol{x}_j^{(i)}-\boldsymbol{m}^{(i)})(\boldsymbol{x}_j^{(i)}-\boldsymbol{m}^{(i)})^{\mathrm{T}}\right] \tag{6-17}$$

假设样本空间中存在 l 个类别，第 i 类样本中存在 n_i 个样本点，$\boldsymbol{m}^{(i)}$ 表示第 i 类样本的平均向量，$\boldsymbol{x}^{(i)}$ 表示第 i 类的特征向量，$\boldsymbol{x}_j^{(i)}$ 代表第 j 类样本中的第 i 个样本点。所以，推导 $\boldsymbol{S}_{\mathrm{w}}$：

$$S_{\mathrm{w}}=\sum_{i=1}^{l}\left[\sum_{j=1}^{n_i}(\boldsymbol{x}_j^{(i)}-\boldsymbol{m}^{(i)})(\boldsymbol{x}_j^{(i)}-\boldsymbol{m}^{(i)})^{\mathrm{T}}\right]$$
$$=\sum_{i=1}^{l}\left\{\left[\sum_{j=1}^{n_i}(\boldsymbol{x}_j^{(i)}(\boldsymbol{x}_j^{(i)})^{\mathrm{T}}-\boldsymbol{m}^{(i)}(\boldsymbol{x}_j^{(i)})^{\mathrm{T}}-\boldsymbol{x}_j^{(i)}(\boldsymbol{m}^{(i)})^{\mathrm{T}}+\boldsymbol{m}^{(i)}(\boldsymbol{m}^{(i)})^{\mathrm{T}})\right]\right\}$$
$$=\sum_{i=1}^{l}\left[\sum_{j=1}^{n_i}\boldsymbol{x}_j^{(i)}(\boldsymbol{x}_j^{(i)})^{\mathrm{T}}-n_i\boldsymbol{m}^{(i)}(\boldsymbol{m}^{(i)})^{\mathrm{T}}\right] \tag{6-18}$$

而 $\boldsymbol{m}_i=\frac{1}{n}\sum_{j=1}^{n_i}\boldsymbol{x}_j^{(i)}$，因此有 $\sum_{j=1}^{n_i}\boldsymbol{x}_j^{(i)}=n\boldsymbol{m}^{(i)}$，所以可以将式(6-18) 写为：

$$S_{\mathrm{w}}=\sum_{i=1}^{l}\left[\sum_{j=1}^{n_i}\boldsymbol{x}_j^{(i)}(\boldsymbol{x}_j^{(i)})^{\mathrm{T}}-n_i\boldsymbol{m}^{(i)}(\boldsymbol{m}^{(i)})^{\mathrm{T}}\right]$$
$$=\sum_{i=1}^{l}\left[\boldsymbol{X}_i\boldsymbol{X}_i^{\mathrm{T}}-\frac{1}{n_i}(\boldsymbol{x}_1^{(i)}+\cdots+\boldsymbol{x}_{n_i}^{(i)})(\boldsymbol{x}_1^{(i)}+\cdots+\boldsymbol{x}_{n_i}^{(i)})^{\mathrm{T}}\right] \tag{6-19}$$
$$=\sum_{i=1}^{l}\left[\boldsymbol{X}_i\boldsymbol{X}_i^{\mathrm{T}}-\frac{1}{n_i}\boldsymbol{X}_i(\boldsymbol{e}_i\boldsymbol{e}_i^{\mathrm{T}})\boldsymbol{X}_i^{\mathrm{T}}\right]$$
$$=\sum_{i=1}^{l}\boldsymbol{X}_i\boldsymbol{L}_i\boldsymbol{X}_i^{\mathrm{T}}$$

其中，$\boldsymbol{X}_i\boldsymbol{L}_i\boldsymbol{X}_i^{\mathrm{T}}$ 是第 i 类样本的协方差矩阵，并且 $\boldsymbol{X}_i=[\boldsymbol{x}_1^{(i)},\boldsymbol{x}_2^{(i)},\cdots,\boldsymbol{x}_{nj}^{(i)}]$是一个$d\times n_i$ 维矩阵。$\boldsymbol{L}_i=I-1/n_i\boldsymbol{e}_i\boldsymbol{e}_i^{\mathrm{T}}$ 是一个$n_i\times n_i$ 维矩阵，在这里 $\boldsymbol{I}$ 是单位矩阵，$\boldsymbol{e}_i=(1,1,\cdots,1)^{\mathrm{T}}$ 为一个 n 维向量。为简便表达公式(6-19)，给出如下定义：$\boldsymbol{X}=[\boldsymbol{x}_1,\boldsymbol{x}_2,\cdots,\boldsymbol{x}_n]$，如果 $\boldsymbol{x}_i$ 和 $\boldsymbol{x}_j$ 都属于第 k 类，那么可以定义 $W_{ij}=1/n_k$，其他情况下 $W_{ij}=0$，那么公式(6-19) 可以写为

$$S_{\mathrm{w}}=\boldsymbol{XLX}^{\mathrm{T}} \tag{6-20}$$

可以将 $\boldsymbol{W}$ 看作是数据图表的权值矩阵，W_{ij} 是（$\boldsymbol{x}_i,\boldsymbol{x}_j$）的权重，$\boldsymbol{W}$ 反映了数据点中每类样本之间的关系。矩阵 $\boldsymbol{L}$ 称为拉普拉斯表，它在 LPP 算法中起到了至关重要的作用，类似地，可将矩阵 $\boldsymbol{S}_{\mathrm{B}}$ 表示如下：

$$S_{\mathrm{B}}=\sum_{i=1}^{l}n_i(\boldsymbol{m}^{(i)}-\boldsymbol{m})(\boldsymbol{m}^{(i)}-\boldsymbol{m})^{\mathrm{T}}$$
$$=\left[\sum_{i=1}^{l}n_i\boldsymbol{m}^{(i)}(\boldsymbol{m}^{(i)})^{\mathrm{T}}\right]-2\boldsymbol{m}\left(\sum_{i=1}^{l}n_i\boldsymbol{m}^{(i)}\right)+\left(\sum_{i=1}^{l}n_i\right)\boldsymbol{mm}^{\mathrm{T}}$$
$$=\left[\sum_{i=1}^{l}\frac{1}{n_i}(\boldsymbol{x}^{(i)}+\cdots+\boldsymbol{x}_{n_j}^{(i)})(\boldsymbol{x}^{(i)}+\cdots+\boldsymbol{x}_{n_j}^{(i)})^{\mathrm{T}}\right]-2n\boldsymbol{mm}^{\mathrm{T}}+n\boldsymbol{mm}^{\mathrm{T}}$$
$$=\left[\sum_{i=1}^{l}\sum_{j,k=1}^{n_i}\frac{1}{n_i}\boldsymbol{x}_j^{(i)}(\boldsymbol{x}_k^{(i)})^{\mathrm{T}}\right]-n\boldsymbol{mm}^{\mathrm{T}}$$

$$=\boldsymbol{XWX}^{\mathrm{T}}-n\boldsymbol{mm}^{\mathrm{T}} \tag{6-21}$$
$$=\boldsymbol{XWX}^{\mathrm{T}}-\boldsymbol{X}\left(\frac{1}{n}\boldsymbol{ee}^{\mathrm{T}}\right)\boldsymbol{X}^{\mathrm{T}}$$
$$=\boldsymbol{X}\left(\boldsymbol{W}-\boldsymbol{I}+\boldsymbol{I}-\frac{1}{n}\boldsymbol{ee}^{\mathrm{T}}\right)\boldsymbol{X}^{\mathrm{T}}$$
$$=-\boldsymbol{XLX}^{\mathrm{T}}+\boldsymbol{X}\left(1-\frac{1}{n}\boldsymbol{ee}^{\mathrm{T}}\right)\boldsymbol{X}^{\mathrm{T}}$$
$$=-\boldsymbol{XLX}^{\mathrm{T}}+\boldsymbol{C}$$

式中，$\boldsymbol{e}_i=(1,1,\cdots,1)^{\mathrm{T}}$ 是 n 维向量，并且 $\boldsymbol{C}=\boldsymbol{X}\left(1-\frac{1}{n}\boldsymbol{ee}^{\mathrm{T}}\right)\boldsymbol{X}^{\mathrm{T}}$ 是数据的协方差矩阵。那么 LDA 的广义特征向量问题就可以表述如下：

$$\begin{aligned}&\boldsymbol{S}_{\mathrm{B}}\boldsymbol{w}=\lambda\boldsymbol{S}_{\mathrm{w}}\boldsymbol{w}\\&\Rightarrow(\boldsymbol{C}-\boldsymbol{XLX}^{\mathrm{T}})\boldsymbol{w}=\lambda\boldsymbol{XLX}^{\mathrm{T}}\boldsymbol{w}\\&\Rightarrow\boldsymbol{Cw}=(\boldsymbol{XLX}^{\mathrm{T}})\boldsymbol{w}\\&\Rightarrow\boldsymbol{XLX}^{\mathrm{T}}\boldsymbol{w}=\frac{1}{1+\lambda}\boldsymbol{Cw}\end{aligned} \tag{6-22}$$

LDA 的映射可以通过求解下列广义特征值的问题而得到：

$$\boldsymbol{XLX}^{\mathrm{T}}\boldsymbol{w}=\lambda\boldsymbol{Cw} \tag{6-23}$$

对应那些最小的特征值可以找到具备最佳映射方向的特征向量。如果数据集的样本均值是零，那么协方差矩阵就可以简写成 $\boldsymbol{XX}^{\mathrm{T}}$，它和 LPP 算法中的 $\boldsymbol{XDX}^{\mathrm{T}}$ 矩阵类似。通过以上分析可以看出，实际上，LDA 的目的就是保留数据集的识别信息从而记忆全局几何结构。另外，LDA 和 LPP 具有类似的形式，但是无论如何，LDA 是有监督的而 LPP 则可以是监督模式也可以是非监督模式。

(3) LPP 的特征子空间计算方法

LPP 和 PCA、LDA 的不同之处的关键在于，PCA 和 LDA 致力于寻找欧氏空间的全局结构，而 LPP 则是发掘空间的局部结构。LPP 是空间学习的一般化方法，它是空间拉普拉斯-贝尔特拉米算子的最优线性估计。虽然它是一种线性方法，但是却可以通过保留局部信息结构而获得重要的本质非线性结构。矩阵 $\boldsymbol{XDX}^{\mathrm{T}}$ 有时候是奇异的，这是由于有时候训练集的图像数 n 比单个图像的像素数 m 小得多，这种情况下，矩阵 $\boldsymbol{XDX}^{\mathrm{T}}$ 是一个 $m\times m$ 的矩阵而它的秩最大却是 n，因此矩阵 $\boldsymbol{XDX}^{\mathrm{T}}$ 便是奇异的。为了解决这个问题，首先将训练集映射到 PCA 子空间中。

具体算法步骤如下。

① PCA 映射：将图像集 $\{\boldsymbol{x}_i\}$ 映射到 PCA 子空间中，去除最小的主成分，例如仅保留使重建率达 98%的特征向量。

② 计算近邻表：G 代表含有 n 个点的图表。第 i 个点代表人脸图像$\boldsymbol{x}_i$，如果$\boldsymbol{x}_i$ 和$\boldsymbol{x}_j$ 距离很近（如果$\boldsymbol{x}_i$ 是$\boldsymbol{x}_j$ 的 k 个最近邻之一或$\boldsymbol{x}_j$ 是$\boldsymbol{x}_i$ 的 k 个最近邻之一），那么就将它们用线相连。

③ 选择权重：如果点 i 和点 j 相连，那么 $S_{ij}=\mathrm{e}^{\frac{\|x_i-x_j\|^2}{t}}$，其中 t 是一个合适的常数；否则，令 $S_{ij}=0$，图表 G 的权值矩阵 $\boldsymbol{S}$ 通过保留局部信息达到对子空间结构建模的目的。

④ 计算特征表：对下式计算特征向量和特征值

$$\boldsymbol{XLX}^{\mathrm{T}}\boldsymbol{w}=\lambda\boldsymbol{XDX}^{\mathrm{T}}\boldsymbol{w} \tag{6-24}$$

式中，$\boldsymbol{D}$ 是对角阵，它的数值是矩阵 $\boldsymbol{S}$ 的列或行（$\boldsymbol{S}$ 是对称阵）之和，即 $D_{ii}=\sum_j S_{ji}$ 。$\boldsymbol{L}=\boldsymbol{D}-\boldsymbol{S}$ 是拉普拉斯矩阵。矩阵 $\boldsymbol{X}$ 的第 i 行是$\boldsymbol{x}_i$。

假设$\boldsymbol{w}_0,\boldsymbol{w}_1,\cdots,\boldsymbol{w}_{k-1}$ 是式(6-24) 的解，按照对应特征值的顺序 $0\leqslant\lambda_0\leqslant\lambda_1\leqslant\cdots\leqslant\lambda_{k-1}$ 排列。因为矩阵 $\boldsymbol{XLX}^{\mathrm{T}}$ 和 $\boldsymbol{XDX}^{\mathrm{T}}$ 都是对称且半正定的，所以这些特征值都是大于或等于零的。那么，可以得到：

$$\begin{gathered}\boldsymbol{x}\rightarrow\boldsymbol{y}=\boldsymbol{W}^{\mathrm{T}}\boldsymbol{x}\\ \boldsymbol{W}=\boldsymbol{W}_{\mathrm{PCA}}\boldsymbol{W}_{\mathrm{LPP}}\\ \boldsymbol{W}_{\mathrm{LPP}}=[\boldsymbol{w}_0,\boldsymbol{w}_1,\cdots,\boldsymbol{w}_{k-1}]\end{gathered} \tag{6-25}$$

式中，$\boldsymbol{y}$ 是一个 k 维向量；$\boldsymbol{W}$ 是变换矩阵。

6.3 改进最近邻分类法

最近邻分类器的速度优势很明显，经常被选择应用在有实时要求的系统中，而且在图像处理和文本分类领域，最近邻算法的性能可与贝叶斯方法、决策树等相竞争，甚至表现出更优越的性能。

最近邻算法的优点主要包括：

① 思路非常简单直观，易于实现；

② 对大多数线性可分的情况，能达到较好的效果；

③ 分类准确率高、泛化性能好。

最近邻分类法的缺点也很明显，一是随着样本集增大，分类计算量也显著增大；二是需要存储所有的样本，并且没有充分利用所有的样本信息，因而受噪声影响比较大。

最近邻分类法的主要原理就是模板匹配，训练样本集中的每个个体都被当成一个模板，再用测试样本依次和模板比对，看与哪个模板的欧氏距离最近，就把这个测试样本归属到和它近邻一样的类别里去。

设样本的类别为 N，每个人有 M 张图像，就有 $M\times N$ 个训练样本。每一个人作为一个子类 $w_1, w_2, \cdots, w_N$，每个子类有 M 个样本 x_i^k（i 表示 w_i 类中第 k 个样本，$k=1,2,\cdots,M$）。计算待识别图像 x 与全部训练样本之间的欧氏距离，并选取其中最短的：

$$g_i(x)=\min_k \| x-x_i^k \|, k=1,2,\cdots,M \tag{6-26}$$

$$g_j(x)=\min_i g_i(x), i=1,2,\cdots,N \tag{6-27}$$

可以认为待识别图像与具有最短距离的样本最有可能同属于一个子类 w_j，即 $x\in w_j$。它的直观解释是非常简单的，就是对未知样本 x，只要比较 x 与 $M=\sum_{i=1}^{N} M_i$ 个未知类别的样本之间的欧氏距离或角度距离，并决策出 x 是与离它最近的样本同类。此方法是直接基于模式样本，建立判决函数的方法，按此方法构建的分类器即是最近邻法分类器。

对于最近邻分类法存在的缺点，其改进的方法大致分为两种原理：一种是对样本集进行组织与整理，分群分层，尽可能将计算压缩到在接近测试样本邻域的小范围内，避免盲目地与训练样本集中每个样本进行距离计算；另一种原理是在原有样本集中挑选出对分类计算有效的样本，使样本总数合理地减少，以同时达到既减少计算量，又减少存储量的双重效果。基于这两种原理，出现了几种近邻法的改进方法，例如压缩近邻法、减少近邻法和编辑近邻法。

最近邻分类法的缺点是随着样本集的增大，分类计算量也显著增大，所以可以利用集合的思想对最近邻分类法进行改进。算法的基本原理是利用最近邻法对某一测试样本识别时，首先减少与测试样本近邻的训练样本子集的数目，对剩下的训练样本子集采用最近邻分类法进行识别。

算法的基本原理可以简单地理解为：如果给定训练样本集合，其均值和方差分别为 μ_k 和 σ_k，那么测试样本 x 对于训练样本的归一化距离 d_n 为

$$d_n=\frac{x-\mu_k}{\sigma_k} \tag{6-28}$$

如果 d_n 小于一个给定的阈值 τ_k，则个体的身份被接受。

设样本的类别有 N 个，每个类别中有 M 个样本，这样在训练集中共有 $M\times N$ 个训练样本。每类样本集都可以被划分为一个子类 $w_1, w_2, \cdots, w_N$，这样每个子类共有 M 个样本 x_i^k（i 表示 w_i 类中的第 k 个样本，$k=1,2,\cdots,M$），则训练样本集为 $X(x_1^k,\cdots,x_i^k)(i=1,2,\cdots,N, k=1,2,\cdots,M)$。给定一个待识别样本 x，识别步骤如下。

① 将训练样本集 X 的所有样本按照类别分成 N 类，这样每类样本就构成一个子集，这样共有 N 个子集，子集用 X_i 表示，记为 $X_i(x_1^k,\cdots,x_i^k)(i=1,2,\cdots,N,k=1,2,\cdots,M)$。

② 求得每一类训练样本子集的均值 μ_i 与方差 σ_i。用基于分布的法则 λ 对测试样本集进行比较：

$$\lambda=\frac{x-\mu_k}{\sigma_k} \tag{6-29}$$

如果 λ 比阈值 τ_λ 小，就意味着此训练样本子集中含有与测试样本接近的样本，把这个集合记为 X_r。

③ 计算待测试样本 x 与第二步中得到的每一个训练子集 $X_r(r=1,2,\cdots,P,P<M)$ 中样本的距离 d_i，利用最近邻分类法，判别待测试样本的类别。

在本节的表情识别问题中，改进的系统结构原理图如图 6-1 所示。可以看出不同于以往表情识别算法结构的是把每类表情的训练数据作为一个特征子集单独进行特征降维。针对六种基本表情的分类问题，利用了改进的最近邻分类对经过特征提取后的训练集合，按照表情不同分为六类样本分别训练。

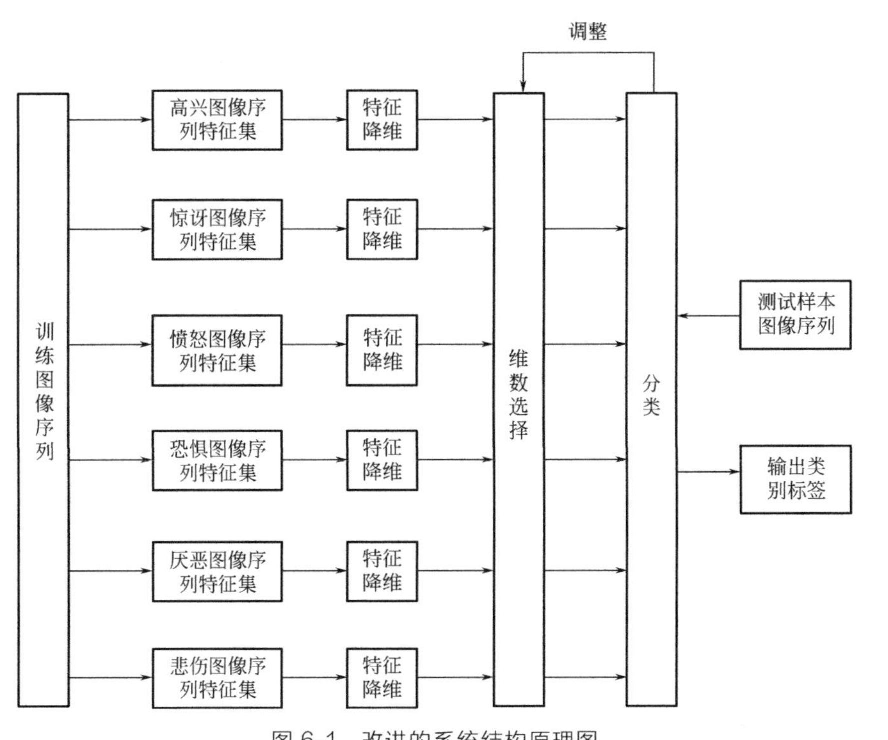

图 6-1 改进的系统结构原理图

6.4 仿真实验及结果分析

我们将利用 Candide3 模型在 Cohn-Kanade 表情数据库中提取的六种表情运动参数特征作为本节的处理数据。每类表情取 30 个序列，训练和测试各取 15 个序列。每个序列应用了 9 帧图像构成运动特征。线性特征降维方法分别采用了 PCA、LDA 和 LPP，实验对比结果如图 6-2 所示。

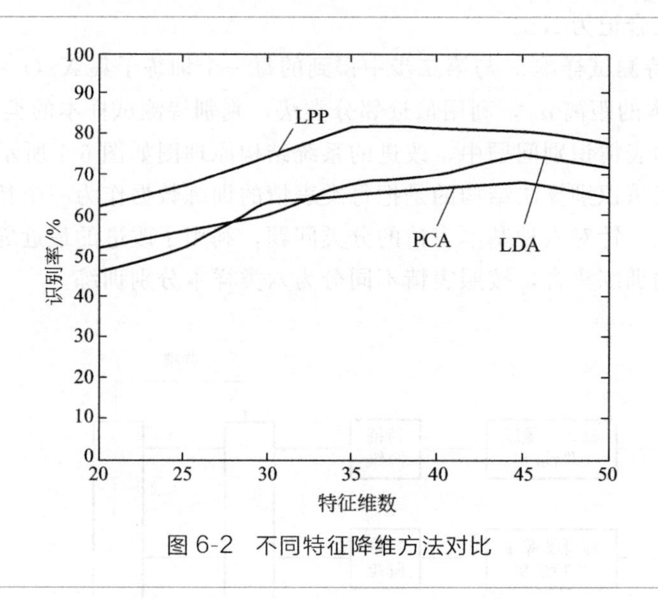

图 6-2 不同特征降维方法对比

通过图 6-2 的对比看出，经 LPP 将原始运动特征降维后，特征维数为 35 的时候获得了最佳的识别率，这是因为 LPP 可以在投影的同时保持与相似样本很近的距离，这就意味着利用改进的最近邻分类器求样本分布的时候，相似样本的分布更为集中，更容易准确找到与待测样本相似的样本。

利用 LPP 对运动特征降维和使用改进最近邻分类器分类的各个表情测试样本集的识别率如表 6-1 所示。

表 6-1 基于改进的最近邻分类方法的识别率

测试样本		正确识别样本	
表情类别	测试集	正确识别数目	识别率
生气	15	12	80%
厌恶	15	10	67%

续表

测试样本		正确识别样本	
表情类别	测试集	正确识别数目	识别率
恐惧	15	11	73%
高兴	15	15	100%
悲伤	15	12	80%
惊讶	15	14	93%
平均	90	74	82%

参考文献

[1] Seung H S, Lee D D. The manifold ways of perception [J]. Science, 2000, 290 (5500): 2268-2269.

[2] Tenbaum J, Silva D D, Langford J. A global geometric frame work for nonlinear dim ensionality reduction [J]. Science, 2000, 290 (5500): 2319-2323.

[3] Roweis S, Saul L. Nonlinear dimensionality reduction by locally linear embedding [J]. Science, 2000, 290 (5500): 2323-2326.

[4] 朱涛. 流形学习方法在图形处理中的应用研究[D]. 北京: 北京交通大学, 2009.

[5] 王娜, 李霞, 刘国胜. 基于特征子空间邻域的局部保持流形学习算法[J]. 计算机应用研究, 2012, 29 (4): 1318-1321.

[6] 符茂胜. 局部保持的流形学习理论及其在视觉信息分析中的应用[D]. 合肥: 安徽大学, 2010.

[7] 刘俊宁. 基于 LPP 算法的人脸识别技术研究[D]. 镇江: 江苏大学, 2010.

第7章

微表情序列图像预处理

7.1 概述

人脸表情识别包括三个主要部分：预处理、特征提取以及分类。其中，图像预处理是表情识别中的一个很重要的环节，它对后续的特征提取以及分类效果产生一定的影响。微表情作为表情中比较特殊的一类，对它识别的主要框架同表情识别相同，也是这三大块，但是需要更加精细地处理。

在获得微表情图像的过程中，摄像机拍摄人脸，难免会有光照等问题，这时需要灰度归一化来消除光照的影响。本章所使用的数据是微表情序列的纯表情区域，由于不同个体的差异，纯表情区域的大小是不同的，可以进行尺度归一化来解决这个问题，方便后续的处理。在数据库中，微表情序列的长度从 11 帧到 58 帧不等，上百个序列的长度各不相同，这样会使得特征提取与分类将在复杂的条件下进行，影响最后的效果。本章采用时间插值算法，将所有序列归一化到同样的长度，使得后续的处理在一个相对统一的环境下进行，减少外因给微表情识别带来的干扰。

7.2 灰度归一化

在人脸表情识别中，被处理的一般都是灰度图像。本章中使用的 SMIC 数据库给出的是彩色图像，需要对其进行灰度化，同时，可以通过灰度归一化来去除光照的干扰，以获得比较满意的识别结果。

(1) 彩色图像灰度化

每个像素由 R、G、B（红、绿、蓝）三通道构成的图像就是彩色图像。直接使用彩色图像进行表情的特征提取与分类，会增加计算的复杂度，影响最终的结果。

每个像素由一个通道构成的图像为灰度图像，该像素的值就是这点的灰度值。使用灰度图像序列，在不损失有用特征的同时，处理起来计算量也相对小，并且鲁棒性高。

通过式(7-1) 可以将彩色图像变为灰度图像：

$$Gray=0.30R+0.59G+0.11B \tag{7-1}$$

彩色图像转换为相应的灰度图像的结果如图 7-1 所示。

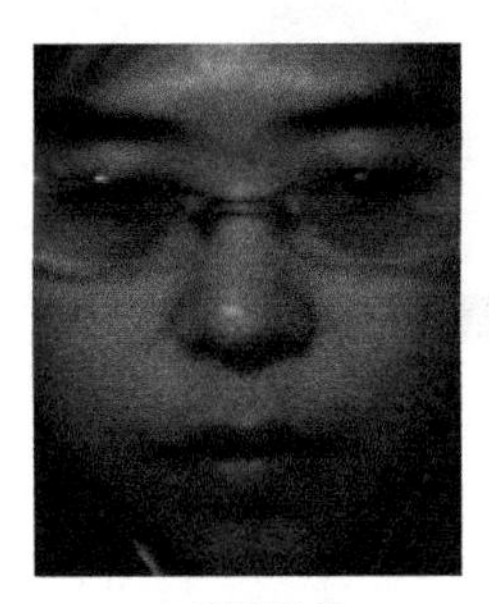

(a) 彩色图像

(b) 相应的灰度图像

图 7-1 彩色图像转换为灰度图像（电子版）

（2）灰度归一化

在设计图像数据库的时候，不均匀的光照条件可能会给图像带来明暗的差异，所以需要对灰度进行归一化。灰度归一化又叫灰度均衡化，它的目标就是在整体上增强图像的对比度，使灰度的分布更加均匀，一来可以消除光照差异带来的影响，二来可以消除肤色差异带来的影响。

灰度归一化步骤如下。

① 通过式(7-2) 和式(7-3) 可以求出均值 μ 和方差 σ：

$$\mu=\left(\sum_{y=0}^{H-1}\sum_{x=0}^{W-1}I[x][y]\right)\Big/WH \tag{7-2}$$

$$\sigma=\mathrm{sqrt}\left[\sum_{y=0}^{H-1}\sum_{x=0}^{W-1}(I[x][y]-\mu)^2\Big/WH\right] \tag{7-3}$$

② 使用灰度归一化公式进行转换：

$$\hat{I}[x][y]=\frac{\sigma_0}{\sigma}(I[x][y]-\mu)+\mu_0 \tag{7-4}$$

式中，$I[x][y]$ 和 $\hat{I}[x][y]$ 是灰度均衡前后的灰度图像；W 和 H 为图像的宽和高；μ_0 和 σ_0 为灰度均衡之后的均值和方差。

灰度归一化的结果如图 7-2 所示。从图 7-2 中可以看到，原始图像的灰度图像比较暗，灰度值在数值比较小的部分比较集中，经过灰度归一化之后，图像变得明暗分明，局部信息更加突出，并且从直方图可以看到，灰度被均匀地拉开了。

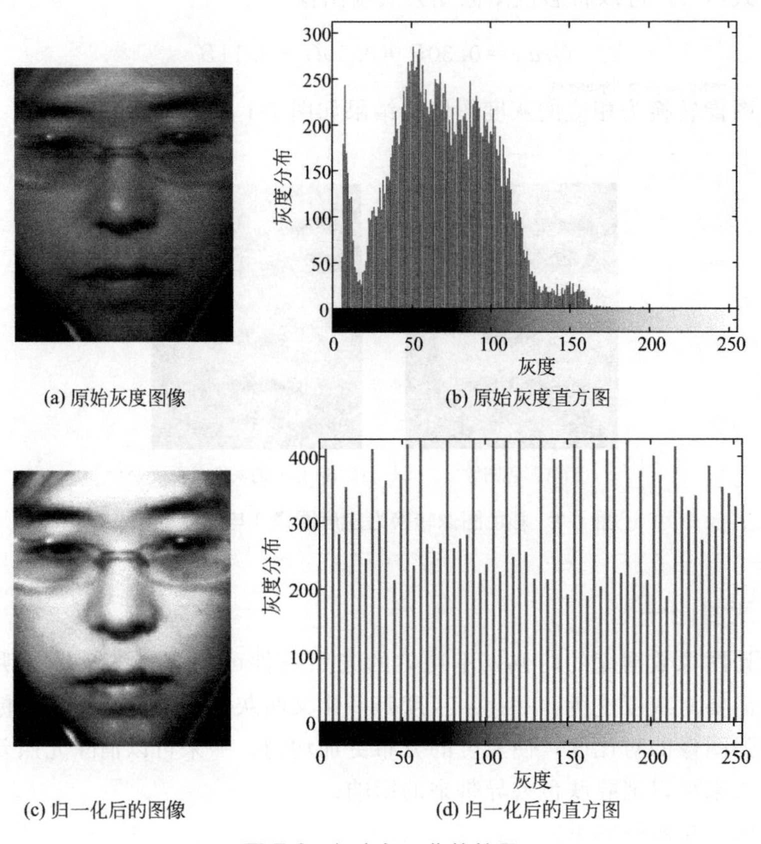

(a) 原始灰度图像　(b) 原始灰度直方图

(c) 归一化后的图像　(d) 归一化后的直方图

图 7-2　灰度归一化的结果

7.3 尺度归一化

由于个体的差异，在所使用的数据库中，不同受试者的人脸范围大小是不同的，可以通过尺度的归一化，将其转换为相同的尺寸，为后续处理打下更好的基础。

（1）缩小尺度

$$f'(x,y)=f\left(\frac{xl}{l'},\frac{yh}{h'}\right) \tag{7-5}$$

式中，f'是尺度缩小后图像的灰度值函数；f 是原图像的灰度值函数；l 是原来的宽；l'是尺度缩小后的宽；h 是原来的高；h'是尺度缩小后的高。

(2) 放大尺度

将尺度进行放大，会有一些像素点是在原来的图像中不存在的，这些点的值若不去计算，会使得尺度放大后的图像不清晰，放大的尺度越大图像效果越差。此时可以通过插值计算来解决这个问题。双线性插值是使用最为广泛的插值算法。

插值计算的思想是这样的：首先，对于尺度变换前后的图像，其四个顶点的值是不变的；然后，根据这四个顶点值，采用插值算法获得剩下点的值，即可获得新的图像。

假设点 (x_0, y_0) 为图像的第一个顶点，(x_1, y_1) 是图像的第四个顶点，二者在一条对角线上，点 (x, y) 是图像内的任意一点，并且有 $x \in (x_0, x_1)$，$y \in (y_0, y_1)$，那么可以通过以下算法求点 (x, y) 的灰度值 $f(x, y)$：

$$f(x, y_0) = f(x_0, y_0) + (x - x_0)/(x_1 - x_0)[f(x_1, y_0) - f(x_0, y_0)] \tag{7-6}$$

$$f(x, y_1) = f(x_0, y_1) + (x - x_0)/(x_1 - x_0)[f(x_1, y_1) - f(x_0, y_1)] \tag{7-7}$$

$$f(x, y) = f(x, y_0) + (y - y_0)/(y_1 - y_0)[f(x, y_1) - f(x, y_0)] \tag{7-8}$$

图 7-3 展示了尺度归一化前后的结果。图 7-3 中，(a) 为原始灰度图像，尺度为 131×161 像素；(b) 为尺度缩小结果，缩小后的尺度为 65×80 像素；(c) 为尺度放大结果，放大后的尺度为 260×320 像素。可以看到，由于使用了双线性插值，图像在尺度放大后并没有失真。

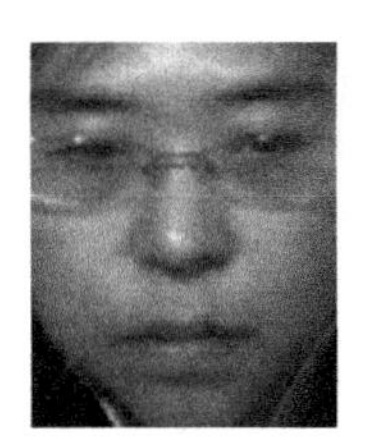

(a) 原始灰度图像

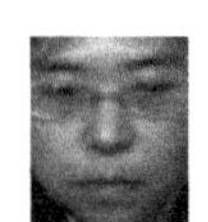

(b) 尺度缩小结果

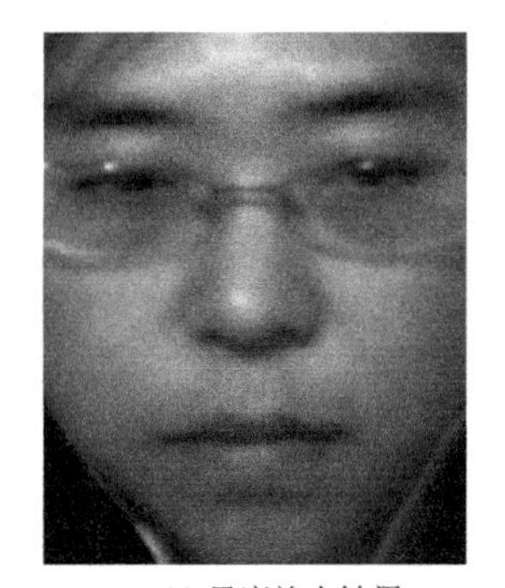

(c) 尺度放大结果

图 7-3 尺度归一化的结果

7.4 序列长度归一化

微表情识别有两个难点，一个是表情持续时间短，另一个是表情幅度变化小。改变序列的长度，人为控制微表情的持续时间，可以有助于对微表情的识别。这里，使用一种叫作时间插值法的算法。

7.4.1 时间插值法原理

时间插值法，也可以叫作图植入。这一方法首先被应用于读唇术，学者使用其将不同受试者的同一类语句视频归一化到同样的长度，便于特征的提取与分类。

如果把一个说话的嘴巴的运动看作一个连续的过程，一个说话的视频可以被看作沿着一条在图像空间中表示这段话的曲线上的等距采样。或者更一般意义上，可以看作从图像中提取的视觉特征的空间。一般情况下，这样的空间维度很高，假设存在一个低维流形，其中这个说话的连续过程可以被一个连续的确定性函数表示。在他们的工作中，展示了这样一个函数，通过把输入视频表示为一个路径图 P_n 来实现，其中 n 是顶点（即视频帧）的数量。图 7-4 给出了路径图表达的一个例子，一段帧数为 19 帧的视频序列被表示为一个曲线。

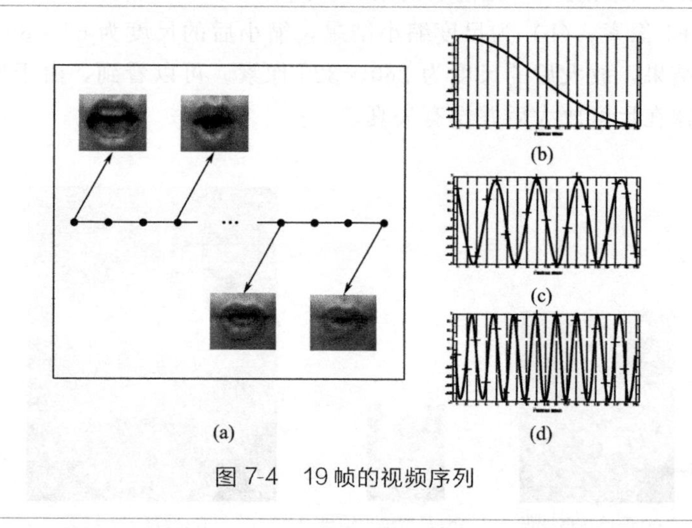

图 7-4　19 帧的视频序列

如图 7-4 所示，每个顶点对应一帧，顶点之间的连接可以通过邻接矩阵表示，对邻接矩阵的定义为：$\boldsymbol{W}\in\{0,1\}^{n\times n}$，若 $|i-j|=1$，则 $W_{i,j}=1$，反之为 0。如公式(7-6)～公式(7-8) 的描述，为了获得嵌入图表的流形，我们可以考虑把 P_n 映射到一条线上，这样连接点保持尽可能接近即可。

让 $y=(y_1,y_2,\cdots,y_n)^n$ 作为这样的映射，我们可以通过最小化式(7-9) 获得 y：

$$y=\sum_{i,j}(y_i-y_j)^2W_{ij},i,j=1,2,\cdots,n \tag{7-9}$$

这相当于计算 P_n 的拉普拉斯算子 $\boldsymbol{L}$ 的特征向量。矩阵 $\boldsymbol{L}$ 定义为：$\boldsymbol{L}=\boldsymbol{D}-\boldsymbol{W}$，其中 $\boldsymbol{D}$ 是一个对角矩阵，它的第 i 个元素计算为 $D_{ii}=\sum_{j=1}^{n}W_{ij}$。按照 $\boldsymbol{L}$ 的定义，不难证明它有 $n-1$ 个特征向量 $\{\boldsymbol{y}_1,\boldsymbol{y}_2,\cdots,\boldsymbol{y}_{n-1}\}$，以及非零特征值 $\lambda_1<\lambda_2<\cdots<\lambda_{n-1}$，并且 $\boldsymbol{y}_k(k=1,2,\cdots,n-1)$的第 $u(u=1,2,\cdots,n)$个元素定义为

$$y_k(u)=\sin(\pi ku/n+\pi(n-k)/2n) \tag{7-10}$$

在方程（7-10）中，如果 $t=u/n$，则 $\boldsymbol{y}_k$ 可以被看作一系列由方程组 $f_k^n(t)=\sin(\pi kt+\pi(n-k)/2n),t\in\left[\frac{1}{n},1\right]$ 在 $t=1/n,2/n,\cdots,1$ 处的采样来描述的沿着曲线的点。图 7-4(b)～(d) 举例说明路径图 P_{19} 的第 1 个、第 9 个、第 18 个特征向量（黑点）和函数 f_1^{19}，f_9^{19}，f_{18}^{19}（虚线），可以看出视频帧之间的时序关系取决于曲线。这促使我们做一个假设：在说话这个连续过程中，看不见的嘴巴的图像也可以由函数$\boldsymbol{F}^n$ | ：$[1/n,1]\rightarrow\mathbb{R}^{n-1}$ 定义的曲线来表示。

$$\boldsymbol{F}^n(t)=\begin{bmatrix} f_1^n(t) \\ f_2^n(t) \\ \vdots \\ f_{n-1}^n(t) \end{bmatrix} \tag{7-11}$$

7.4.2 时间插值法建模

7.4.1 节末提到的假设成立的前提是：能够找到连接视频帧和由 $\boldsymbol{F}^n$ 定义的曲线的方法。给出一个 n 帧的视频，我们定义从视频帧中提取的视觉特征为 $\{\boldsymbol{\xi}_i\in\mathbb{R}^m\}_{i=1}^n$，其中 m 是视觉特征空间的维度。注意，当特征被简单地定义为原始像素值时，则 $\boldsymbol{\xi}_i$ 为向量化的第 i 帧。

我们从建立一个从 $\boldsymbol{\xi}_i$ 到由 $\boldsymbol{F}^n\left(\frac{1}{n}\right),\boldsymbol{F}^n\left(\frac{2}{n}\right),\cdots,\boldsymbol{F}^n(1)$定义的点的映射开始。一般地，$n=m$，并且我们假设向量 $\boldsymbol{\xi}_i$ 是线性无关的。计算均值 $\bar{\boldsymbol{\xi}}$ 并将它从 $\boldsymbol{\xi}_i$ 移除，移除均值的向量定义为 $\boldsymbol{x}_i=\boldsymbol{\xi}_i-\bar{\boldsymbol{\xi}}$。基于对 $\boldsymbol{\xi}_i$ 的假设，矩阵 $\boldsymbol{X}=[\boldsymbol{x}_1,\boldsymbol{x}_2,\cdots,\boldsymbol{x}_n]$有一个等于$n-1$ 的秩。

回想通过曲线图 P_n 和邻接矩阵 $\boldsymbol{W}$ 表达一个视频序列。通过使用图表嵌入的线性延伸，我们可以获得一个转化向量 $\boldsymbol{\omega}$ 使公式(7-12) 最小化：

$$\sum_{i,j}(\boldsymbol{\omega}^{\mathrm{T}}\boldsymbol{x}_i-\boldsymbol{\omega}^{\mathrm{T}}\boldsymbol{x}_j)^2W_{ij},i,j=1,2,\cdots,n \tag{7-12}$$

向量 $\boldsymbol{\omega}$ 可以计算为式(7-13) 的广义特征值问题的特征向量：

$$\boldsymbol{XLX}^{\mathrm{T}}\boldsymbol{\omega}=\lambda'\boldsymbol{XX}^{\mathrm{T}}\boldsymbol{\omega} \tag{7-13}$$

He等人对 $\boldsymbol{X}$ 使用奇异值分解解决了以上问题，也就是 $\boldsymbol{X}=\boldsymbol{U}\Sigma\boldsymbol{V}^{\mathrm{T}}$，于是问题被转化为一个常规的特征值问题：

$$\begin{aligned}&\boldsymbol{A}\boldsymbol{v}=\lambda'\boldsymbol{v}\\&\boldsymbol{A}=(\boldsymbol{Q}\boldsymbol{Q}^{\mathrm{T}})^{-1}(\boldsymbol{Q}\boldsymbol{L}\boldsymbol{Q}^{\mathrm{T}})\\&\boldsymbol{Q}=\Sigma\boldsymbol{V}^{\mathrm{T}}\end{aligned}\tag{7-14}$$

这样，$\boldsymbol{\omega}=\boldsymbol{U}\boldsymbol{v}$。由于 $\boldsymbol{Q}\in\mathbb{R}^{(n-1)\times n}$，$\boldsymbol{A}\in\mathbb{R}^{(n-1)\times(n-1)}$，因此它们都是满秩的。

令 $\boldsymbol{v}_1,\boldsymbol{v}_2,\cdots,\boldsymbol{v}_{n-1}$ 为 $\boldsymbol{A}$ 的特征向量，它们的特征值为 $\lambda'_1\leqslant\lambda'_2\leqslant\cdots\leqslant\lambda'_{n-1}$。从方程（7-14）中可以看到，对于每一个 $\boldsymbol{v}_k(k=1,2,\cdots,n-1)$ 有

$$\begin{aligned}&(\boldsymbol{Q}\boldsymbol{Q}^{\mathrm{T}})^{-1}(\boldsymbol{Q}\boldsymbol{L}\boldsymbol{Q}^{\mathrm{T}})\boldsymbol{v}_k=\lambda'_k\boldsymbol{v}_k\\&\Rightarrow\boldsymbol{L}\boldsymbol{Q}^{\mathrm{T}}\boldsymbol{v}_k=\lambda'_k\boldsymbol{Q}^{\mathrm{T}}\boldsymbol{v}_k\end{aligned}\tag{7-15}$$

可以看出，向量 $\boldsymbol{Q}^{\mathrm{T}}\boldsymbol{v}_k$ 是 $\boldsymbol{L}$ 的特征向量。因而有

$$\begin{aligned}&\lambda'_k=\lambda_k\\&\boldsymbol{Q}^{\mathrm{T}}\boldsymbol{v}_k=m_k\boldsymbol{y}_k\end{aligned}\tag{7-16}$$

式中，m_k 是一个度量常数。m_k 可以被认为是向量 $\boldsymbol{Q}^{\mathrm{T}}\boldsymbol{v}_k$ 的第一个元素与 $\boldsymbol{y}_k$ 的第一个元素的比值：

$$m_k=\frac{\sum_{i=1}^{n-1}Q_{i1}v_k(i)}{y_k(1)}\tag{7-17}$$

令 $\boldsymbol{M}$ 为一个对角阵，$M_{kk}=m_k$，$\boldsymbol{Y}=[\boldsymbol{y}_1,\boldsymbol{y}_2,\cdots,\boldsymbol{y}_{n-1}]$，$\boldsymbol{\gamma}=[\boldsymbol{v}_1,\boldsymbol{v}_2,\cdots,\boldsymbol{v}_{n-1}]$。从等式(7-16)以及 $\boldsymbol{Q}=\Sigma\boldsymbol{V}^{\mathrm{T}}=\boldsymbol{U}^{\mathrm{T}}\boldsymbol{X}$，可以得到：

$$\boldsymbol{Q}^{\mathrm{T}}\boldsymbol{\gamma}=(\boldsymbol{U}^{\mathrm{T}}\boldsymbol{X})^{\mathrm{T}}\boldsymbol{\gamma}=\boldsymbol{Y}\boldsymbol{M}\tag{7-18}$$

回想向量 $\boldsymbol{y}_k$ 由一系列三角函数 f_k^n 决定。可以把矩阵 $\boldsymbol{Y}$ 写作：

$$\begin{aligned}\boldsymbol{Y}&=[\boldsymbol{y}_1,\boldsymbol{y}_2,\cdots,\boldsymbol{y}_{n-1}]\\&=\begin{bmatrix}f_1^n(1/n)&f_2^n(1/n)&\cdots&f_{n-1}^n(1/n)\\f_1^n(2/n)&f_2^n(2/n)&\cdots&f_{n-1}^n(2/n)\\\vdots&\vdots&\ddots&\vdots\\f_1^n(n/n)&f_2^n(n/n)&\cdots&f_{n-1}^n(n/n)\end{bmatrix}\end{aligned}\tag{7-19}$$

从式(7-11)得到 $\boldsymbol{Y}^{\mathrm{T}}=[\boldsymbol{F}^n(1/n),\boldsymbol{F}^n(2/n),\cdots,\boldsymbol{F}^n(1)]$。视觉特征可以通过等式(7-20)投影到曲线：

$$\boldsymbol{F}^n(i/n)=(\boldsymbol{M}^{-1}\boldsymbol{\gamma}^{\mathrm{T}}\boldsymbol{U}^{\mathrm{T}})(\boldsymbol{\xi}_i-\overline{\boldsymbol{\xi}}),i=1,2,\cdots,n\tag{7-20}$$

这里，我们定义一个函数 $\boldsymbol{F}_{\mathrm{map}}$ 来描述这一映射：$\boldsymbol{F}_{\mathrm{map}}:\mathbb{R}^m\to\mathbb{R}^{n-1}$

$$\boldsymbol{F}_{\mathrm{map}}(\boldsymbol{\xi})=(\boldsymbol{M}^{-1}\boldsymbol{\gamma}^{\mathrm{T}}\boldsymbol{U}^{\mathrm{T}})(\boldsymbol{\xi}-\overline{\boldsymbol{\xi}})\tag{7-21}$$

到目前为止，我们通过 $\boldsymbol{F}_{\mathrm{map}}$ 找到了 $\boldsymbol{\xi}_i$ 到它们在曲线上相应的映射。现在问

题提高到这样一个映射是否是可逆的。再次，由于均值已经从 $\boldsymbol{\xi}_i$ 中移除，导致 $\mathrm{r}(\boldsymbol{X})=n-1$，$\boldsymbol{\gamma}$ 是一个 $(n-1)\times(n-1)$ 的满秩方阵，因此 $\boldsymbol{\gamma}^{-1}$ 存在。从方程（7-21）我们可以得到：

$$\boldsymbol{\xi}_i=\boldsymbol{U}(\boldsymbol{\gamma}^{-1})^{\mathrm{T}}\boldsymbol{M}\boldsymbol{F}^n(i/n)+\overline{\boldsymbol{\xi}} \tag{7-22}$$

同时，我们可以看到投影是可逆的。如果视觉特征空间与图像空间一致，我们可以建立一个函数，$\boldsymbol{F}_{\mathrm{syn}}:[1/n,1]\rightarrow\mathbb{R}^m$，它不仅可以重建，而且可以实时地通过控制一个单一变量 t 来插补输入视频：

$$\boldsymbol{F}_{\mathrm{syn}}(t)=\boldsymbol{U}(\boldsymbol{\gamma}^{-1})^{\mathrm{T}}\boldsymbol{M}\boldsymbol{F}^n(t)+\overline{\boldsymbol{\xi}} \tag{7-23}$$

7.4.3 时间插值法实现

将时间插值法用于表情序列预处理，首先要求出序列到曲线的映射，然后使用这个映射将表情序列投影到低维流形，最后使用它的逆映射将低维流形投影回到高维空间，即得到序列长度归一化后的表情序列。

实验使用的数据库为 SMIC，示例图像序列如图 7-5 所示。

图 7-5 示例图像序列

首先，将其进行求映射处理，获得的投影模型如下：

Model＝［W 20＊20 double

U 21252＊20 double

Mu 21252＊1 double

m 20＊1 double］

其中，W 代表满秩方阵 $\boldsymbol{\gamma}$；U 代表奇异值分解矩阵；Mu 代表均值 $\bar{\boldsymbol{\xi}}$；m 代表度量常数 m_k。

其次，使用求得的模型将原序列投影到低维流形。

$\boldsymbol{Y}$ 是一个 20×21 的矩阵，它的每一行代表一个特征向量，每一列代表一帧，其中第 1、5、10、15 个特征向量的曲线图如图 7-6 所示。在图 7-6 中，横轴代表每一帧，纵轴代表每一帧在该向量中对应的值。

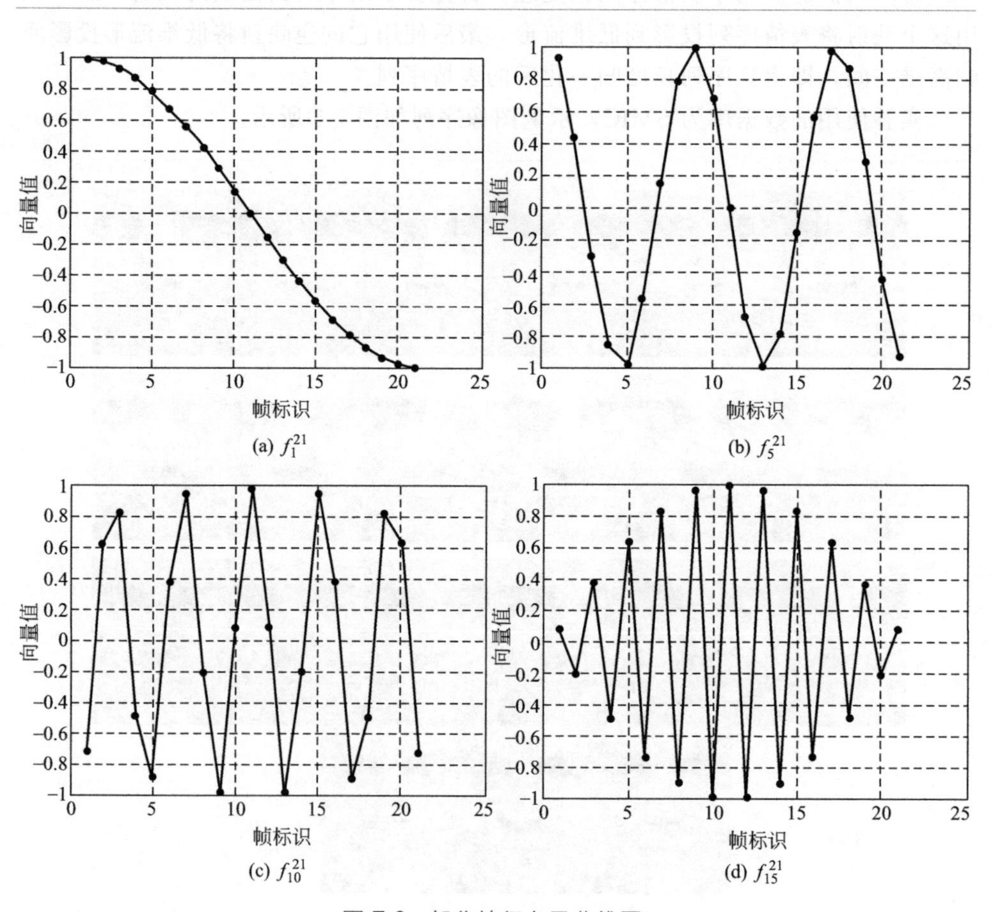

图 7-6 部分特征向量曲线图

最后，使用模型的逆映射，将低维流形映射回到高维空间，得到一系列 $m \times n$ 的单向量，每个向量的元素都是新图像的像素值，将其转化为 $m \times n$ 的矩阵，将该矩阵图像化，即可获得新的序列。本实验中将序列归一化为 10 帧，结果如图 7-7 所示。

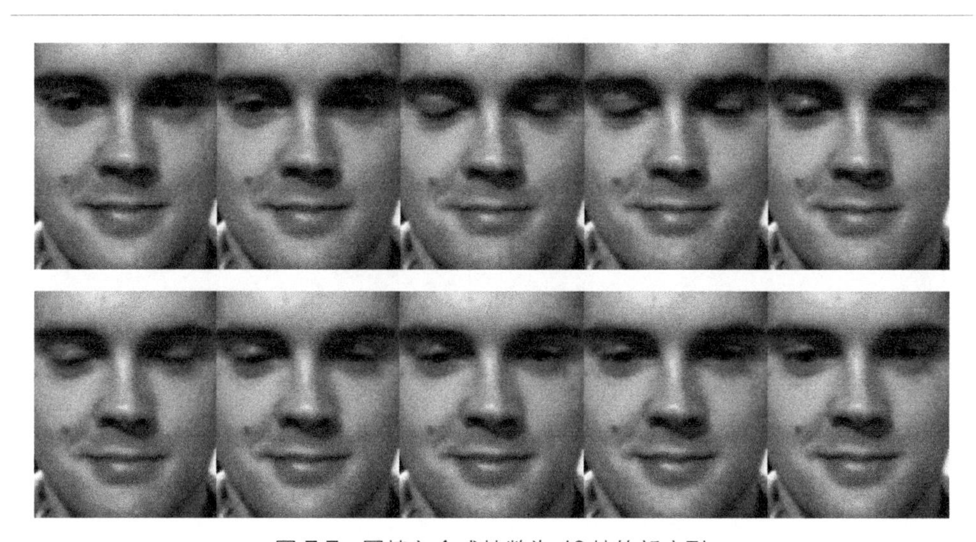

图 7-7　图植入合成帧数为 10 帧的新序列

从图 7-7 中可以看出，新合成的序列不是原始序列的简单采样，而是均匀的重建，新合成的序列不但没有图像的失真，而且简短的序列能够让我们更清楚地看到表情的变化。将不同长度的视频序列归一化为相同的帧数，一来便于同类表情以及不同种类表情之间的对比，二来任意长度的选取，允许我们通过实验获得最适合的表情帧数，以研究表情序列的帧数对识别结果的影响。

参考文献

[1] Zhou Z, Zhao G, Pietikainen M. Lipreading: a graph embedding approach [C]// IEEE 20th International Conference on Pattern Recognition (ICPR), 2010. Istanbul, Turkey: IEEE, 2010: 523-526.

[2] Zhou Z, Zhao G, Pietikainen M. Towards a practical lipreading system[C]//

The 24th IEEE Conference on Computer Vision and Pattern Recognition (CVPR), 2011. Colorado, USA: IEEE, 2011: 137-144.

[3] Park S, Kim D. Subtle facial expression recognition using motion magnification [J]. Pattern Recognition Letters, 2009, 30 (7): 708-716.

第8章

基于多尺度LBP-TOP的微表情特征提取

8.1 概述

纹理作为图像的内在属性，能够反映出像素空间的分布情况，基于图像统计的纹理分析模型有很多种，比如灰度直方图、共生矩阵、随机场统计等。纹理描述是体现图像信息的有效手段，另外，图像中存在多个方向，各方向从不同的角度进行刻画，因此，结合运用多尺度分析技术和纹理描述算法，可以更好地诠释图像信息。

8.2 多尺度分析

8.2.1 平滑滤波

图像采集和传递时会产生噪声，为后续分析带来不便，从降噪去干扰的角度出发，可以使用滤波技术，依据实现过程的不同，分为频域法和空域法。空域法可直接在空间内操作，无需多次变换，较为简便，本节将使用高斯滤波来平滑图像。

高斯滤波利用由高斯函数形态确定的权值，对模板覆盖的所有非中心像素加权求平均值，取代最初的中心像素值，这是一种线性平滑技术，能够大幅度弱化噪声影响。

二维高斯函数：

$$G(x,y;\sigma)=\mathrm{e}^{-\frac{x^2+y^2}{2\sigma^2}} \tag{8-1}$$

高斯分布如图 8-1 所示，对其离散化，归一化令加权系数之和为 1，生成对应的滤波模板，如图 8-2 所示。

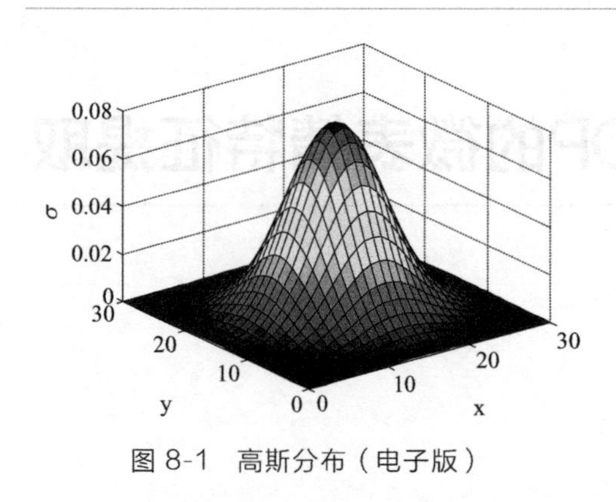

图 8-1 高斯分布（电子版）

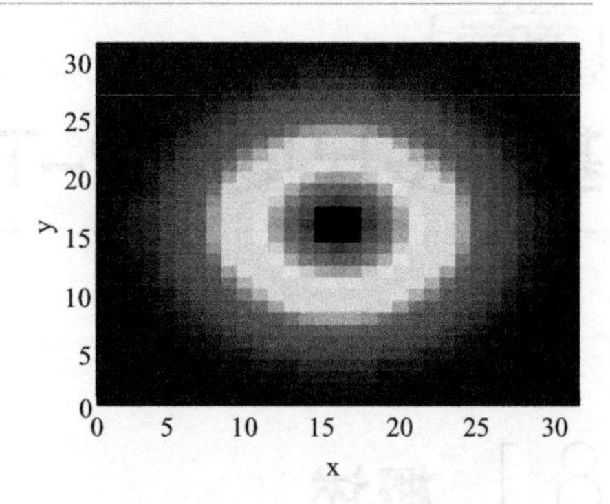

图 8-2 滤波模板（电子版）

从图 8-1 中可以看出，高斯函数的形态分布具有一定规律，中心点的权值最高，向周边呈放射状减小，像素点距离中心越远，平滑作用越弱，在这个约束下，图像不会出现失真。图 8-3(b) 为加噪声后的图像，使用上述模板处理后的效果如图 8-4、图 8-5 所示。

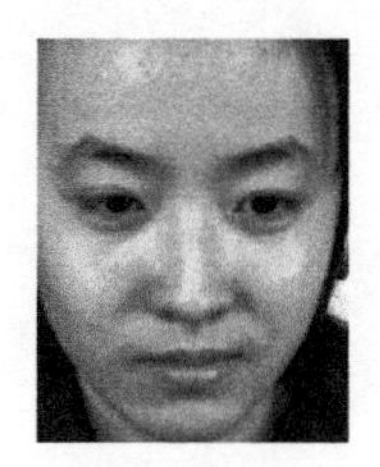

(a) 灰度图像

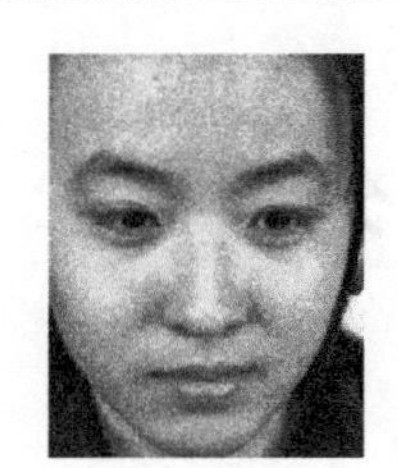

(b) 噪声图像

图 8-3 原始图像

(a) σ=1

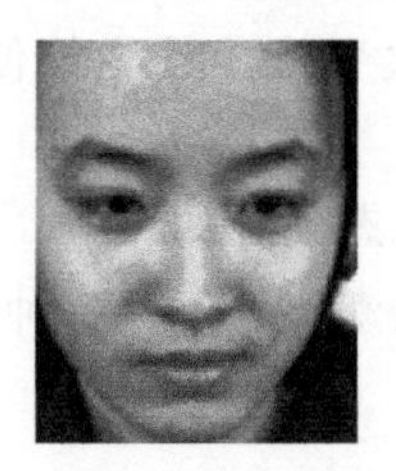

(b) σ=3

(c) σ=5

图 8-4 平滑灰度图像

尺度 σ 决定了平滑的效果，σ 过大，图像边缘模糊；σ 过小，则去噪效果不佳。从图 8-5 中可以看出，高斯滤波能够消除图像中存在的噪声，保留重要信息，并减少高亮区域，对光照变化不敏感。

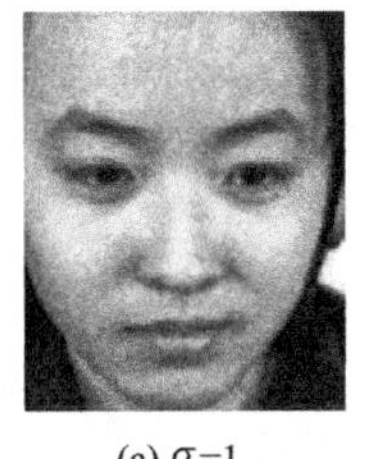

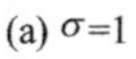

(a) $\sigma=1$　(b) $\sigma=3$　(c) $\sigma=5$

图 8-5　平滑噪声图像

8.2.2　高斯微分

高斯微分可以有效地描述图像的表观信息，并且具有尺度和旋转不变的特性，广泛应用于检测、追踪、索引与重建中。

对二维高斯函数［式(8-1)］的 x、y 方向求导，得到一阶公式：

$$G_x(x,y;\sigma)=\frac{\partial G(x,y;\sigma)}{\partial x}=-\frac{x}{\sigma^2}G(x,y;\sigma) \tag{8-2}$$

$$G_y(x,y;\sigma)=\frac{\partial G(x,y;\sigma)}{\partial y}=-\frac{y}{\sigma^2}G(x,y;\sigma) \tag{8-3}$$

一阶偏导给出了梯度幅值、方向信息，x 对应水平方向，y 对应垂直方向，再次求导，得到二阶公式如下：

$$G_{xx}(x,y;\sigma)=\frac{\partial^2 G(x,y;\sigma)}{\partial x^2}=\left(\frac{x^2}{\sigma^4}-\frac{1}{\sigma^2}\right)G(x,y;\sigma) \tag{8-4}$$

$$G_{yy}(x,y;\sigma)=\frac{\partial^2 G(x,y;\sigma)}{\partial y^2}=\left(\frac{y^2}{\sigma^4}-\frac{1}{\sigma^2}\right)G(x,y;\sigma) \tag{8-5}$$

$$G_{xy}(x,y;\sigma)=\frac{\partial^2 G(x,y;\sigma)}{\partial x\partial y}=\frac{xy}{\sigma^4}G(x,y;\sigma) \tag{8-6}$$

二阶导数可以很好地描述图像中的条状、块状、角点结构。更高阶的偏导虽然描述了图像更深层次的信息，展示更为复杂的结构，但是对噪声过于敏感，产生无用信息，破坏有效特征的纯净性，干扰图像的分析。

以 $\sigma=5$ 为例，对应各导数模板如图 8-6、图 8-7 所示。

σ 是标准差，与空间支持尺度有关，其作用与上一节阐述相同。使用高斯一阶、二阶导数，设置不同的 σ 值，处理图 8-3(a)，如图 8-8 所示，从左至右依次为 I_x、I_y、I_{xx}、I_{xy}、I_{yy}，代表 x、y、xx、xy、yy 方向的高斯微分图像，即从不同的方向和角度描述图像。σ 体现了图像的平滑程度，值越小，图像越锐利，但无用信息也会增多；值越大，图像越模糊，但细节信息容易遗漏，具体选用何种取值识别效果最好，后面章节的实验中将给出结论。

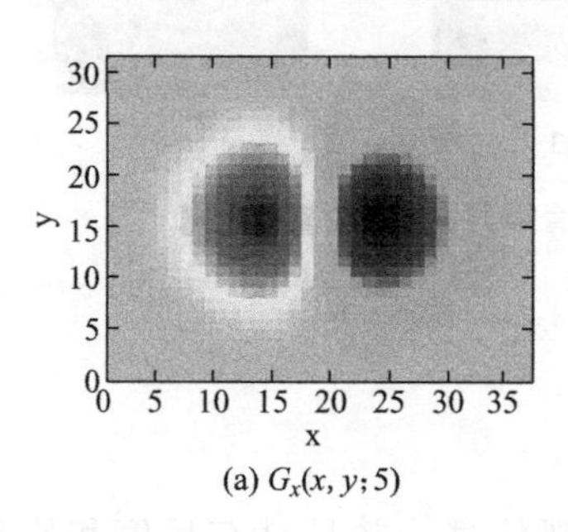

(a) $G_x(x, y; 5)$

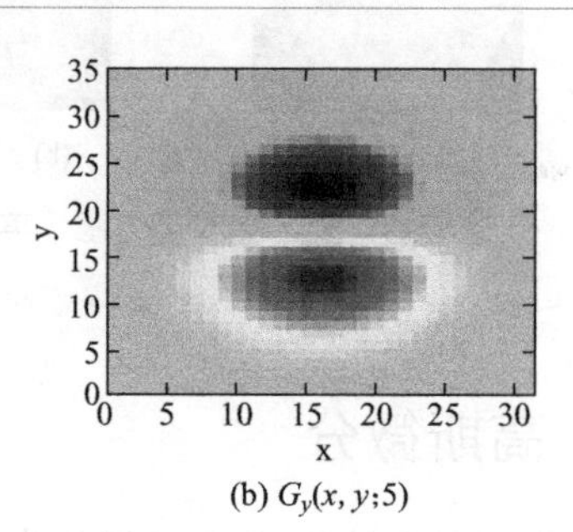

(b) $G_y(x, y; 5)$

图 8-6 一阶模板（电子版）

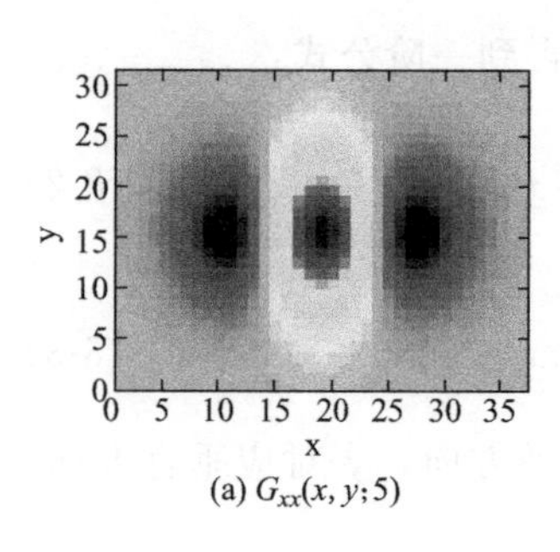

(a) $G_{xx}(x, y; 5)$

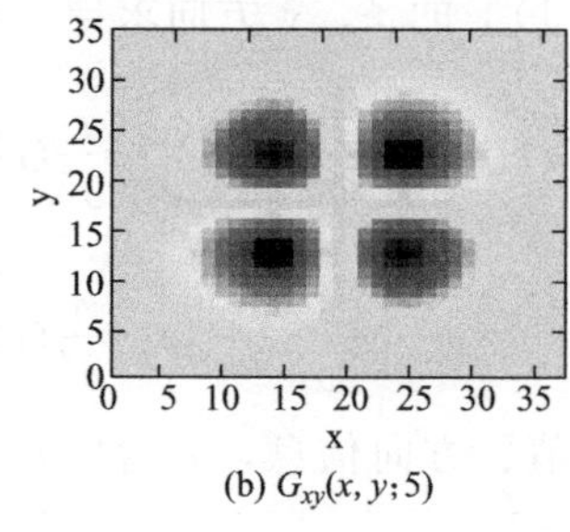

(b) $G_{xy}(x, y; 5)$

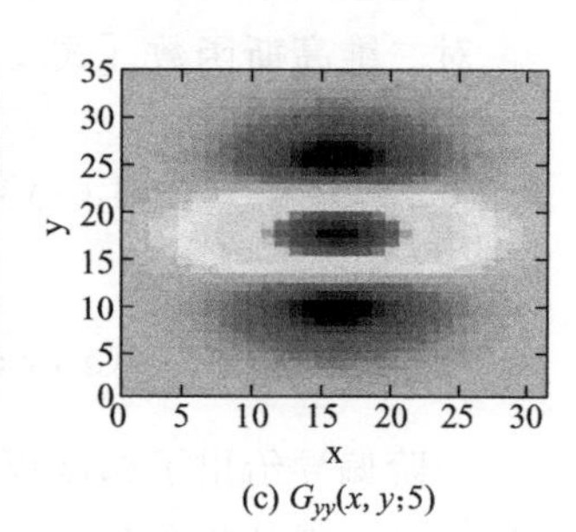

(c) $G_{yy}(x, y; 5)$

图 8-7 二阶模板（电子版）

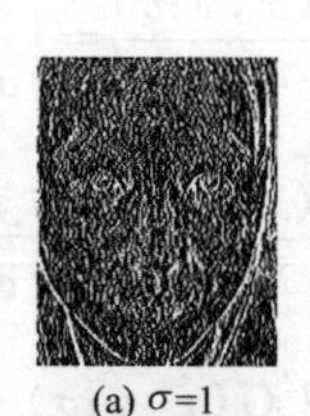

(a) $\sigma=1$

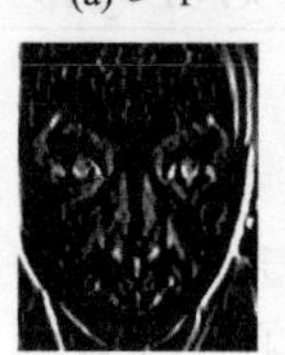

(b) $\sigma=3$

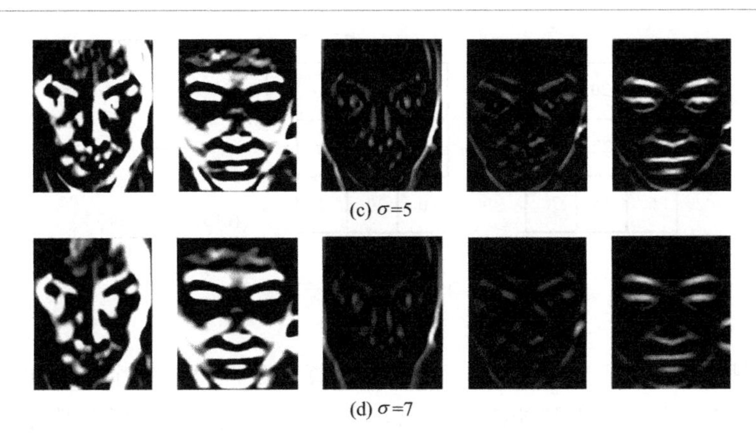

图 8-8 一阶、二阶高斯微分图

由图 8-8 可知，高斯微分可以很好地保留图像的纹理信息，为后续特征的提取带来方便。

8.3 局部二值模式

局部二值模式的概念如 Wang 等阐述，通过统计固定领域内各个元素纹理单元的共生分布，得到局部纹理谱，对所有窗口采取相同的办法，实现由局部到整体对纹理的分析。

8.3.1 原始 LBP

1996 年，Ojala 等总结了二值化方法，提出了局部二值模式（Local Binary Pattern，LBP），该算子描述了图像的局部空间结构，对灰度图像中纹理这一内在属性进行衡量，具有灰度不变性，并且对背景噪声和可见光变化的抵抗能力强。

算子固定于 3×3 的窗口，以中心像素值为阈值对各点进行二值化处理，若该点的值小于中心像素值，赋值为 0；反之，则为 1。二值化后，窗口内各点像素值非 0 即 1，按照一定的顺序（顺时针）排列，得到一个 8 位($i=0,1,\cdots,7$)无符号的二进制编码，对各位置二进制值赋予相应的权值 2^i，加权求和。实现过程如图 8-9 所示。

图 8-9 中，窗口周边 8 个邻域点的像素值分别为 56、20、34、12、78、18、6、128，二值化后变为 1、0、1、0、1、0、0、1，编码 10101001，求得 LBP 值 169。

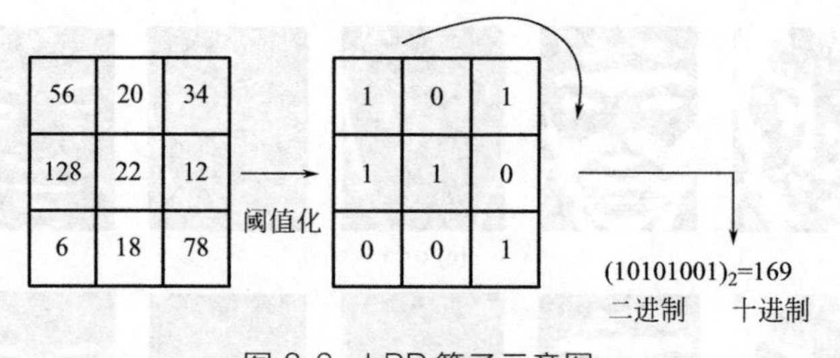

图 8-9 LBP 算子示意图

一幅图像包含若干个像素点，采用 LBP 算子处理时，每个点均可作为中心像素点，在邻域范围内得到相应的编码，因此将得到由各点 LBP 值组成的纹理图像，称为 LBP 图谱。

8.3.2 改进 LBP

由于原始 LBP 的邻域固定为 3×3 的方形，对不同尺度的纹理特征适用性不好，在具体应用时受到很大限制。

为了弥补不足，2002 年，Ojala 等对算子进行了改进，为表述连贯，首先定义 T 为图像的局部纹理，与邻域内各像素关系为

$$T=t(g_c,g_0,\cdots,g_{P-1}) \tag{8-7}$$

在灰度范围内，g_c 为中心像素值，g_i 为邻域内对称于中心像素、等距分布的像素点值，$i=0,1,\cdots,P-1$，公式(8-7) 可作如下表示：

$$T=t(g_c,g_0-g_c,\cdots,g_{P-1}-g_c) \tag{8-8}$$

若 g_i-g_c 与 g_c 间没有关联，可将表示整体信息的 $t(g_c)$ 忽略，仅保留需要关注的局部纹理信息，公式化简为

$$T\approx t(g_0-g_c,\cdots,g_{P-1}-g_c) \tag{8-9}$$

g_c 为阈值，引入 $s(x)=\begin{cases}1, & x\geqslant 0\\ 0, & x<0\end{cases}$，上式改写为

$$T\approx t(s(g_0-g_c),\cdots,s(g_{P-1}-g_c)) \tag{8-10}$$

与二进制各位置权值相乘求和，求出数值：

$$LBP_{P,R}=\sum_{i=0}^{P-1}s(g_i-g_c)\times 2^i \tag{8-11}$$

区别于原始 LBP，改进后的窗口扩展为圆周形状，g_i 的坐标 (x_c,y_c) 为 $(x_c+R\cos(2\pi i/P),y_c-R\sin(2\pi i/P))$，能够非常便捷地选取半径和点数，应用起来更加得心应手，如图 8-10 所示。

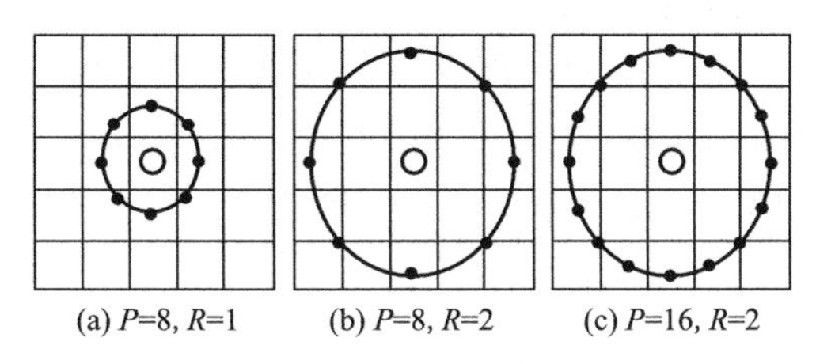

图 8-10 不同 P、R 的圆形邻域

原始 LBP 和改进 LBP 算子基本不受光照变化产生的像素灰度值改变的影响，因为光照变化虽然带来整体灰度值的偏移，但像素间求差比较结果前后相同，二进制编码也就相应不变。图 8-11 直观地反映了这一结论。

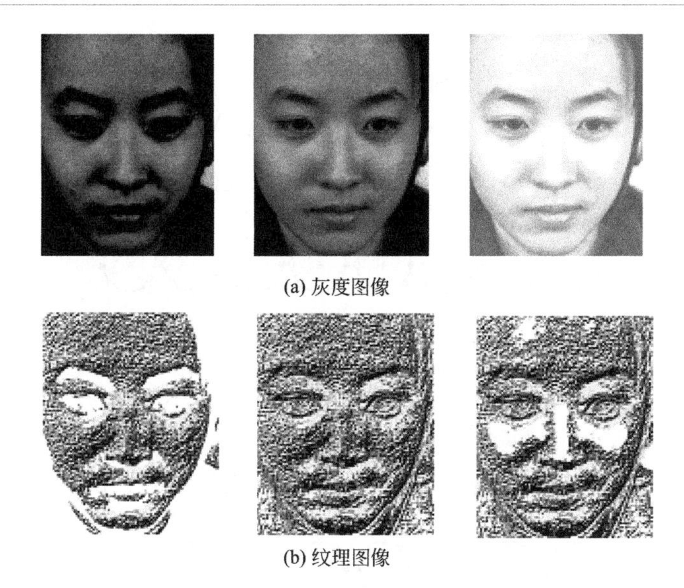

图 8-11 改进 LBP 算子处理图像

8.3.3 降维

考察前一节 LBP 的计算过程，不难看出，P 个邻域点会生成一个 P 位二进制编码，LBP 值有 2^P 种可能，例如，当 $P=4$，有 $2^4=16$；$P=8$，有 $2^8=256$；$P=16$，有 $2^{16}=65536$。如果特征尺度足够大，就需要考虑采用更多的邻域点，模式种类会以指数倍急剧增加，导致计算量过于庞大，实时性受到影响，不利于信息的存储和调用。因此，迫切需要引入降维环节，在不遗失有效信息的前提下，利用尽可能少的数据表达纹理。

Ojala 等研究发现，在 2^P 种可能中，各模式出现的频率不同，某些占到超过 90%的比例，反映了纹理图像中边缘、轮廓、拐点等基本属性，将出现频率较高的模式称为等价模式，定义循环二进制数值至多有两次变化（由 0 到 1 或由 1 到 0），公式表示为

$$U(LBP_{P,R}) = \sum_{i=0}^{P-1} \left| s(g_{i+1} - g_c) - s(g_i - g_c) \right| \tag{8-12}$$

因为序列是循环的，所以 $g_0 = g_{P-1}$。若 $U \leqslant 2$，该模式视为等价，用 $LBP_{P,R}^{u2}$ 表示；$U>2$，是非等价。以 8 邻域点的二进制序列为例，等价模式由图 8-12 列举。

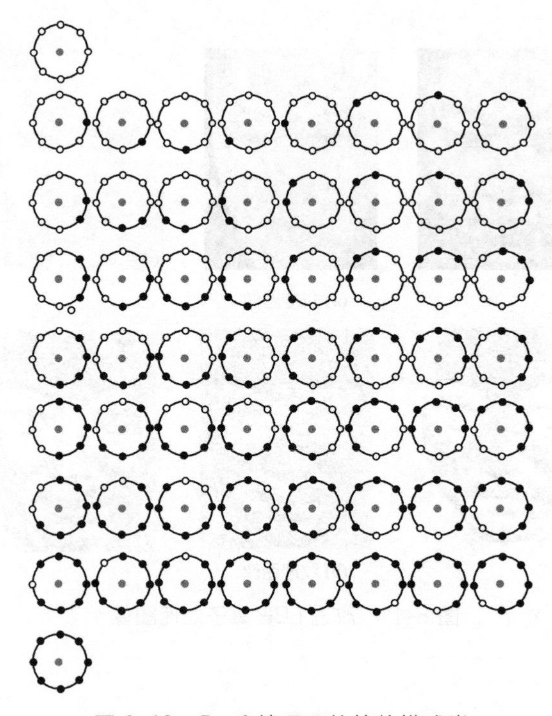

图 8-12 P= 8 情况下的等价模式类

图 8-12 中黑白两色的点分别代表 1 和 0，采用等价模式后，模式数量由 256 降为 58。从数量方面衡量，等价模式仅占到总模式的 23%；从出现频率上看，等价模式远远高于其他模式。绝大多数的纹理信息能通过数量少、频率高的模式来表现。更普遍地讨论，在 P 个邻域点的情况下，等价模式数量为 $P(P-1)+2$，对比降维前的 2^P 种可能性，维度大大减少，尤其当 P 很大时，降维效果更

加明显，有利于提高算法执行效率，降低运行时间。

为了信息表现全面，将非等价模式统一归为一类，即混合模式类，降维后的维度为 $P(P-1)+3$，当 $P=8$ 时，最终维度为 59。表 8-1 对比了不同邻域点数情况下降维前后的模式种类数。

表 8-1 维数比较

领域点数 P	模式种类	
	$LBP_{P,R}$	$LBP_{P,R}^{u2}$
4	16	15
8	256	59
16	65536	243
24	16777216	555
32	4294967296	995

8.3.4 静态特征统计

LBP 图谱包含的信息庞杂无序，直接用来分类的能力不强，考虑统计图像内各点的 LBP 值，对应到直方图，作为一种特征来表达纹理。

直方图每个元素的值是统计了 LBP 编码值的共生频率，LBP 编码取值每出现一次，特征直方图中相应的元素就加 1，如式(8-13) 所示：

$$H(k)=\sum_{i=1}^{M}\sum_{j=1}^{N}f(LBP_{P,R}(i,j),k) \tag{8-13}$$

$$f(x,y)=\begin{cases}1, & x=y\\0, & x\neq y\end{cases} \tag{8-14}$$

式中，$k\in[1,K]$，$K=2^P$ 是 LBP 模式的最大值加 1；i、j 代表像素行、列坐标；M、N 为图像的高度和宽度。

直方图归一化，将数量转换成所占比值，在统一尺度下显示：

$$H'(k)=\frac{H(k)}{\sum_{i=1}^{K}H(i)} \tag{8-15}$$

若考虑等价模式，LBP 的模式种类为 $P(P-1)+2$，加上非等价的一类，共有 $P(P-1)+3$ 类。按照数值大小递增排列 $LBP_{P,R}^{u2}(k),k\in[1,K],K=P(P-1)+2$，对于直方图向量 $\boldsymbol{H}$，前 $P(P-1)+2$ 维统计如下：

$$H(k)=\sum_{i=1}^{M}\sum_{j=1}^{N}f(LBP_{P,R}(i,j),LBP_{P,R}^{u2}(k)) \tag{8-16}$$

$$f(x,y)=\begin{cases}1, & x=y\\ 0, & x\neq y\end{cases} \tag{8-17}$$

后一维（混合模式）通过下式计算：

$$H(K+1)=MN-\sum_{k=1}^{K}H(k) \tag{8-18}$$

串联得到 $\boldsymbol{H}=\{H(1),\cdots,H(K),H(K+1)\}$，特征维度为 $P(P-1)+3$。取 $P=8$、$R=3$，采用等价 LBP 处理图 8-3(a)，结果如图 8-13 所示。

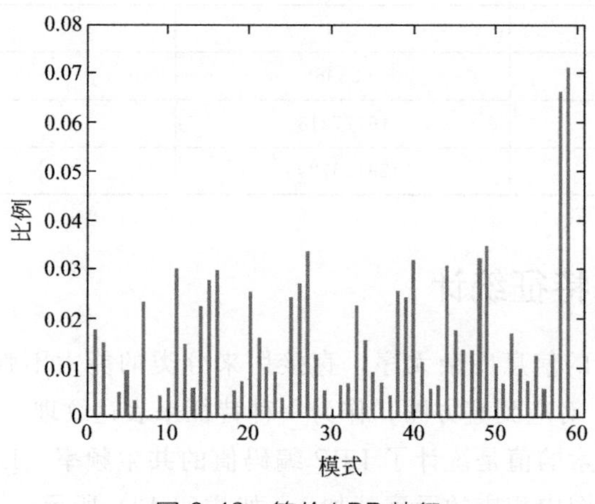

图 8-13 等价 LBP 特征

图中横轴各点为对应的模式类别，纵轴显示其所占比重，在等价模式下，特征维度由 $2^8=256$ 缩减为 $8\times7+3=59$，计算得到了极大简化。此外，直方图中出现频率非常少的特征分量对纹理描述几乎不起作用，甚至掺杂噪声等无用信息，可通过降维处理将其去掉，使特征更为紧凑。

8.4 时空局部二值模式

LBP 算子针对一幅图像进行处理，描述的是静态纹理，而微表情的发生、起始、结束是一个连续变化的动态过程，成功识别微表情的关键在于从空间和时间两个层面入手，准确把握时空变化信息，即提取动态特征。出于上述考虑，赵国英等在 LBP 的基础上，提出了时空局部二值模式（Local Binary Patterns from Three Orthogonal Planes，LBP-TOP），用来提取序列图像中微表情的动态特征。

8.4.1 LBP-TOP

一段视频中包含若干帧图像，各图像按采集先后顺序沿时间轴排列，构成一个序列，如图 8-14 所示。

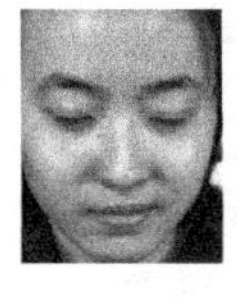
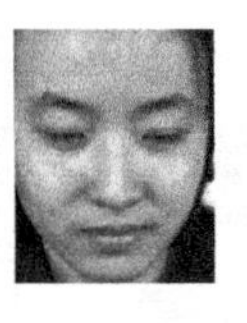

图 8-14 视频序列

LBP-TOP 按时空关系把序列立体化正交分割，有 XY、XT、YT 这三个平面，如图 8-15 所示，类似于前面章节的处理过程，对各个平面设置半径 R 和领域点数 P（图 8-16），独立求取内部所有中心像素的 LBP 值，得到 LBP 图谱（图 8-17），最后，综合三个平面的计算结果，作为序列图像的 LBP-TOP 值。

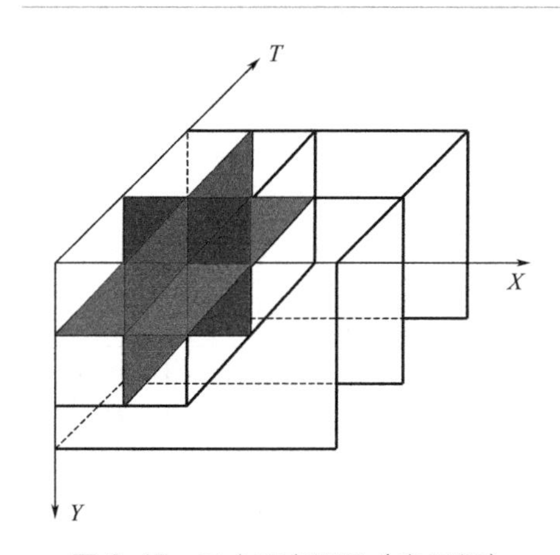

图 8-15 三个正交平面（电子版）

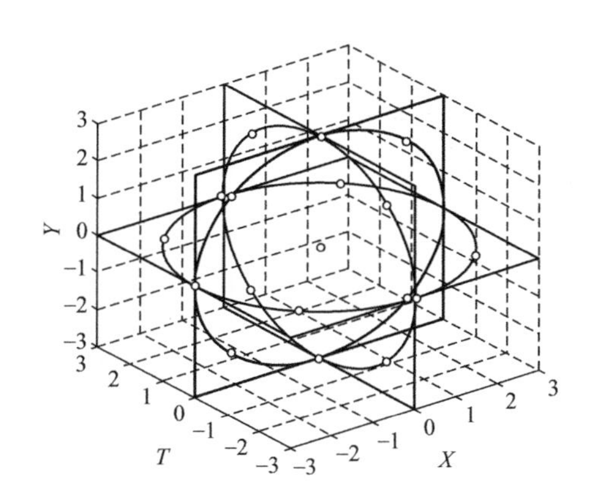

图 8-16 各平面圆形邻域（电子版）

图 8-16 采用半径为 3、点数为 8 的圆形邻域，各平面独立，保证了计算不受干扰，能够体现空间信息和时空变化特点，而且 LBP-TOP 原理简单，仅运用三次 LBP 计算，复杂程度小。定义特征表达形式是 $LBP\text{-}TOP_{P_{XY},P_{XT},P_{YT},R_X,R_Y,R_T}$，若中心像素 $g_{t_c,c}$ 的位置是 (x_c, y_c, t_c)，各平面内邻域点 $g_{XY,p}$、$g_{XT,p}$、$g_{YT,p}$ 的位置可分别通过下式获得：

$$(x_c - R_X\sin(2\pi p/P_{XY}), y_c + R_Y\cos(2\pi p/P_{XY}), t_c) \tag{8-19}$$

$$(x_c - R_X \sin(2\pi p/P_{XT}), y_c, t_c - R_T \cos(2\pi p/P_{XT})) \tag{8-20}$$

$$(x_c, y_c - R_Y \cos(2\pi p/P_{YT}), t_c - R_T \sin(2\pi p/P_{YT})) \tag{8-21}$$

图 8-17 的 LBP 图谱是在 7 帧图像间（第 4 帧～第 10 帧）计算获得的，XY 平面 LBP 图谱勾勒出人脸轮廓和局部细节，体现了空间纹理信息，对比 XY 平面，XT、YT 平面的纹理变化更加剧烈，这是图像采集帧速率高、微表情持续时间短所导致的时空快速变化，突出反映了这两个平面侧重于描述运动特性。

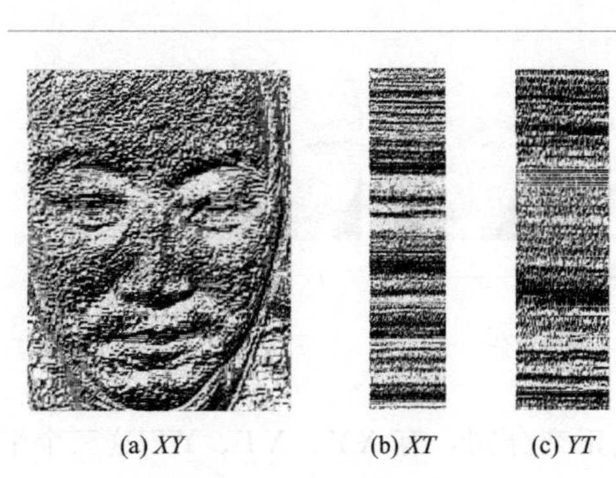

图 8-17 各平面 LBP 图谱

序列图像中，片源清晰度和帧变化速率数值上的不一致会导致时空层面上的尺度差别，图 8-14 序列图像的分辨率很高，像素为 275 × 345，而帧的数量仅为个位数，为了更好地刻画动态纹理，有时需要将圆形邻域扩展为椭圆邻域，以适应具体情况，即 $R_X = R_Y \neq R_T$，$P_{XY} \neq P_{XT} = P_{YT}$。图 8-18 给出了具体的例子，例中 $R_X = R_Y = 3$、$R_T = 1$，$P_{XY} = 16$、$P_{XT} = P_{YT} = 8$。

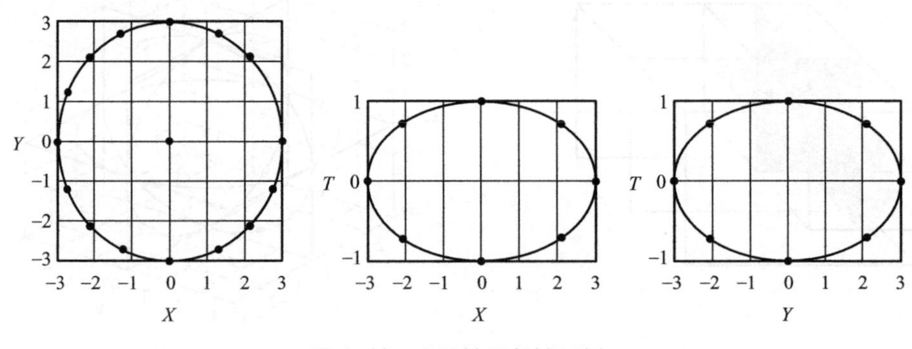

图 8-18 平面扩展邻域示例

通常序列包含很多帧图像，微表情从发生至结束贯穿其中，我们很难通过肉眼逐一扫描来判断起始和结束时刻，这种情况下，三帧计算无法体现序列的整体信息，需要考虑多数帧。计算过程如下：当序列图像帧数为 N 时，根据需要（窗口大小）取时间轴半径 $R_T = L$，$N \geqslant 2L + 1$，那么序列第 $L + 1$ 帧为中心帧，在该中心图像上计算 XY 平面的 LBP 值，对于 XT、YT 平面，以 XT 平面为例，在中心帧前后各取 L 帧计算，YT 平面同上。

8.4.2 动态特征统计

微表情的发生十分微弱，绝大多数动作集中在眼角、嘴角、眉梢等关键部位，为突出细微变化，将人脸划分若干块，如图 8-19 所示。

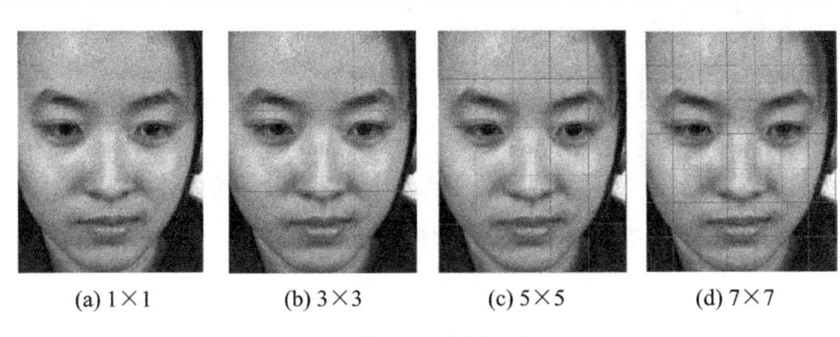

图 8-19 序列图像分块

特征统计的完整表述如下（分块及整体特征的统计过程分别如图 8-20、图 8-21 所示）。

① 将图像序列$\{F_0, F_1, \cdots, F_{2n}\}$分为 $M\times N$，M、N 为横、纵分块数，以 F_n 为基准，前后各取 R_T 帧，R_T 为时间轴半径，在每个分块内计算 LBP-TOP 值。对于其中的第 b 个分块，$b\in M\times N$，中心像素坐标(x_c, y_c, t_c)，在各自正交平面计算 LBP 值，记为：$f_{XY}(x_c, y_c, t_c)$、$f_{XT}(x_c, y_c, t_c)$、$f_{YT}(x_c, y_c, t_c)$。

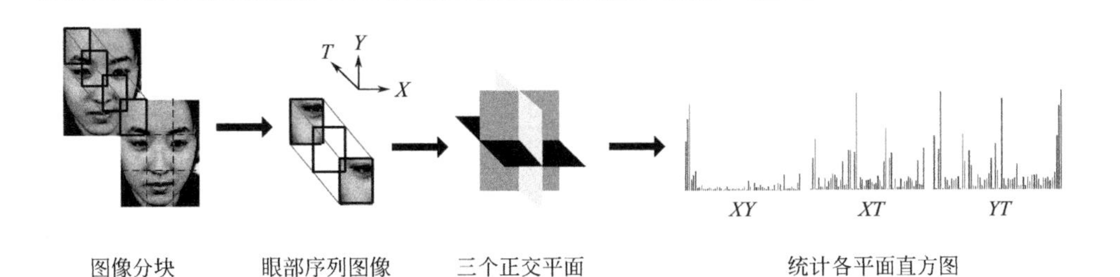

图 8-20 统计分块特征（电子版）

② 块内统计直方图。

$$H_{i,j}^{b}=\sum_{x_c, y_c, t_c} I\{f_j(x_c, y_c, t_c)=i\} \tag{8-22}$$

$$I\{A\}=\begin{cases}1, & A\text{ 为真}\\0, & A\text{ 为假}\end{cases} \tag{8-23}$$

式中，$i=1,\cdots,n_j$，n_j 为模式种类；$j=XY,XT,YT$，$f_j(x_c, y_c, t_c)$表示 j

平面中心点(x_c, y_c, t_c)的 LBP 值。按照 XY、XT、YT 平面的顺序，级联 $\boldsymbol{H}_b=\{H_{i,XY}^b, H_{i,XT}^b, H_{i,YT}^b\}$。

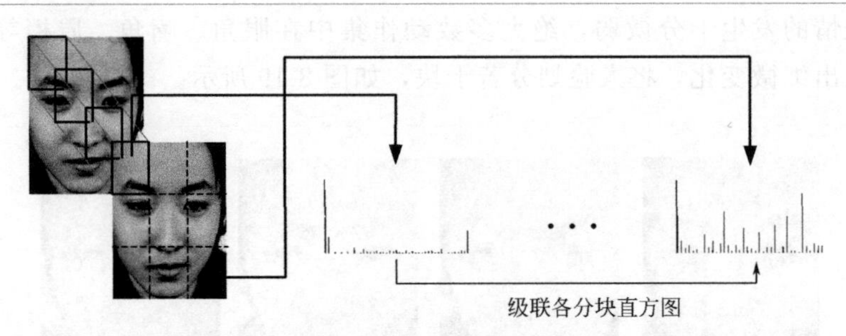

图 8-21 统计整体特征（电子版）

③ 拼接各块直方图，得到整体特征向量 $\boldsymbol{H}=\{\boldsymbol{H}_1, \cdots, \boldsymbol{H}_b, \cdots, \boldsymbol{H}_{M\times N}\}$，作为时空纹理特征。

总体特征维度为 $M\times N\times 3\times 2^P$，仍然面临维度过高的问题，考虑引入前一节介绍的等价模式来进行降维，等价模式的直方图公式为

$$H_{k_j,j}^b=\sum_{x_c,y_c,t_c} I\{f_j(x_c,y_c,t_c)=k_j\} \tag{8-24}$$

式中，$k_j=[1,K_j]$，K_j 为 j 平面种类数，$K_j=P_j(P_j-1)+2$，$j=XY, XT, YT$，其他符号定义同公式(8-22)。

再将一维混合模式直方图 $H_{K_j+1,j}^b$ 添加其中，各平面直方图为 $\{H_{k_{XY},XY}^b, H_{K_{XY}+1,XY}^b\}$、$\{H_{k_{XT},XT}^b, H_{K_{XT}+1,XT}^b\}$、$\{H_{k_{YT},YT}^b, H_{K_{YT}+1,YT}^b\}$。

令 $P_{XY}=P_{XT}=P_{YT}=8$，提取图 8-14 所在完整序列中的微表情特征，在序列图像为 5×5 分块时，鼻子部位各平面特征和级联后的 LBP-TOP 特征如图 8-22、图 8-23 所示。

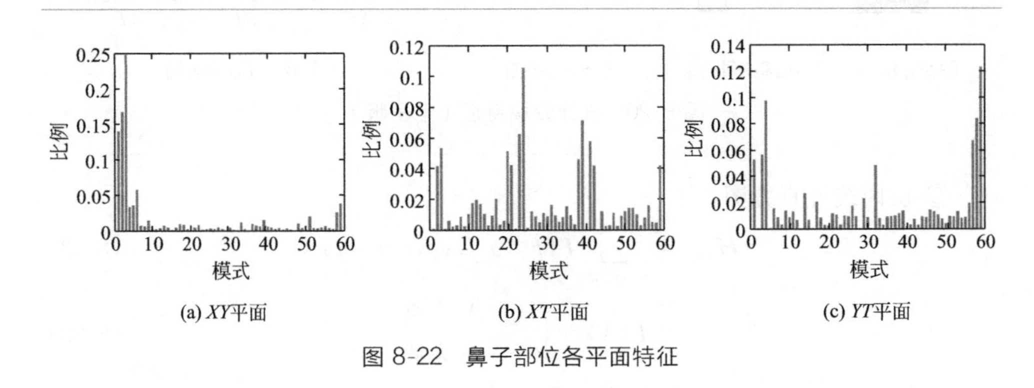

图 8-22 鼻子部位各平面特征

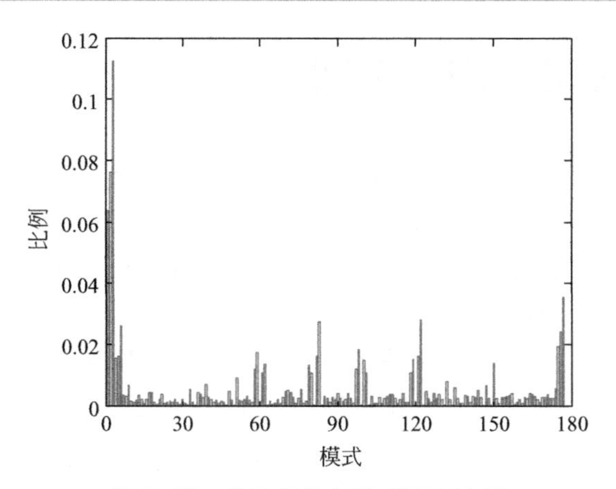

图 8-23 鼻子部位 LBP-TOP 特征

块内各平面特征维度降为 59，级联成 177 个维数的向量。相对于 XY 平面，XT、YT 平面的直方图内波动明显，显示这两个平面内包含大量时空过渡信息，证明 LBP-TOP 很好地体现了这种变化。

将各块直方图进行拼接，得到整体特征向量，如图 8-24 所示。

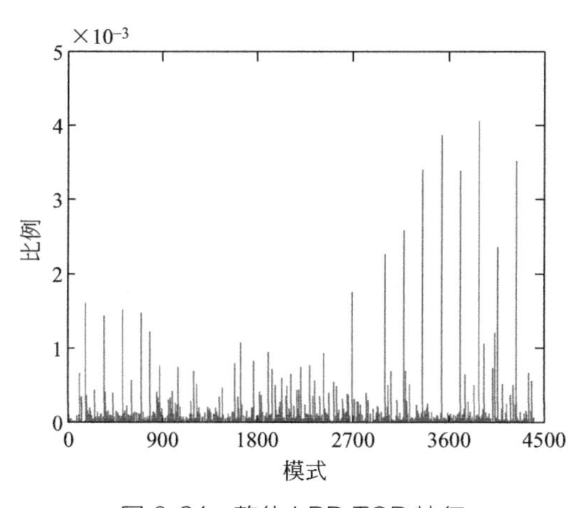

图 8-24 整体 LBP-TOP 特征

整体特征维度为 $5\times5\times177=4425$，如果缺失降维环节，维度将达到 $5\times5\times3\times2^8=19200$，由此可见，使用等价模式是明智的选择。此外，分块数并非越多越好，分块过于详细，会产生错误划分，割裂整体特性，并且增加维数，计算时间漫长，具体阐述将结合后续实验给出，序列未分块可理解为 1×1 的划分。

8.5 多尺度 LBP -TOP

在宏观表情识别研究中，Jain 等对图像做高斯微分处理，使用 LBP 提取静态特征，Davison 等从另一个角度出发，将 LBP-TOP 和高斯偏导滤波相结合，提取动态特征。受此启发，本节将高斯微分和 LBP-TOP 应用于微表情识别中，从多尺度上实现特征的提取。

序列$\{F_0,F_1,\cdots,F_{2n}\}$，对于第 i 帧，$0\leqslant i\leqslant 2n$，使用一阶、二阶高斯微分，有 x、y、xx、xy、yy 方向的偏导图像 I_x^i、I_y^i、I_{xx}^i、I_{xy}^i、I_{yy}^i，形成序列$\{I_x^0,I_x^1,\cdots,I_x^{2n}\}$、$\{I_y^0,I_y^1,\cdots,I_y^{2n}\}$、$\{I_{xx}^0,I_{xx}^1,\cdots,I_{xx}^{2n}\}$、$\{I_{xy}^0,I_{xy}^1,\cdots,I_{xy}^{2n}\}$、$\{I_{yy}^0,I_{yy}^1,\cdots,I_{yy}^{2n}\}$，在各序列中计算等价 LBP-TOP，有直方图 H_x、H_y、H_{xx}、H_{xy}、H_{yy}，级联 $\boldsymbol{H}=\{H_x,H_y,H_{xx},H_{xy},H_{yy}\}$。

将偏导图像分成 $M\times N$ 块，在各块内计算 LBP-TOP 值，对于第 b 个分块，$b\in M\times N$，直方图 $\boldsymbol{H}_b=\{H_x^b,H_y^b,H_{xx}^b,H_{xy}^b,H_{yy}^b\}$，整体特征向量 $\boldsymbol{H}=\{\boldsymbol{H}_1,\cdots,\boldsymbol{H}_b,\cdots,\boldsymbol{H}_{M\times N}\}$。

对图 8-14 所在序列，令 $\sigma=5$，在 5×5 分块下，当 $P_{XY}=P_{XT}=P_{YT}=8$ 时，鼻子部位各方向 LBP-TOP 特征如图 8-25 所示。

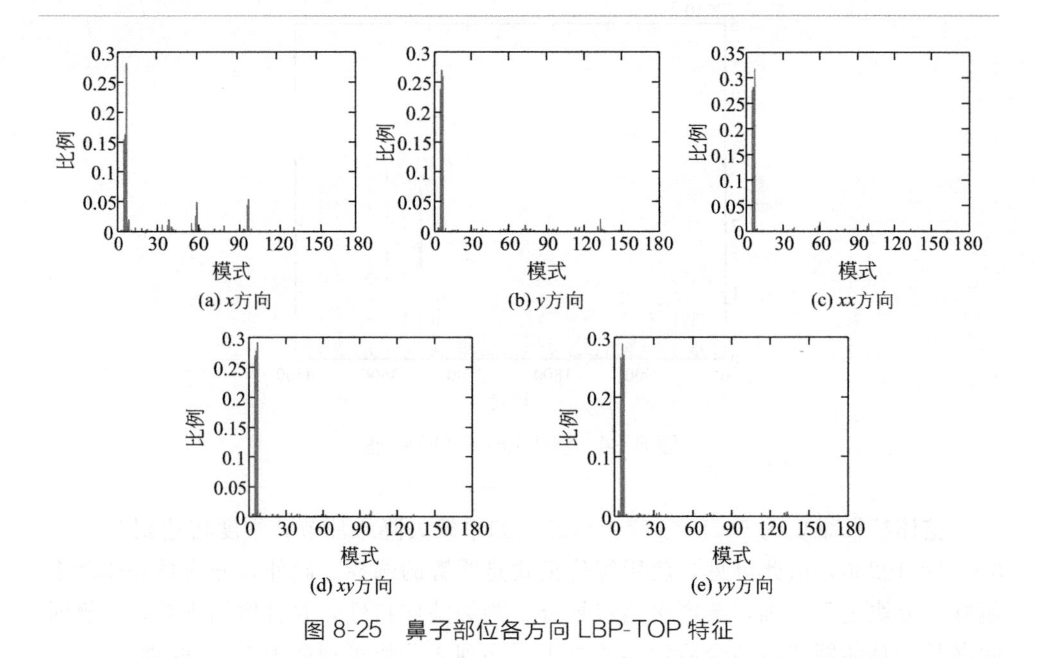

图 8-25 鼻子部位各方向 LBP-TOP 特征

x 方向特征分布较分散，表明微表情发生时，脸部水平动作更丰富，各方向直方图均包含 XY、XT、YT 平面的信息，级联 5 个方向的直方图，如图 8-26 所示。

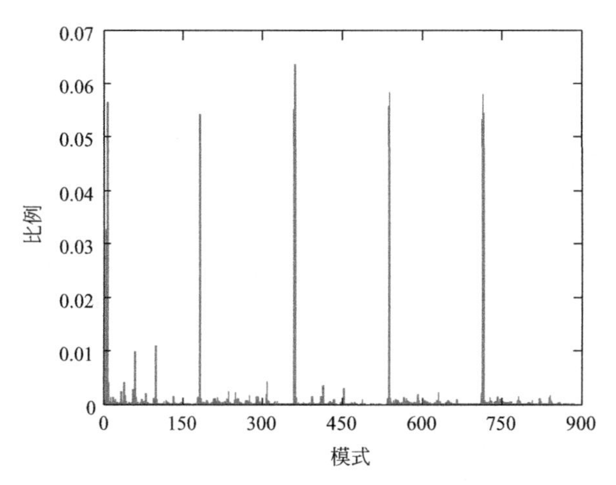

图 8-26　鼻子部位多尺度 LBP-TOP 特征

拼接 25 个子直方图为整体向量，如图 8-27 所示，采用多尺度 LBP-TOP 提取特征，维度为 25×5×3×59=22125。

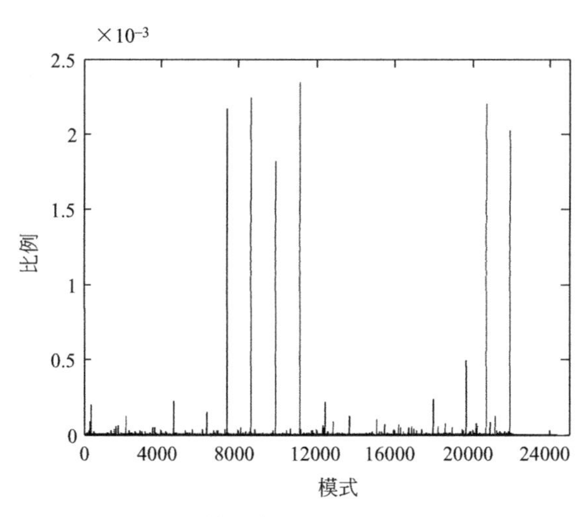

图 8-27　整体多尺度 LBP-TOP 特征

参考文献

[1] 刘丽，匡纲要. 图像纹理特征提取方法综述[J]. 中国图象图形学报，2009，14（4）：622-635.

[2] 冈萨雷斯，伍兹，埃丁斯，等. 数字图像处理：MATLAB 版[M]. 北京：电子工业出版社，2005.

[3] Jain V，Crowley J. Smile detection using multi-scale gaussian derivatives[C]// 12th WSEAS International Conference on Signal Processing，Robotics and Automation，2013. Cambridge，UK，2013：149-154.

[4] Jain V，Crowley J L. Head pose estimation using multi-scale gaussian derivatives [C]// Scandinavian Conference on Image Analysis，2013. Espoo，Finland，2013：319-328.

[5] Wang L，He D C. Texture classification using texture spectrum[J]. Pattern Recognition，1990，23（8）：905-910.

[6] Ojala T，Pietikainen M，Harwood D. A comparative study of texture measures with classification based on featured distributions [J]. Pattern Recognition，1996，29（1）：51-59.

[7] Ojala T，Pietikainen M，Maenpaa T. Gray Scale and Rotation Invariant Texture Classification with Local Binary Patterns[J]. IEEE Transactions on Pattern Analysis and Machine Intelligence，2002，24（7）：971-987.

[8] Ahonen T，Hadid A，Pietikainen M. Face description with local binary patterns：Application to face recognition [J]. IEEE Transactions on Pattern Analysis and Machine Intelligence，2006，28（12）：2037-2041.

[9] Zhao G，Pietikainen M. Dynamic texture recognition using local binary patterns with an application to facial expressions[J]. IEEE Trans. Pattern Anal. Mach. Intell.，2007，29（6）：915-928.

[10] Jain V，Crowley J L，Lux A. Local Binary Patterns Calculated Over Gaussian Derivative Images[C]// 22nd International Conference on Pattern Recognition，2014. Stockholm，Sweden：IEEE，2014：3987-3992.

[11] Davison A K，Yap M H，Costen N，et al. Micro-Facial Movements：An Investigation on Spatio-Temporal Descriptors [C]//Computer Vision-ECCV Workshops，2014. Zurich Switzerland，2014：111-123.

第9章

基于全局光流与LBP-TOP特征结合的微表情特征提取

9.1 概述

微表情是表演不出来的，是与人的内心紧密相关的一种无意识的情绪，本章将光流法与LBP-TOP方法相结合进行特征提取。

光流（Optical Flow，OF）是空间运动物体在成像面上对应像素点运动的瞬时速度，与人眼直观感受相符，是视觉感知、特征跟踪、目标检测的重要线索。对于序列图像，通过对比前后两帧或者相邻多帧，可以得到像素级别运动速度（大小、方向）的二维表达，即光流。

LBP-TOP作为提取微表情特征的方法，从静态图像的局部二元模式分析开始，引申到序列局部二元模式特征，通过LBP-TOP方法来提取动态序列微表情的局部二值特征。

9.2 相关理论

光流的探究起始于1950年，由Gibson给出定义。从生物学的角度解释，光流之所以能够被人眼捕获，在于物体随时间产生一系列变化，如同光影滑过，在视网膜中形成一组序列图像，根据前后帧像素点的灰度变化可以确定位置改变，从而将像素强度变化信息与运动关系对应起来。

9.2.1 运动场及光流场

在三维场景中，物体的真实运动，通过运动场来体现，运动场是高维复杂的，模型建立比较困难，可将其投影到二维空间，以图像各像素的运动向量形成光流场，场中包含运动信息和空间结构特性，近似地反映真实运动。

运动场中各点运动具有速率和方向，三维场景中的某时刻点 P_0，依据投影原理对应到二维平面上的点 P_i，如图 9-1 所示。

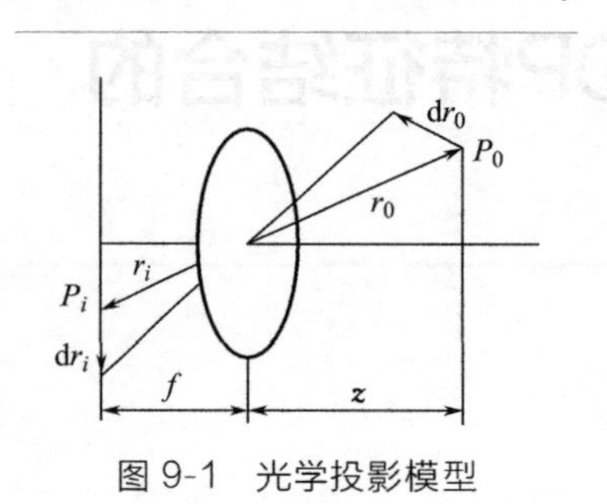

图 9-1 光学投影模型

定义 v_0、v_i 为 P_0、P_i 的运动速度，时间间隔 Δt，则 $r_0=v_0\Delta t$、$r_i=v_i\Delta t$，r_0、r_i 为 P_0、P_i 在各自空间中的位移，有

$$v_0=\frac{\mathrm{d}r_0}{\mathrm{d}t},v_i=\frac{\mathrm{d}r_i}{\mathrm{d}t} \tag{9-1}$$

根据光学成像规律，有

$$\frac{1}{f}r_i=\frac{1}{z}r_0 \tag{9-2}$$

式中，f 是采集元器件的焦距；z 是成像距离。通过求偏导计算上式，获得运动场中各点的速度。

以上描述说明了平面投影的对应关系，通过分析二维平面的光流场，重构出物体的真实运动。对于人脸序列图像，光流场的产生依赖于前后帧各点像素灰度值的变化，而灰度变换无外乎由以下三个条件引起，即像素点位移、镜头位置移动、光源改变。本章节使用的序列图像是由固定摄像机在恒定光源下采集的，满足光流场与运动场等价的条件，因此，可以利用光流场估计运动。

9.2.2 经典计算方法

光流可以很好地跟踪到目标点的变化，近年来，学者们发掘了很多算法，创新点层出不穷，从原理上可归纳为四种经典方法：梯度法、匹配法、能量法和相位法。前两类方法精度较高，更为常用，在此重点予以表述。

（1）梯度法

梯度法利用序列图像灰度的时间空间偏导来优化目标函数，得到各点光流，因为涉及微分运算，基于梯度的算法也可命名为微分法，具体实现上有 Lucas-Kanade 局部平滑法（LK）和 Horn-Schunck 全局平滑法（HS）。LK 附加局部平滑假设，计算过程如图 9-2 所示，但是光流稀疏，仅能体现出局部变化情况；HS 引入全局平滑条件，计算过程如图 9-3 所示，可以诠释整体信息，但求解过程相对复杂，且对噪声敏感。

（2）匹配法

匹配法包括特征匹配和块匹配两种手段。特征匹配法的思想在于反复寻找追踪要定位目标的主要特征，在大位移运动和非恒定光源的条件下也能获得较好的效果，但如何精准定位特征是一大难题；块匹配法首先定位到相似区域，通过计算前后区域的变化量来求取光流，准确性较前者有所提高，但光流密度不足，为稀疏光流场。

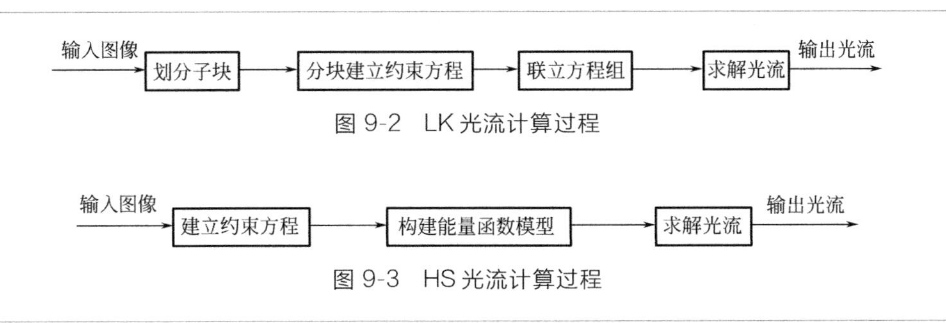

图 9-2 LK 光流计算过程

图 9-3 HS 光流计算过程

9.3 问题描述

为涵盖人脸整体区域的变化信息，本节采用基于梯度的全局光流算法来估计光流，并进行创新，提取动态序列的微表情特征。

9.3.1 约束条件

全局光流技术利用连续变化的图像间的像素运动来估计光流，获得稠密光流场，由于微表情从起始到结束的过程是在很短时间内完成的，我们估算相邻两帧光流需要以光照不变和空间平滑这两个假设作为基本前提，即满足 HS 对短时间间隔、弱灰度值变化的要求。

(1) 光照不变假设

某时刻 t，图像中某像素点位置为 $\boldsymbol{p}=(x,y,t)$，灰度值为 $I(x,y,t)$，在下一帧，即 $t+1$ 时刻，像素点运动到位置 $\boldsymbol{p}+\boldsymbol{w}=(x+u,y+v,t+1)$，该点的灰度为 $I(x+u,y+v,t+1)$，则 $\boldsymbol{w}=(u,v,1)$为位移矢量，如图 9-4 所示。

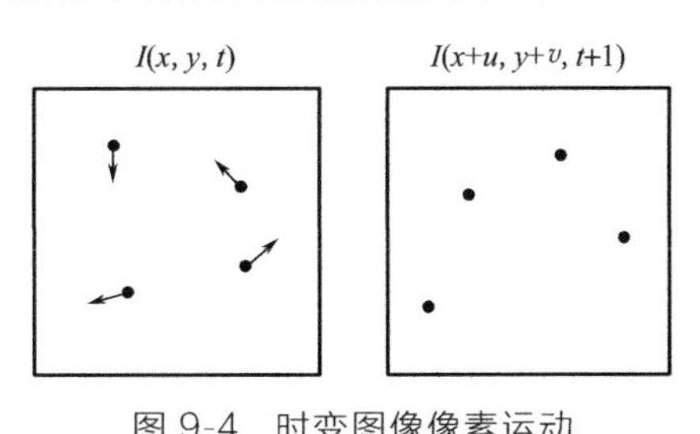

图 9-4 时变图像像素运动

根据该假设，可知前后帧的图像亮度无差别，意味着像素值不会随着点的位移而改变，运动追踪的准确性得以保证，在该假设下，有

$$I(x,y,t)=I(x+u,y+v,t+1) \tag{9-3}$$

也可以记为

$$I(\boldsymbol{p})=I(\boldsymbol{p}+\boldsymbol{w}) \tag{9-4}$$

当时间间隔足够短时，对式(9-3) 右侧按泰勒级数展开，忽略掉高阶项，有

$$I(x,y,t)=I(x,y,t)+u\frac{\partial I}{\partial x}+v\frac{\partial I}{\partial y}+\frac{\partial I}{\partial t} \tag{9-5}$$

式中，$\frac{\partial I}{\partial x}$、$\frac{\partial I}{\partial y}$、$\frac{\partial I}{\partial t}$分别为横向、纵向以及时间的梯度。令 $I_x=\frac{\partial I}{\partial x}$、$I_y=\frac{\partial I}{\partial y}$、$I_t=\frac{\partial I}{\partial t}$，有线性方程：

$$I_x u+I_y v+I_t=0 \tag{9-6}$$

此时的 u、v 为光流，代表像素点在水平、垂直方向上的瞬时位移量（速度），若用矢量形式表示 $\boldsymbol{v}=(u,v)^{\mathrm{T}}$、$\nabla \boldsymbol{I}=(I_x,I_y)$，$\nabla$为梯度运算符。上式记为

$$\nabla \boldsymbol{I}\cdot \boldsymbol{v}+I_t=0 \tag{9-7}$$

式(9-6) 或式(9-7) 以方程的形式对光流进行约束。

(2) 空间平滑假设

光流约束方程是在灰度不会改变的前提下建立的，梯度信息 I_x、I_y、I_t 从图像中直接获得，可用于求解光流。但是其中涉及到两个变量 u、v，而方程数量只有一个，方程数少于变量个数，只能获取沿梯度方向的运动量 u_0、v_0，如图 9-5 所示，这会导致孔径问题，如图 9-6 所示。

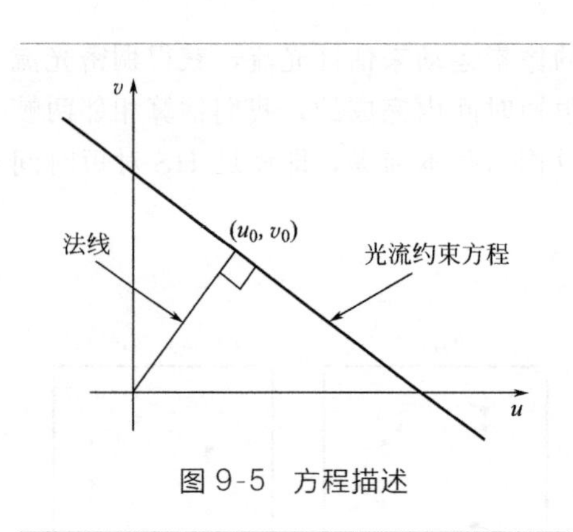

图 9-5 方程描述

物体沿右下方滑过固定窗口时，只能观测到水平向右的运动，对边缘的运动估计显然不准，无法有效估计光流。要解决这一问题，得到各像素的速度分量 u、v，有必要附加其他约束，这里引入一阶平滑假设，规定邻域内像素动作无跃变，速度相同意味着空间的速率变化为零，有

$$|\nabla u|^2+|\nabla v|^2=u_x^2+u_y^2+v_x^2+v_y^2=0 \tag{9-8}$$

式中，$u_x=\frac{\partial u}{\partial x}$、$u_y=\frac{\partial u}{\partial y}$、$v_x=\frac{\partial v}{\partial x}$、$v_y=\frac{\partial v}{\partial y}$为速度分量的梯度。

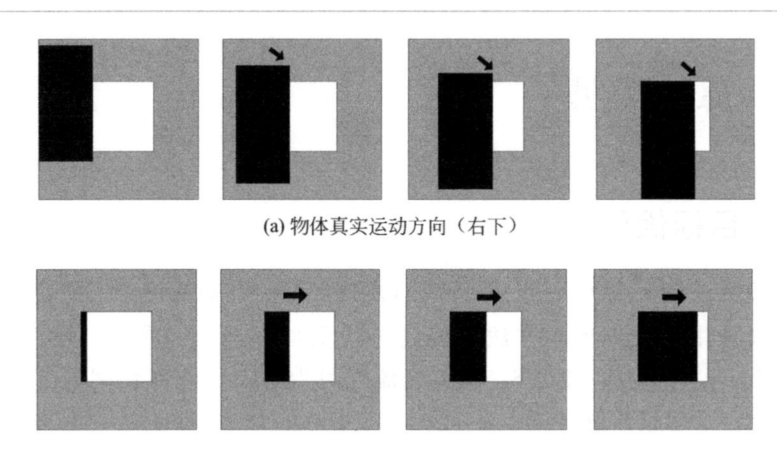

(a) 物体真实运动方向（右下）

(b) 观测到的运动方向（右）

图 9-6 孔径问题

9.3.2 模型构建

实际情况下，上一节的约束条件不能被严格满足，存在一定误差。光照不变假设、空间平滑假设带来的偏差 E_c、E_s 分别为

$$E_c(u,v)=\int |I(\boldsymbol{p}+\boldsymbol{w})-I(\boldsymbol{p})|^2 \mathrm{d}\boldsymbol{p} \tag{9-9}$$

$$E_s(u,v)=\int (|\nabla u|^2+|\nabla v|^2)\mathrm{d}\boldsymbol{p} \tag{9-10}$$

联立式(9-9) 和式(9-10)，构造能量函数 $E=E_c+E_s$，作为估算光流的模型：

$$E(u,v)=\int\left[\psi(|I(\boldsymbol{p}+\boldsymbol{w})-I(\boldsymbol{p})|^2)+\alpha\phi(|\nabla u|^2+|\nabla v|^2)\right]\mathrm{d}\boldsymbol{p} \tag{9-11}$$

式中，$\psi(|I(\boldsymbol{p}+\boldsymbol{w})-I(\boldsymbol{p})|^2)$、$\phi(|\nabla u|^2+|\nabla v|^2)$分别是数据项和平滑项，表示相邻两帧的像素差异和平滑假设误差；$\psi(\cdot)$、$\phi(\cdot)$ 为作用在其上的惩罚函数，由于离群值的存在不利于平滑连续性，使用鲁棒函数 $\psi(x)=\sqrt{x^2+\varepsilon^2}$，$\phi(x)=\sqrt{x^2+\varepsilon^2}$ ($\varepsilon=0.001$) 来抑制其带来的影响；α 是平滑因子，起到协调权重的作用，若图像噪声较多，破坏了光照不变假设，像素点的对应不准确，就需要更多地从平滑假设方面入手，增大 α 值来抵消干扰，反之，图像纯净，取 α 值偏小。

当能量函数最小时，对应的 u、v 为全局最优光流，最大程度上反映了相邻帧变化，求最小值的本质是一个目标优化问题。

9.4 算法实现

9.4.1 目标优化

由于能量函数连续非凸，经典 HS 算法求解会陷入局部极小，为确保得到最优解，本文采用 Liu 提出的方法，通过迭代重加权最小二乘法（Iterative Reweighted Least Squares，IRLS）估算光流。因为是在相邻两帧间计算光流，此时的 t 可以作为常量被忽略掉，$\boldsymbol{p}=(x,y)$，$\boldsymbol{w}=(u,v)$，能量函数形式如下：

$$E(\mathrm{d}u,\mathrm{d}v)=\int\Big[\psi(|I(\boldsymbol{p}+\boldsymbol{w}+\mathrm{d}\boldsymbol{w})-I(\boldsymbol{p})|^2)+\alpha\phi(|\nabla(u+\mathrm{d}u)|^2+|\nabla(v+\mathrm{d}v)|^2)\Big]\mathrm{d}\boldsymbol{p} \tag{9-12}$$

式中，$\mathrm{d}\boldsymbol{w}=(\mathrm{d}u,\mathrm{d}v)$为光流场增量。迭代运算需要对上式离散化表示，令 $I_z(\boldsymbol{p})=I(\boldsymbol{p}+\boldsymbol{w})-I(\boldsymbol{p})$，$I_x(\boldsymbol{p})=\dfrac{\partial I(\boldsymbol{p}+\boldsymbol{w})}{\partial x}$，$I_y(\boldsymbol{p})=\dfrac{\partial I(\boldsymbol{p}+\boldsymbol{w})}{\partial y}$，有

$$I(\boldsymbol{p}+\boldsymbol{w}+\mathrm{d}\boldsymbol{w})-I(\boldsymbol{p})\approx I_z(\boldsymbol{p})+I_x(\boldsymbol{p})\mathrm{d}u(\boldsymbol{p})+I_y(\boldsymbol{p})\mathrm{d}v(\boldsymbol{p}) \tag{9-13}$$

对 u、v、$\mathrm{d}u$、$\mathrm{d}v$ 矢量化，有 $\boldsymbol{U}$、$\boldsymbol{V}$、$\mathrm{d}\boldsymbol{U}$、$\mathrm{d}\boldsymbol{V}$；用对角矩阵表示$\boldsymbol{I}_x$、$\boldsymbol{I}_y$，$\boldsymbol{I}_x=\mathrm{diag}(I_x)$、$\boldsymbol{I}_y=\mathrm{diag}(I_y)$，$I_x$、$I_y$ 位于$\boldsymbol{I}_x$、$\boldsymbol{I}_y$ 的对角线上；$\boldsymbol{D}_x$、$\boldsymbol{D}_y$ 分别为x、y 方向的偏导滤波，$\boldsymbol{D}_x\boldsymbol{U}=u\times[0\quad -1\quad 1]$，保证了轮廓边界的平滑性；引入列向量 $\boldsymbol{\delta}_P$，$\boldsymbol{\delta}_p I_z=I_z(\boldsymbol{p})$、$\boldsymbol{\delta}_p I_x=I_x(\boldsymbol{p})$，$\boldsymbol{\delta}_P$ 在除了 $\boldsymbol{p}$ 的其他位置的值均为零。式(9-12) 离散化表示为

$$\begin{aligned}E(\mathrm{d}\boldsymbol{U},\mathrm{d}\boldsymbol{V})=\sum_p\Big[&\psi((\boldsymbol{\delta}_p^{\mathrm{T}}(I_z+\boldsymbol{I}_x\mathrm{d}\boldsymbol{U}+\boldsymbol{I}_y\mathrm{d}\boldsymbol{V}))^2)+\\&\alpha\phi((\boldsymbol{\delta}_p^{\mathrm{T}}\boldsymbol{D}_x(\boldsymbol{U}+\mathrm{d}\boldsymbol{U}))^2+(\boldsymbol{\delta}_p^{\mathrm{T}}\boldsymbol{D}_y(\boldsymbol{U}+\mathrm{d}\boldsymbol{U}))^2+\\&(\boldsymbol{\delta}_p^{\mathrm{T}}\boldsymbol{D}_x(\boldsymbol{V}+\mathrm{d}\boldsymbol{V}))^2+(\boldsymbol{\delta}_p^{\mathrm{T}}\boldsymbol{D}_y(\boldsymbol{V}+\mathrm{d}\boldsymbol{V}))^2\Big]\end{aligned} \tag{9-14}$$

当能量误差最小时，$\left[\dfrac{\partial E}{\partial \mathrm{d}\boldsymbol{U}};\dfrac{\partial E}{\partial \mathrm{d}\boldsymbol{V}}\right]=0$，转化为计算 $\mathrm{d}\boldsymbol{U}$、$\mathrm{d}\boldsymbol{V}$，得到光流 u、v 和光流场 $\boldsymbol{w}=(u,v)$。引入符号 f_P、g_P，令 $f_P=(\boldsymbol{\delta}_p^{\mathrm{T}}(I_z+\boldsymbol{I}_x\mathrm{d}\boldsymbol{U}+\boldsymbol{I}_y\mathrm{d}\boldsymbol{V}))^2$，$g_P=(\boldsymbol{\delta}_p^{\mathrm{T}}\boldsymbol{D}_x(\boldsymbol{U}+\mathrm{d}\boldsymbol{U}))^2+(\boldsymbol{\delta}_p^{\mathrm{T}}\boldsymbol{D}_y(\boldsymbol{U}+\mathrm{d}\boldsymbol{U}))^2+(\boldsymbol{\delta}_p^{\mathrm{T}}\boldsymbol{D}_x(\boldsymbol{V}+\mathrm{d}\boldsymbol{V}))^2+(\boldsymbol{\delta}_p^{\mathrm{T}}\boldsymbol{D}_y(\boldsymbol{V}+\mathrm{d}\boldsymbol{V}))^2$。

将式(9-14) 简写为

$$E=\sum_p(\psi(f_P)+\alpha\phi(g_P)) \tag{9-15}$$

求导：

$$\frac{\partial E}{\partial \mathrm{d}\boldsymbol{U}}=\sum_{P}\left[\psi'(f_P)\frac{\partial f_P}{\partial \mathrm{d}\boldsymbol{U}}+\alpha\phi'(g_P)\frac{\partial g_P}{\partial \mathrm{d}\boldsymbol{V}}\right] \tag{9-16}$$

已知$\frac{\mathrm{d}}{\mathrm{d}x}\boldsymbol{x}^{\mathrm{T}}\boldsymbol{A}\boldsymbol{x}=2\boldsymbol{A}\boldsymbol{x}$，$\frac{\mathrm{d}}{\mathrm{d}x}\boldsymbol{x}^{\mathrm{T}}\boldsymbol{b}=\boldsymbol{b}$，$\boldsymbol{x}$、$\boldsymbol{b}$ 是向量，$\boldsymbol{A}$ 是矩阵。上式转化为

$$\begin{aligned}\frac{\partial E}{\partial \mathrm{d}\boldsymbol{U}}=&2\sum_{P}[\psi'(f_P)(\boldsymbol{I}_x\boldsymbol{\delta}_P\boldsymbol{\delta}_P^{\mathrm{T}}\boldsymbol{I}_x\mathrm{d}\boldsymbol{U}+\boldsymbol{I}_x\boldsymbol{\delta}_P\boldsymbol{\delta}_P^{\mathrm{T}}(I_z+\boldsymbol{I}_y\mathrm{d}\boldsymbol{V}))+\\&\alpha\phi'(g_P)(\boldsymbol{D}_x^{\mathrm{T}}\boldsymbol{\delta}_P\boldsymbol{\delta}_P^{\mathrm{T}}\boldsymbol{D}_x+\boldsymbol{D}_y^{\mathrm{T}}\boldsymbol{\delta}_P\boldsymbol{\delta}_P^{\mathrm{T}}\boldsymbol{D}_y)(\mathrm{d}\boldsymbol{U}+\boldsymbol{U})]\end{aligned} \tag{9-17}$$

$\sum_{p}\boldsymbol{\delta}_P\boldsymbol{\delta}_P^{\mathrm{T}}$ 元素为1，由于$\boldsymbol{I}_x$、$\boldsymbol{I}_y$ 是对角矩阵，令向量 $\boldsymbol{\psi}'=[\psi'(f_P)]$、$\boldsymbol{\phi}'=[\phi'(g_P)]$，对角化 $\boldsymbol{\Psi}'=\mathrm{diag}(\boldsymbol{\psi}')$、$\boldsymbol{\Phi}'=\mathrm{diag}(\boldsymbol{\phi}')$。

从更普遍的意义上定义拉普拉斯滤波形式为 $\boldsymbol{L}=\boldsymbol{D}_x^{\mathrm{T}}\boldsymbol{\Phi}'\boldsymbol{D}_x+\boldsymbol{D}_y^{\mathrm{T}}\boldsymbol{\Phi}'\boldsymbol{D}_y$，式(9-17) 进一步转化为

$$\frac{\partial E}{\partial \mathrm{d}\boldsymbol{U}}=2[(\boldsymbol{\Psi}'\boldsymbol{I}_x^2+\alpha\boldsymbol{L})\mathrm{d}\boldsymbol{U}+\boldsymbol{\Psi}'\boldsymbol{I}_x\boldsymbol{I}_y\mathrm{d}\boldsymbol{V}+\boldsymbol{\Psi}'\boldsymbol{I}_xI_z+\alpha\boldsymbol{L}\boldsymbol{U}] \tag{9-18}$$

同理可得：

$$\frac{\partial E}{\partial \mathrm{d}\boldsymbol{V}}=2[\boldsymbol{\Psi}'\boldsymbol{I}_x\boldsymbol{I}_y\mathrm{d}\boldsymbol{U}+(\boldsymbol{\Psi}'\boldsymbol{I}_y^2+\alpha\boldsymbol{L})\mathrm{d}\boldsymbol{V}+\boldsymbol{\Psi}'\boldsymbol{I}_yI_z+\alpha\boldsymbol{L}\boldsymbol{V}] \tag{9-19}$$

求解$\left[\frac{\partial E}{\partial \mathrm{d}\boldsymbol{U}};\ \frac{\partial E}{\partial \mathrm{d}\boldsymbol{V}}\right]=0$，计算 d$\boldsymbol{U}$、d$\boldsymbol{V}$，光流计算流程如图 9-7 所示。

迭代过程的文字表述如下。

① 初始化 $\boldsymbol{U}=0$，$\boldsymbol{V}=0$，$\mathrm{d}\boldsymbol{U}=0$，$\mathrm{d}\boldsymbol{V}=0$。

② 根据当前 d$\boldsymbol{U}$、d$\boldsymbol{V}$ 计算权重 $\boldsymbol{\Psi}'$、$\boldsymbol{\Phi}'$。

③ 求解方程

$$\begin{bmatrix}\boldsymbol{\Psi}'\boldsymbol{I}_x^2+\alpha\boldsymbol{L} & \boldsymbol{\Psi}'\boldsymbol{I}_x\boldsymbol{I}_y\\ \boldsymbol{\Psi}'\boldsymbol{I}_x\boldsymbol{I}_y & \boldsymbol{\Psi}'\boldsymbol{I}_y^2+\alpha\boldsymbol{L}\end{bmatrix}\begin{bmatrix}\mathrm{d}\boldsymbol{U}\\ \mathrm{d}\boldsymbol{V}\end{bmatrix}=-\begin{bmatrix}\boldsymbol{\Psi}'\boldsymbol{I}_xI_z+\alpha\boldsymbol{L}\boldsymbol{U}\\ \boldsymbol{\Psi}'\boldsymbol{I}_yI_z+\alpha\boldsymbol{L}\boldsymbol{V}\end{bmatrix}$$

更新 d$\boldsymbol{U}$、d$\boldsymbol{V}$。

④ 将 d$\boldsymbol{U}$、d$\boldsymbol{V}$ 累加到 $\boldsymbol{U}$、$\boldsymbol{V}$ 上，$\boldsymbol{U}=\boldsymbol{U}+\mathrm{d}\boldsymbol{U}$，$\boldsymbol{V}=\boldsymbol{V}+\mathrm{d}\boldsymbol{V}$。

⑤ 若 d$\boldsymbol{U}$、d$\boldsymbol{V}$ 趋近于 0，判定为收敛，迭代终止，输出 $\boldsymbol{U}$、$\boldsymbol{V}$；否则，转向步骤②。

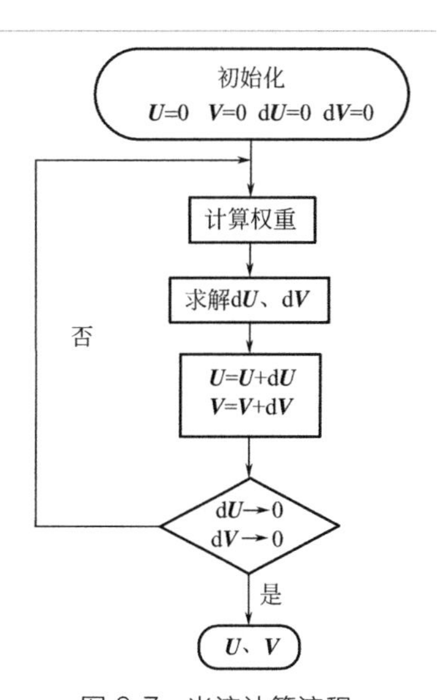

图 9-7 光流计算流程

通过上述步骤得到 $\boldsymbol{U}$、$\boldsymbol{V}$，去矢量化后，是全局最优光流 u、v。

9.4.2 多分辨率策略

上一节，为了保证光流跟踪的准确性，采用基于梯度的全局光流算法，使用IRLS在相邻两帧图像间计算光流，算法成立需要满足光照不变和空间平滑的基本假设，要求灰度值是连续变化的，像素点之间的运动量小，无大跃变。微表情识别时，我们当然希望图像的分辨率越高越好，像素点数多且质量好，对完整有效地描述细节十分有利，但是在精细图像中，前后帧目标的运动速度往往大于1个像素间距，破坏了平滑连续性，由此带来大位移问题，会影响到计算精度。

为保证高分辨率图像中光流计算的准确性，采取多分辨率策略，使用高斯金字塔将相邻两帧图像划分为多个层次，如图9-8所示。

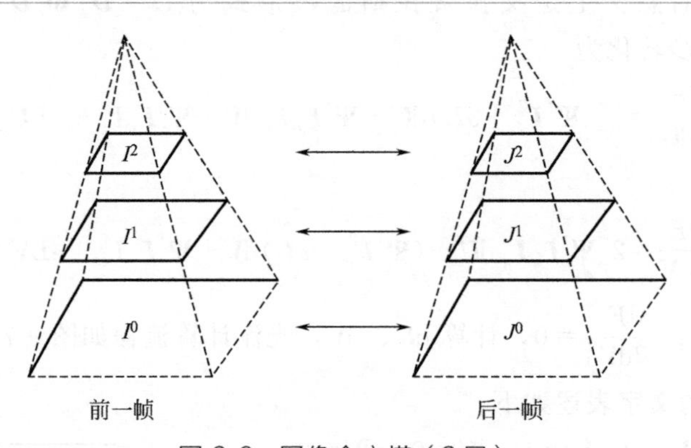

图9-8 图像金字塔（3层）

I^i、J^j 是前后帧的某层图像，$i=0,1,\cdots,N-1$，$j=0,1,\cdots,N-1$，共分 N 层。I^0、J^0 是原图像，处于金字塔底层，分辨率最高，像素点密集，由底层图像开始，通过降采样依次得到分辨率更低的上层图像，直至最顶层 I^{N-1}、J^{N-1}，顶层图像尺度最小，像素点少。计算光流按照从高层向低层、由粗糙到精细的顺序逐层进行，可以有效解决大位移问题。

理论上来看，层数划分越细，像素位移量越小，光流计算越精确，但是迭代运算存在误差，过多的分层会导致层间误差传递量加大，反而影响到准确性，此外，层数选取还要结合所选的图像分辨率大小进行权衡，因此，分层数并非越多越好。

（1）采样技术

高斯金字塔对下层图像降采样，得到上层图像各点的像素值，利用采样后的值组成分辨率较低的新图像，同理，通过逐层升采样可以逆向还原出原始图像。

通过查阅资料发现，大多数学者在构造金字塔时，采取隔行隔列取点的方法来得到各层图像，这种方法实现起来非常简单，却容易丢失像素信息，数值不连续，因此，考虑利用双线性插值进行降采样。

已知第 i 层图像，$i+1$ 层图像中像素坐标（x',y'）除以采样率，对应第 i 层的像素坐标为（x,y），则像素值 $I(x',y')=I(x,y)$。但是，（x,y）通常为非整数坐标点，i 层中没有像素与其对应，对于这种情况，找到距离（x,y）最近的四个像素点（x_1,y_1）、（x_1,y_2）、（x_2,y_1）、（x_2,y_2），利用邻域点首先在 x 方向进行线性插值：

$$I(x,y_1)\approx\frac{x_2-x}{x_2-x_1}I(x_1,y_1)+\frac{x-x_1}{x_2-x_1}I(x_2,y_1) \tag{9-20}$$

$$I(x,y_2)\approx\frac{x_2-x}{x_2-x_1}I(x_1,y_2)+\frac{x-x_1}{x_2-x_1}I(x_2,y_2) \tag{9-21}$$

再对 y 方向做相似处理：

$$I(x,y)\approx\frac{y_2-y}{y_2-y_1}I(x,y_1)+\frac{y-y_1}{y_2-y_1}I(x,y_2) \tag{9-22}$$

此时，$I(x',y')=I(x,y)$，描述如图 9-9 所示。

因为是线性的，插值方向的次序对采样结果不会造成影响。金字塔层数由下采样率和顶层图像分辨率确定，本节使用 0.75 的下采样率，金字塔结构数为 8。

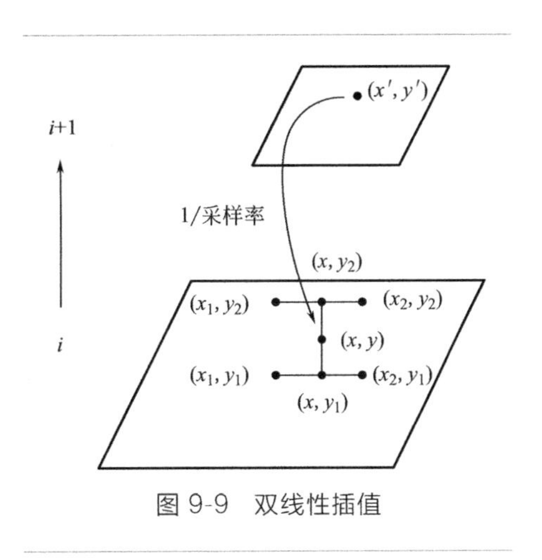

图 9-9 双线性插值

(2) 层间光流传递

降采样得到相邻两帧的各层图像后，按照与构建金字塔过程相反的顺序，从顶层图像依次向下，在各层使用 IRLS 计算光流，对于 $i+1$ 层得到的光流 u^{i+1}、v^{i+1}，升采样后向下累加到 i 层前帧图像中，迭代估算该层光流 u^i、v^i，以此类推，直到底层。

更进一步表述，N 层间光流传递过程如下。

① 使用 IRLS 计算顶层光流 u^{N-1}、v^{N-1}。

② 对第 i 层：

a. 插值计算 $i+1$ 层光流，并除以降采样率，得到更新后的 u^{i+1}、v^{i+1}；

b. 将 u^{i+1}、v^{i+1} 叠加到 i 层前帧图像；

c. 使用 IRLS 计算光流 u^i、v^i；

d. 获得该层光流：$u^i = u^{i+1} + u^i$、$v^i = v^{i+1} + v^i$。

③ 重复步骤②，直到底层光流 u^0、v^0。

光流 u^0、v^0 为采取多分辨率策略获得的全局最优光流，因为高层图像像素点少，计算量相对小，按照由顶至底、从粗糙到精细的顺序进行层间传递也能够减少迭代次数，加快运行速度。

9.4.3 特征统计

微表情动作强度很低，人眼甚至都觉察不到相对变化，导致相邻帧间的光流十分微弱，为了克服这一不利因素，叠加各相邻帧光流，依次累计运动信息，得到相隔多帧的光流，可以更明显地体现微表情发生时带来的任何细微改变。

将前面获得的相邻帧光流叠加，反映相隔 10 帧（图 9-10）的运动信息。全局光流场如图 9-11 所示。

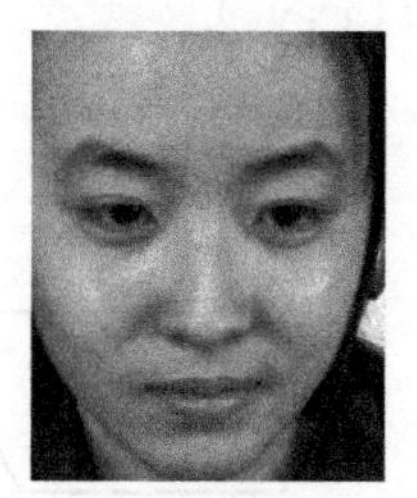

(a) 第1帧

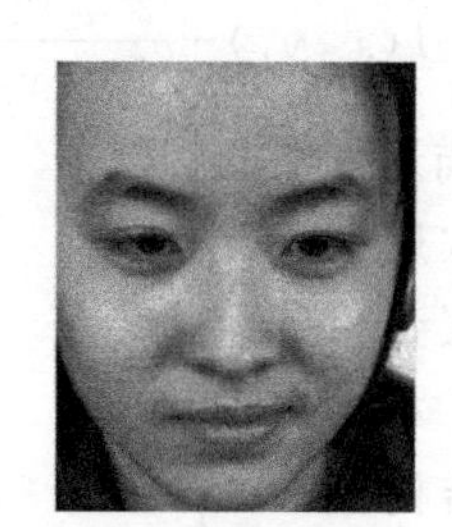

(b) 第10帧

图 9-10 相隔 10 帧图像

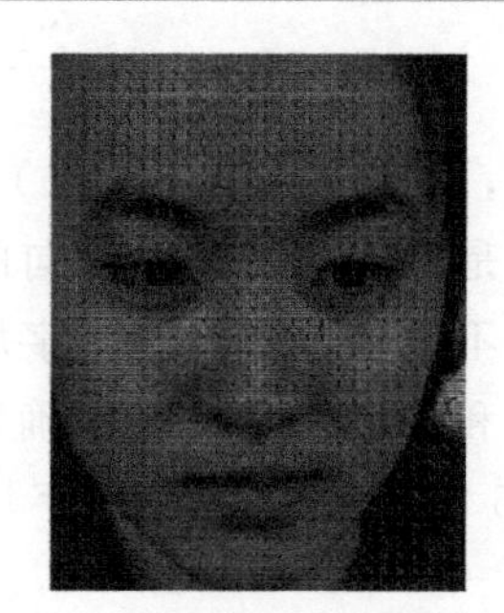

图 9-11 全局光流场（电子版）

图 9-11 中箭头代表光流，箭头方向为光流的流动方向，体现微表情发生时两帧间像素级别的运动信息，观察发现，左嘴角处光流变化明显，反映出该区域向上的运动趋势。在 CASMEⅡ中，已知该视频情感标记为高兴，该状态下人会不由自主地产生微笑，伴有嘴角的上扬动作，这与图 9-10 中两幅图像间变化相符，表明光流可以很好地追踪到面部关键区域的改变。

更直观地，使用色彩分布来体现 10 帧图像间的运动信息，如图 9-12 所示，对应的颜色指示模板如图 9-13 所示。

模板内的白色代表没有光流产生，意味着无变化；彩色分布位置对应运动趋势（方向）；色彩饱和度反映运动幅值，高亮处动作明显。依据指示模板，不难判断出嘴角处产生了向上运动，脸部其他区域基本无变化，验证了光流计算的准确性，也体现出微表情发生时人脸整体恒定、局部细微改变的特点，表明本节采用叠加多帧光流的办法来强化运动信息是合理有效的。由光流分布也可以看出，采用相邻帧计算和多帧运动传递的方法，得到的是稠密光流场，人脸其他大多数区域的变化情况也能够呈现，较好地兼顾了局部和整体。

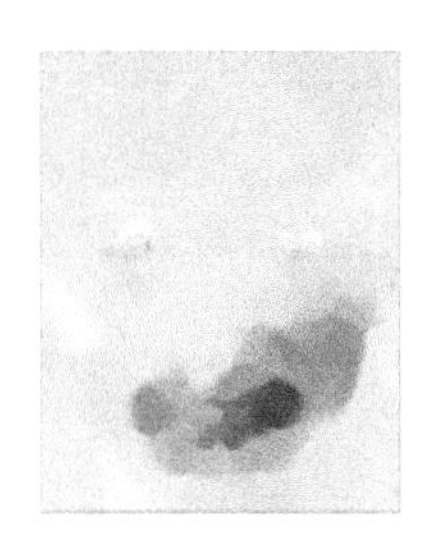

图 9-12　光流颜色图（电子版）　　图 9-13　颜色指示模板（电子版）

为便于分类识别，需要将光流转化成相应的特征，根据生理学知识，我们知道，人脸肌肉动作趋势可总结为水平、垂直、斜向、静止 4 类情况，由于像素速度是矢量，具有大小和方向，可以通过对运动方向投票来归纳信息，如图 9-14 所示。

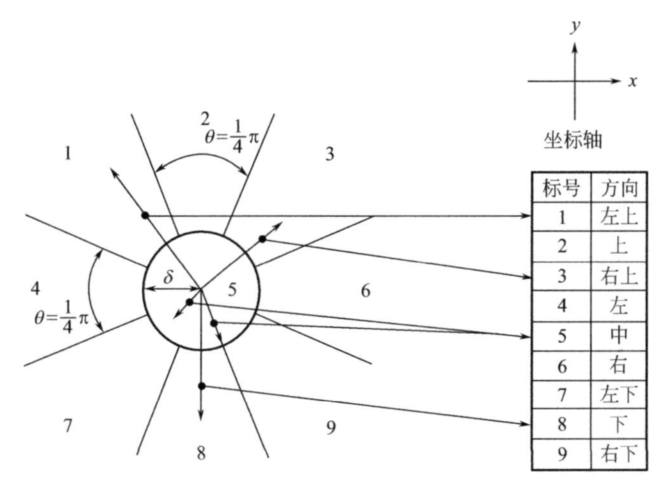

图 9-14　光流运动投票

图 9-14 中，以二维坐标平面原点为中心点，成辐射状将空间等分成 8 个区间，区域间夹角 $\theta=\frac{1}{4}\pi$，并设定阈值 δ，δ 代表像素间隔。以原点为圆心，δ 为半径画圆，则圆内区域和圆外 8 个区间将平面分为 9 部分。若光流强度小于 δ，即矢量落在圆内，认为其过于微弱，没有引起人脸动作，像素点无运动或运动信息不充分，归纳入标号 5 的方向“中”；对于圆周上和圆外的矢量，依据其所在

区间编号确定运动方向。正是利用这种方法，将强度不同、方向各异的各处光流归纳为 9 种运动情况，避免了信息的庞杂无序，确保了特征的有效性，便于后续分类识别。

考虑到所选用的序列图像分辨率较高，并且微表情强度微弱，为保证信息的有效性，这里设定 $\delta=1$。

利用 9 种运动情况统计直方图，将运动信息转化为特征。公式表示为

$$H(k)=\sum_{i=1}^{M}\sum_{j=1}^{N}f(T(i,j),k) \tag{9-23}$$

$$f(x,y)=\begin{cases}1, & x=y\\0, & x\neq y\end{cases} \tag{9-24}$$

式中，$k\in[1,9]$，对应 9 种运动情况；$T(i,j)$ 为投票后的运动方向；i、j 是像素点的行列坐标，像素个数 $M\times N$。对图 9-11 做上述处理，归一化后的直方图如图 9-15 所示。

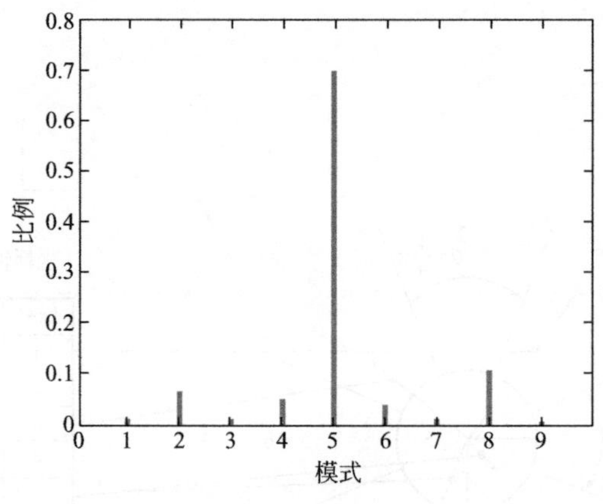

图 9-15 光流特征

横坐标标记对应运动模式（方向），依次代表左上、上、右上、左、中、右、左下、下、右下，特征维度为 9，纵坐标为相应比例。方向 5 所占比重远远高于其他方向，是微表情强度低导致了人脸大多数区域几乎不产生运动，只有个别部位会出现相对明显的变化，在分类时，真正需要关心的是能体现运动信息的其他 8 个方向。

这种方法能够提取到光流特征，但只能笼统地表述，对人脸重要部位的动作描述不够详细，特征维度过少。受 LBP-TOP 特征统计方法的启发，对算法加以改进，将光流图像分区，如图 9-16 所示，在子区域内投票运动方向，可以细致地体现关键区域的变化。

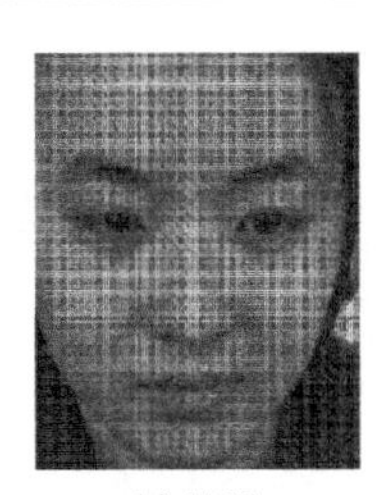
(a) 1×1

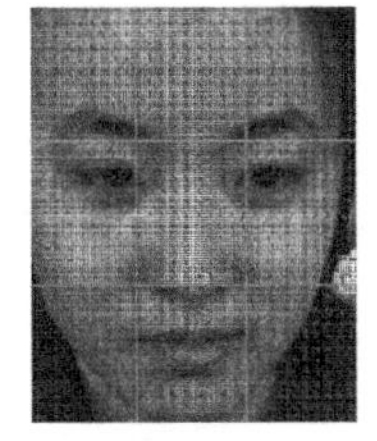
(b) 3×3

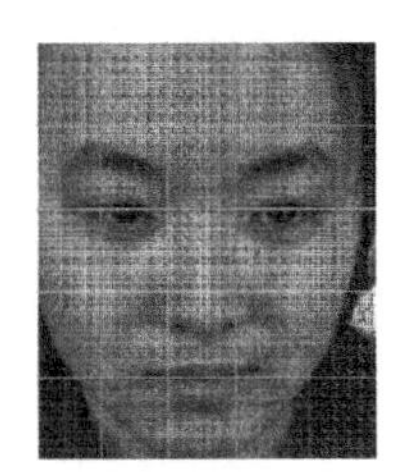
(c) 5×5

图 9-16 光流图像分区（电子版）

改进光流特征统计过程表述如下。

① 将光流图像分为 $M \times N$，M、N 为横、纵分区数，局部内投票运动方向。

② 统计各区直方图。对于第 b 个分区，$b \in M \times N$，参照式(9-23)、式(9-24)，有

$$H_b(k) = \sum_{i=1}^{M} \sum_{j=1}^{N} f(T_b(i,j),k) \tag{9-25}$$

$$f(x,y) = \begin{cases} 1, & x = y \\ 0, & x \neq y \end{cases} \tag{9-26}$$

式中，$T_b(i,j)$是光流投票后的运动方向，$\boldsymbol{H}_b = \{H_b(1),\cdots,H_b(k),\cdots,H_b(9)\}$。

③ 级联各直方图，整体向量 $\boldsymbol{H} = \{\boldsymbol{H}_1,\cdots,\boldsymbol{H}_b,\cdots,\boldsymbol{H}_{M\times N}\}$ 为光流特征。

提取图 9-16(c) 的光流特征，在 5×5 分区下，鼻子部位和整体光流特征分别如图 9-17、图 9-18 所示。

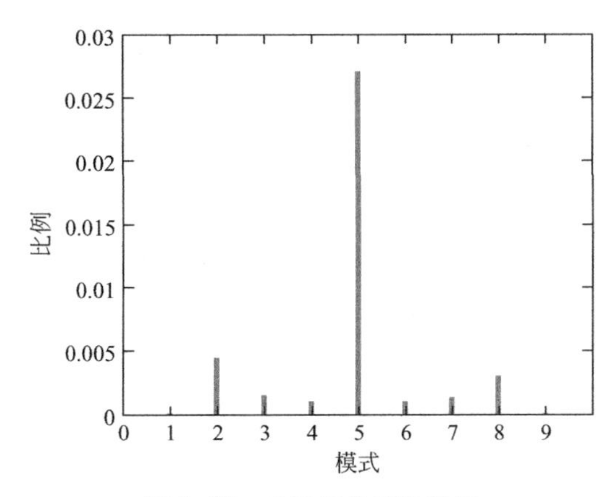

图 9-17 鼻子部位光流特征

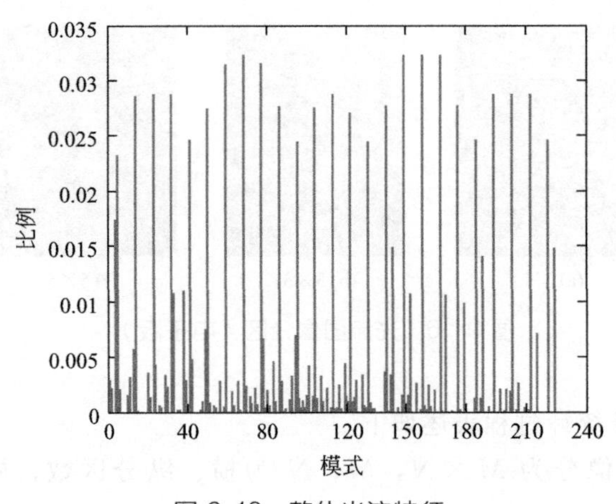

图 9-18 整体光流特征

采用 5×5 的分区后，特征维度从 9 增加到 225，更加细致地描述运动情况，较为完整地体现人脸的细微变化。若分区数为 $M\times N$，整体特征维度为 $M\times N\times 9$。

9.5 光流与 LBP-TOP 特征结合

保证光流计算准确性的前提是严格满足两个基本假设，这决定了特征提取的好坏，会对识别结果产生直接影响。但即使是在实验环境下，也无法完全消除光照带来的亮度变化的影响，最终导致计算出现偏差，运动信息跟踪不准。而 LBP-TOP 算子性能受到领域半径、点数的制约，改进潜力有限，因此考虑将光流特征和 LBP-TOP 特征相结合，作为一种新型特征，进一步提高识别准确率。

对同一组序列图像，分别计算 LBP-TOP 值和全局光流，并统计直方图 $\boldsymbol{H}^{\mathrm{LBP-TOP}}=\{\boldsymbol{H}_1^{\mathrm{LBP-TOP}},\cdots,\boldsymbol{H}_b^{\mathrm{LBP-TOP}},\cdots,\boldsymbol{H}_{M\times N}^{\mathrm{LBP-TOP}}\}$、$\boldsymbol{H}^{\mathrm{OF}}=\{\boldsymbol{H}_1^{\mathrm{OF}},\cdots,\boldsymbol{H}_{b'}^{\mathrm{OF}},\cdots,\boldsymbol{H}_{M'\times N'}^{\mathrm{OF}}\}$，$M\times N$ 为序列图像分块数，$M'\times N'$ 为光流图像分区数，b 为某块，$b\in M\times N$，b' 为某区，$b'\in M'\times N'$，拼接直方图 $\boldsymbol{H}^{\mathrm{LBP-TOP+OF}}=\{\boldsymbol{H}^{\mathrm{LBP-TOP}},\boldsymbol{H}^{\mathrm{OF}}\}$，得到结合后的特征。

例如，处理图 8-14 的序列图像，设定 LBP-TOP 各平面领域半径为 3、点数为 8，序列未分块，特征如图 9-19 所示；光流阈值 $\delta=1$，光流图按 5×5 划分区间，特征如图 9-20 所示；结合上述两种特征，如图 9-21 所示。

结合后，特征维度为 $M\times N\times 3\times 59+M'\times N'\times 9$，其中前 $M\times N\times 3\times 59$ 维为 LBP-TOP 特征，后 $M'\times N'\times 9$ 维为光流特征，维度增加在可接受范围内，

并且保留了两种算法各自的信息，没有遗失，当划分数量过多时，同样会面临特征维度过高的问题，需要兼顾效率，灵活合理的设置，保证运行速度。对结合方法的性能评估，见下一章实验章节。

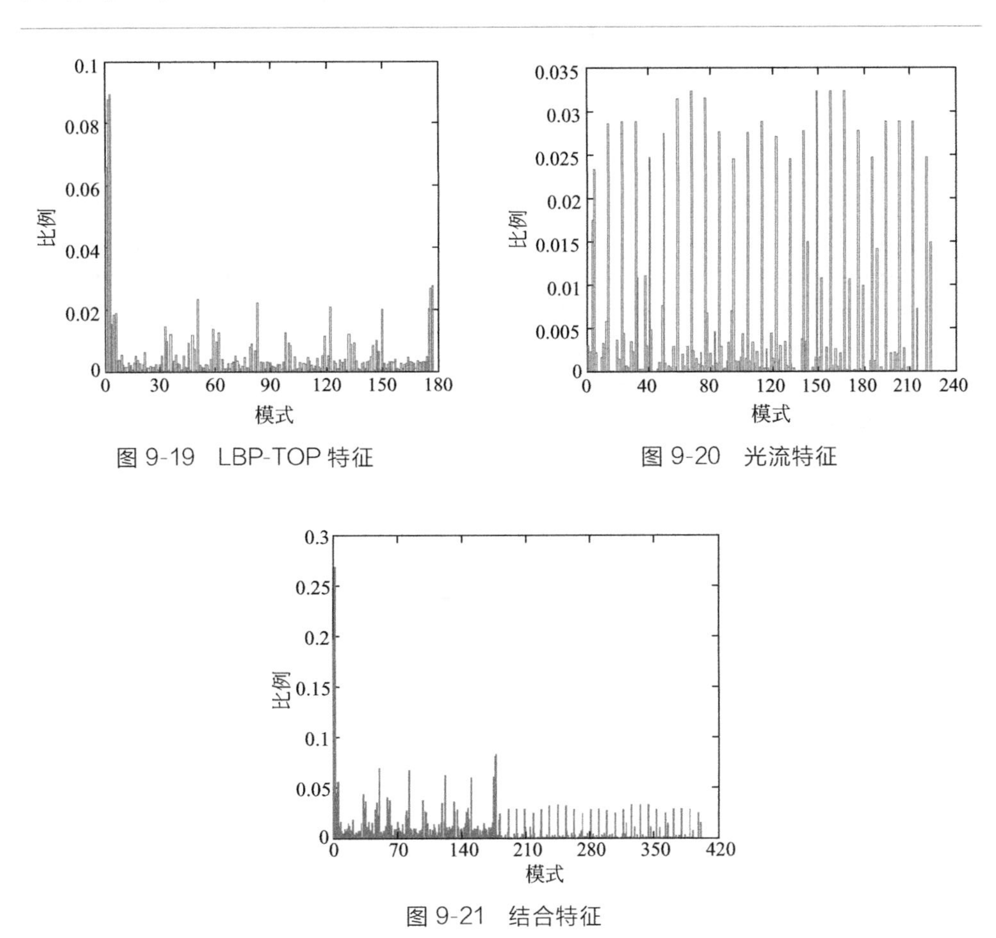

图 9-19 LBP-TOP 特征

图 9-20 光流特征

图 9-21 结合特征

参考文献

[1] Da-Wei T U, Jiang J L. Improved algorithm for motion image analysis based on optical flow and its application [J]. Optics & Precision Engineering, 2011, 19(5): 1159-1164.

[2] 白羽，马海斌. 质心识别及模糊判决方法在

室内监控系统的应用[J]. 计量与测试技术，2008，34(2)：13-14.

[3] Song X，Seneviratne L D，Althoefer K. A Kalman Filter-Integrated Optical Flow Method for Velocity Sensing of Mobile Robots[J]. Mechatronics IEEE/ASME Transactions on，2011，16(3)：551-563.

[4] 张佳威，支瑞峰. 光流算法比较分析研究[J]. 现代电子技术，2013，36(13)：39-42.

[5] Lucas B D，Kanade T. An Iterative Image Registration Technique with an Application to Stereo Vision[C]// Proceedings of the 7th International Joint Conference on Artificial Intelligence，1981. Vancouver，Canada，1981，81：674-679.

[6] Horn B K P，Schunck B G. Determining optical flow[J]. Artificial Intelligence，1981，17(81)：185-203.

[7] Purwar R K，Prakash N，Rajpal N. A block matching criterion for interframe coding of video[C]//International Conference on Audio，Language and Image Processing，2008. Shanghai，China：IEEE，2008：133-137.

[8] Brox T，Bruhn A，Papenberg N，et al. High Accuracy Optical Flow Estimation Based on a Theory for Warping[C]// Computer Vision-ECCV，2004. Prague，Czech Republic，2004：25-36.

[9] Yuan L，Li J Z，Li D D. Discontinuity-preserving optical flow algorithm [J]. Journal of Systems Engineering and Electronics，2007，18(2)：347-354.

[10] Liu C. Beyond pixels：exploring new representations and applications for motion analysis[D]. Cambridge，MA，USA：Massachusetts Institute of Technology，2009.

[11] Bruhn A，Weickert J，Schnorr C. Lucas/Kanade meets Horn/Schunck：combining local and global optic flow methods[J]. International Journal of Computer Vision，2005，61(3)：211-231.

[12] Chen C，Liang J，Zhao H，et al. Frame difference energy image for gait recognition with incomplete silhouettes[J]. Pattern Recognition Letters，2009，30(11)：977-984.

[13] Hao C，Qiu X，Wang Z，et al. Shape matching in pose reconstruction using shape context[C]// 12th International Multi-Media Modelling Conference，2006. Beijing，China：IEEE，2006：8-11.

[14] Fanti C，Zelnik-Manor L，Perona P. Hybrid models for human motion recognition[C]// IEEE Computer Society Conference on Computer Vision and Pattern Recognition，2005. Los Alamitos，USA：IEEE，2005，1：1166-1173.

[15] Sun C，Sang N，Zhang T，et al. Image Bilinear Interpolation Enlargement and Calculation Analysis[J]. Computer Engineering，2005，31(9)：167-168.

[16] 杨叶梅. 基于改进光流法的运动目标检测[J]. 计算机与数字工程，2011，39(9)：108-110.

[17] 张轩阁，田彦涛，郭艳君，等. 基于光流与LBP-TOP特征结合的微表情识别[J]. 吉林大学学报：信息科学版，2015，33(5)：516-523.

第10章

人脸微表情分类器设计及实验分析

10.1 概述

本章分类器的用途是识别前一章提取到的微表情特征，算法的选择与分类结果有密切关联，不仅需要保证识别精度，还要求时间成本在可接受范围内，并且具有较好的普适性，能够推广应用。基于上述考虑，本章分别采用支持向量机和随机森林算法构造分类器。

10.2 支持向量机

支持向量机（SVM）是 Cortes 和 Vapnik 在统计理论的基础上首先提出的，主要思想是利用优化目标函数获得的最优超平面实现样本区分。与传统机器学习方法相比，该系统可以较好地完成训练过程，学习导向性更强，有章可循，避免了过度依赖经验和人工技巧，减小了人为因素带来的偏差。

10.2.1 分类原理

空间中分布着两类样本，以二维的情况为例，分别用黑白两种颜色的点来表示，如图 10-1 所示，在求解分类问题时，我们希望找到一个界限，如图 10-2 中的曲线，将空间拆分为两个部分，两类样本被完全隔离。

类似于图 10-2 体现的思想，SVM 使用分类面对样本属性进行区分，分类面实质上就是决策边界，称为超平面。但是在样本空间中，可能存在很多种划分方法，平面并不唯一，图 10-3 显示了能够实现样本区分的不同超平面情形。这些平面虽然都能准确区分已知样本，对未知样本的预测结果却存在很大差别，泛化能力有高低之分。SVM 算法就是寻找最优超平面，来最大化分类间隔，间隔越大，误差上界越小，系统的泛化指标就越好。

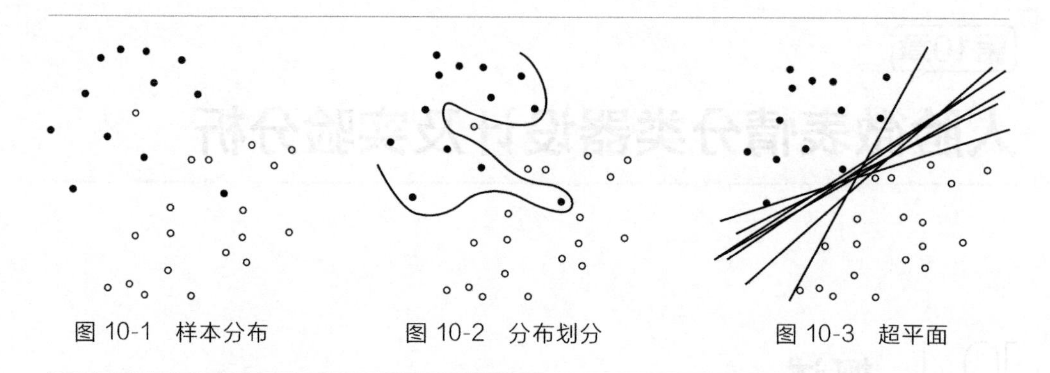

图 10-1 样本分布　　图 10-2 分布划分　　图 10-3 超平面

SVM 最早是为解决二分类问题提出的，为清楚阐述原理，仍然以二分类问题为切入点。样本的特征点集 $\{(\boldsymbol{x}_1,y_1),(\boldsymbol{x}_2,y_2),\cdots,(\boldsymbol{x}_n,y_n)\}$，$\boldsymbol{x}_i$ 为向量，$\boldsymbol{x}_i \in R^2$，y_i 是分类标记，$y_i \in \{-1,1\}$，1 和 −1 代表样本类别。

超平面（分类线）方程：

$$w\boldsymbol{x}+b=0 \tag{10-1}$$

样本点与分类线的间距方程：

$$\delta_i=y_i(w\boldsymbol{x}_i+b) \tag{10-2}$$

其中，$i=1,\cdots,n$。支持向量是离超平面最近的那些点，距离为 $1/\|w\|$，分类间隔 $2/\|w\|$，如图 10-4 所示。

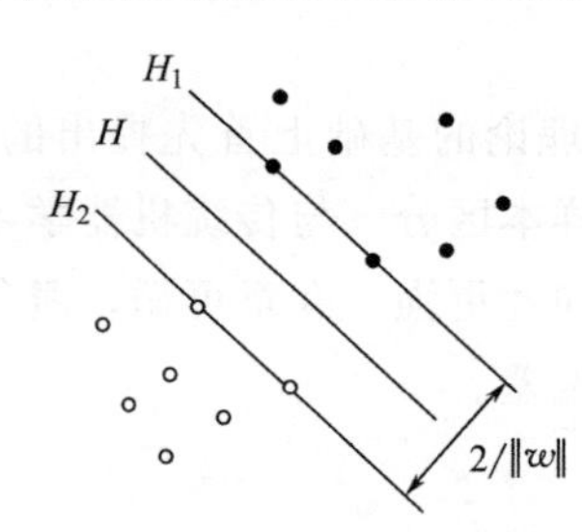

图 10-4 分类间隔示意图

平面 H 划分两类样本，H_1、H_2 平行于 H 且穿过最近样本点，H_1、H_2 间距离为分类间隔。要确定最优超平面，引入约束条件：

$$y_i(w\boldsymbol{x}_i+b)\geqslant 1 \tag{10-3}$$

在该条件下，$2/\|w\|$ 最大时的超平面为最优，等价于求解 $\|w\|$ 最小，为了后续推导方便，寻找对应于 $\frac{1}{2}\|w\|^2$ 最小的最优超平面。

10.2.2 样本空间

（1）线性可分

图 10-4 为线性可分情况，在上一节理论基础上，将问题表述为如下形式：

$$\min \frac{1}{2}\|w\|^2 \tag{10-4}$$

$$y_i(w\boldsymbol{x}_i+b)\geqslant 1 \tag{10-5}$$

式中，$i=1,\cdots,n$。目标函数为自变量 w 的二次函数，附加线性约束条件，这是一个带约束的优化问题。引入拉格朗日函数：

$$L=\frac{1}{2}\|w\|^2-\sum_{i=1}^{n}\alpha_i y_i(w\boldsymbol{x}_i+b)+\sum_{i=1}^{n}\alpha_i \tag{10-6}$$

式中，α_i 是系数。对式子中的变量 w、b 求导：

$$\frac{\partial L}{\partial w}=w-\sum_{i=1}^{n}\alpha_i y_i \boldsymbol{x}_i=0 \tag{10-7}$$

$$\frac{\partial L}{\partial b}=-\sum_{i=1}^{n}\alpha_i y_i=0 \tag{10-8}$$

将 $w=\sum_{i=1}^{n}\alpha_i y_i \boldsymbol{x}_i$ 和 $\sum_{i=1}^{n}\alpha_i y_i=0$ 代入到式(10-6）中，简化为

$$L=\sum_{i=1}^{n}\alpha_i-\frac{1}{2}\sum_{i,j=1}^{n}\alpha_i\alpha_j y_i y_j(\boldsymbol{x}_i\cdot\boldsymbol{x}_j) \tag{10-9}$$

式中，α_i 为函数唯一变量，由 α_i 可计算出 w 和 b。问题变成计算函数的极大值：

$$\max W(\alpha)=\sum_{i=1}^{n}\alpha_i-\frac{1}{2}\sum_{i,j=1}^{n}\alpha_i\alpha_j y_i y_j(\boldsymbol{x}_i\cdot\boldsymbol{x}_j) \tag{10-10}$$

$$y_i(w\boldsymbol{x}_i+b)\geqslant 1 \tag{10-11}$$

$$\sum_{i=1}^{n}\alpha_i y_i=0 \tag{10-12}$$

式中，$\alpha_i\geqslant 0, i=1,\cdots,n$。根据 Karush-Kuhn-Tucker（KKT）条件，二次规划（Quadratic Programming，QP）的解满足：

$$\alpha_i\{y_i(w\boldsymbol{x}_i+b)-1\}=0 \tag{10-13}$$

式中，$i=1,\cdots,n$。在上式中，只有少数样本对应的 $\alpha_i\neq 0$，是真正需要的样本点，落在图 10-4 中 H_1、H_2 上，其作为支持向量，可以唯一确定分类决策函数，从而获得最优超平面。求解得到分类决策函数：

$$f(x)=\mathrm{sign}\left(\sum_{i=1}^{n}\alpha_i^{*} y_i(\boldsymbol{x}_i,\boldsymbol{x})+b^{*}\right) \tag{10-14}$$

对于新输入的样本，只需将其与训练好的模型内各支持向量做内积即可判断分类，不用再求 w 和 b，计算得到了极大简化，对于维度较高的问题也能很好地应对，图 10-5 中的两类样本被分类函数进行了很好的区分。

(2) 非线性可分

引入拉格朗日函数，得到了线性可分时最优超平面的求解方法，但是在绝大多数情况下，现实问题中的样本分布往往不具有规律性，不能满足线性条件。对于此类问题，需要变换样本空间，从低维映射到高维，使得问题再次变为线性可分，图 10-6 体现了这一思想。

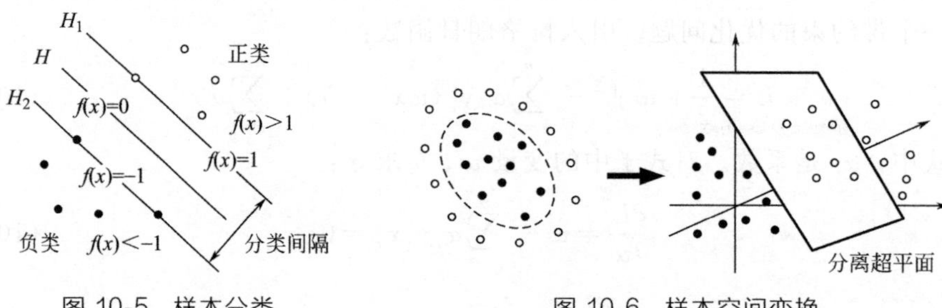

图 10-5 样本分类　　　　图 10-6 样本空间变换

这一思想在具体实现中遇到了很大困难，首先是样本空间的多样性导致映射函数难以确定，其次是海量的内积运算带来大量冗余。幸运的是 SVM 的核函数 $K(\boldsymbol{x}_i,\boldsymbol{x}_j)$ 可以替代内积运算，降低了计算的复杂性，躲开“维度灾难”。公式(10-14) 改写为

$$f(x)=\text{sign}\left(\sum_{i=1}^{n}\alpha_i^* y_i K(\boldsymbol{x}_i,\boldsymbol{x})+b^*\right) \tag{10-15}$$

归纳核函数形式，主要有以下四种：

① 线性核函数：$K(\boldsymbol{x},\boldsymbol{y})=\boldsymbol{x}^{\mathrm{T}}\boldsymbol{y}$

② 多项式（Polynomial）核函数：$K(\boldsymbol{x}_i,\boldsymbol{x}_j)=(\gamma\boldsymbol{x}_i^{\mathrm{T}}\boldsymbol{x}_j+r)^d$

③ 径向基（RBF）核函数：$K(\boldsymbol{x}_i,\boldsymbol{x}_j)=\exp(-\gamma\|\boldsymbol{x}_i-\boldsymbol{x}_j\|^2)$

④ 感知网络（Sigmoid）核函数：$K(\boldsymbol{x}_i,\boldsymbol{x}_j)=\tanh(\gamma\boldsymbol{x}_i^{\mathrm{T}}\boldsymbol{x}_j+r)$

选择不同形式的核函数会生成有差异的分类器，也将带来不一样的分类效果，因此，根据实际恰当地选用核函数显得非常必要。由于径向基核函数能较好地体现数据分布特点，实现无穷维度的空间映射，在先验知识不足时，优先考虑使用径向基核函数，本章实验部分用数据验证这一论断。

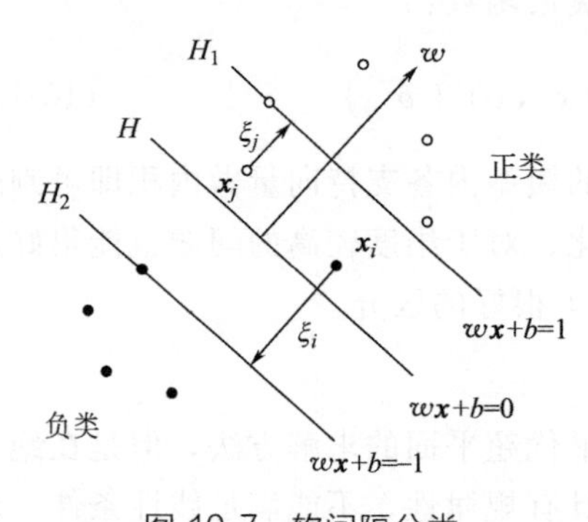

图 10-7 软间隔分类

更进一步讨论，样本空间中存在一些离群点，这些点被理解为噪声，在 $y_i(w\boldsymbol{x}_i+b)\geqslant 1$ 的限制下，结果会出现误差，使用松弛变量 $\boldsymbol{\xi}$ 放宽限制，构造软间隔 SVM，如图 10-7 所示。

此时的优化问题表述为

$$\min\frac{1}{2}\|w\|^2+C\sum_{i=1}^{n}\xi_i \tag{10-16}$$

$$y_i\left[w\phi(\boldsymbol{x}_i)+b\right]\geqslant 1-\xi_i \tag{10-17}$$

式中，$\xi_i\geqslant 0;i=1,\cdots,n$；若映射函数 $\phi(x)=x$，为线性情况；C 是一个给定值，称作惩罚因子，衡量离群点的权重。C 如果过大，样本错分的概率固然降低，误差控制得很好，但分类间隔相应变小，产生“过学习”，模型不具备足够的泛化能力；C 过小，样本分类的准确性又难以保证。因此，需要寻优确定合适的 C 值，在准确性和泛化能力间取得平衡。

对下面的式子求极大值：

$$\max W(\boldsymbol{\alpha})=\sum_{i=1}^{n}\alpha_i-\frac{1}{2}\sum_{i,j=1}^{n}\alpha_i\alpha_j y_i y_j(\phi(\boldsymbol{x}_i)\cdot\phi(\boldsymbol{x}_j)) \tag{10-18}$$

$$y_i\left[w\phi(\boldsymbol{x}_i)+b\right]\geqslant 1-\xi_i \tag{10-19}$$

$$\sum_{i=1}^{n}\alpha_i y_i=0 \tag{10-20}$$

式中，$0\leqslant\alpha_i\leqslant C$；$\xi_i\geqslant 0$；$i=1,\cdots,n$。由于 $K(\boldsymbol{x}_i,\boldsymbol{x}_j)=(\phi(\boldsymbol{x}_i)\cdot\phi(\boldsymbol{x}_j))$，分类决策函数的形式仍然为

$$f(x)=\operatorname{sign}\left(\sum_{i=1}^{n}\alpha_i^{*}y_i K(\boldsymbol{x}_i,\boldsymbol{x})+b^{*}\right) \tag{10-21}$$

10.2.3 模型参数优化

如前所述，在模式识别中，SVM 的设计初衷是要求解二分类问题，针对本章涉及的多分类问题（5 分类），需要将其进行扩充，构造多分类模型。目前，有组合法和分解法。

组合法又叫直接法，一次性寻找到多个超平面求解问题，原理上看似简单，计算过程中涉及到很多变量，中间环节比较复杂。分解法将问题拆分成若干个二分类的子问题，在两类间确定平面，形成多个二分类模型，再组合全部的子模型用于多分类。分解法有“一对多”和“一对一”两种实现手段，前一种生成的子模型数量较少，但是泛化能力偏弱，对某些区域无法划分，如图 10-8 中区域（A,B,C,D），后一种精度较高，仅存在空白区域 D（图 10-9），泛化能力强。本文采用“一对一”的策略，对于 5 种微表情，子模型数量为 $C_5^2=10$。

SVM 中的两个参数对分类结果至关重要，分别是核函数参数和惩罚因子 C，它们之间相互关联，当选定了某种形式的核函数后，需要统筹衡量，选取最优的一组参数，从而保证模型的精准度和推广能力。

确定参数的方法大致可分为经验法、实验法、理论法三种。经验法主要依赖人的先验知识和实践总结，每次输入一组参数值训练生成模型，比对若干次输入后的结果，这种人工的方法通常需要成百上千次的反复试凑，效率十分低下。理

论法是近年来 SVM 领域新涌现的一种方法，基于 VC 维理论来调节参数，涉及到很多原理知识，可作为独立的课题展开，在此没有深入研究。参数选择其实是一个寻优的过程，这里采用实验的方法，通过交叉验证和网格搜索技术获得最优参数。

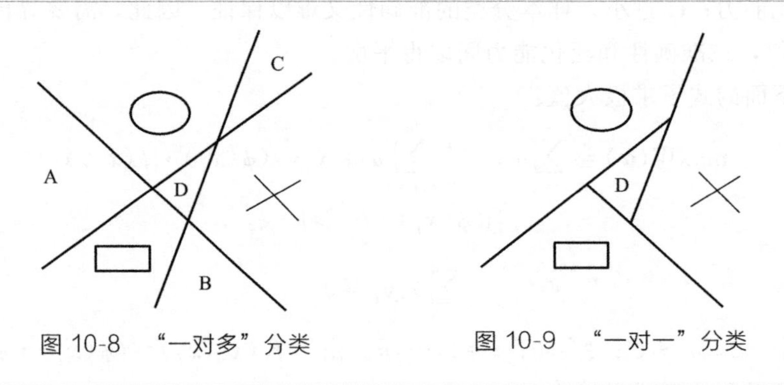

图 10-8 “一对多”分类　　图 10-9 “一对一”分类

（1）K 折交叉验证

交叉验证用于验证分类模型的准确性和推广能力，将具有 n 个样本点的样本集分为 K 个相同大小、互不重合的子集 $\{S_1, S_2, \cdots, S_K\}$，每次利用 $(K-1)$ 个子集做训练，余者用于稍后的测试，验证推广能力。一共生成了 K 个多分类模型，每个子集都有一次成为测试集的机会，第 i 次迭代中被误判的样本数为 n_i，那么总的错误样本点数就是 $\sum_{i=1}^{K} n_i$，用 $\frac{1}{n}\sum_{i=1}^{K} n_i$ 估计 K 折交叉验证的误差。

（2）网格搜索

受穷举法思想的启发，建立二维取值空间，把空间按网格状进行等间隔划分，网格点的间距为步长，按此步长遍历搜索，选择最优的核函数参数和惩罚因子 C，利用各组取值训练分类模型，保留交叉验证准确率最高的那组参数。该方法避免了手动调试的麻烦，便于机器自动寻优，但过大的区间和过于精细的网格会产生较多次的计算，时间成本急剧增加，因此，合理设置区间范围和网格间隔是关键的决策。

10.3 随机森林

随机森林（Random Forest，RF）是一种有监督的机器学习方法，由统计方面的权威专家 Leo Breiman 在 2001 年给出表述，其内部集成的若干个分类器是基于 Bagging 和特征子空间两种随机化思想生成的，每个分类器为一棵决策树。不同于支持向量机，随机森林可直接实现多分类目标，近年来凭借强大的功能，被普遍投入到分类和回归模式的运用中。

比较其他的相关算法，随机森林的优点可总结如下。

① 基于随机化的思想，不易出现过拟合，分类模型泛化能力强。

② 采用组合学习的方法，能有效抵抗噪声，抗干扰能力强。

③ 可以应对高维数据的复杂情况，预测准确率高，适应性更好。

④ 涉及参数少，并且能够并行化处理，算法执行效率高。

10.3.1 集成学习

决策树是构成随机森林的基础分类器，组合多个单模型生成随机森林，这是集成学习理论的体现，初衷是提高整个系统的分类精度，并保证泛化能力，因为单个模型的识别准确率低，随机偏差大，集成学习利用模型间的差异性，集合若干个弱分类器，可以生成强分类器。这好比在会议中，每个基分类器是一位与会的专家，各人的思想是独立的，立场不一致，大家围绕一个问题各抒己见，给出不同建议，然后大会汇总多方意见，采取类似于举手表决的方式，确定可信结论，形成最终方案。系统结构如图 10-10 所示。

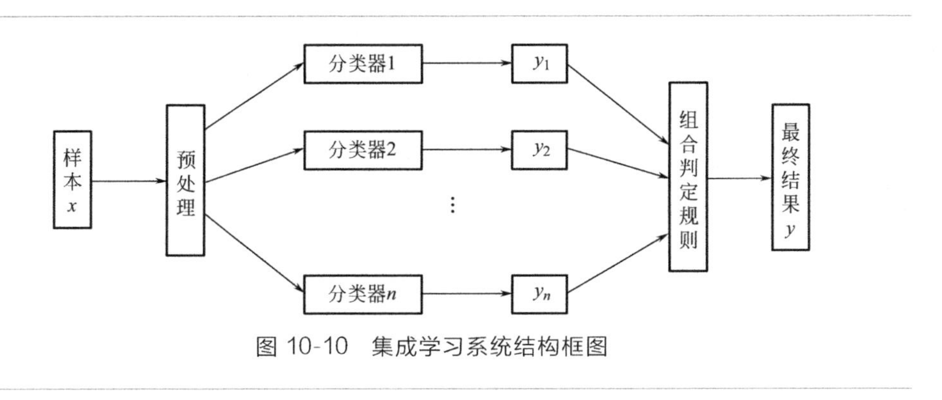

图 10-10 集成学习系统结构框图

对于输入的测试样本 x，各分类器 i 对应分类结果 $y_i, i=1,2,\cdots,n$，将 $y_1, y_2, \cdots, y_n$ 按规则进行判定，得到最终结果，作为集成学习系统的输出。

10.3.2 决策树

随机森林由内部的多棵决策树组合而成，从逻辑的角度看，决策树是采用树形图来求解问题，包含节点和单向路径。节点分为根节点、中间节点和叶子节点，前两类也称为决策节点。最上层节点为根节点，依据某种规则，递归向下分裂为若干个子节点，将样本空间分成两个或更多部分，重复这一分裂过程，直至叶子节点，除根和叶外的其他节点统称为中间节点，连接根节点和叶子节点的有向边，称为路径，各路径对应了具体的分裂规则。各层的节点是由上层节点分裂得到的，下层节点中的样本为上层节点样本集的子集，同一层节点内样本不重复。若节点中全部样本同属一类或不符合判定规则，则将该节点作为终点，即叶子节点，不再继续分裂，当所有分支的末端节点均为叶子节点时，训练终止。

树中路径有向，内部不存在循环分支，并且根节点上每次的输入，有且只有一个叶子节点为终点，输出唯一，如图 10-11 所示。

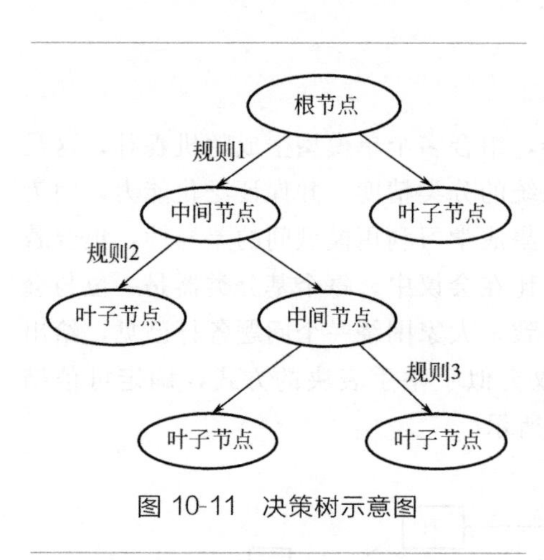

图 10-11　决策树示意图

模型构建过程是从树的根节点开始的，各层非叶子节点都需要向下分裂，通常根据节点中的样本特征属性来引导分裂。20 世纪 60 年代，Hunt 等提出了 CLS 算法，系统程序从全部属性中随机指定一个作为节点分裂的决策属性，各节点均是如此，直至末端。这种原始的决策树生成法则存在很大的局限性，因为决策特征属性的选取是完全随机的，不同的分裂策略会产生不同的树，如果被盲目指定的属性不适用于区分样本，会降低模型精度。为了最大限度地保证模型的分类性能，避免无差别选取的盲目性，需要从大量属性中选择最合适的一个属性作为节点的分割依据，在这一属性下，样本空间按类别进行区分的程度最好。

相关学者针对早期算法的不足，提出了不同的理论，判定属性是否适合作为分割依据的方法，归纳起来有两类，每类又分为若干种具体的算法，见表 10-1。

表 10-1　决策树节点分割依据

种类	度量方式	相关算法
1	信息增益(Information Gain)	ID3 C4.5
2	基尼指数(Gini Index)	CART SPRINT SLIQ

采取 CART 算法，根节点和中间节点向下递归分裂，产生左右两个树枝，将样本空间一分为二，训练结束后，生成的是二叉树。节点分裂的依据是基尼指数最小，计算量要小于信息增益法，生成模型的分类效果更好。

若节点中样本集 S 由 m 个类别的样本组成，有

$$Gini(S)=1-\sum_{i=1}^{m}P_i^2 \tag{10-22}$$

式中，$i=1,2,\cdots,m$；$P_i=\frac{s_i}{S}$，$S=\{s_1,s_2,\cdots,s_m\}$。节点依据某一属性向下二分裂时，样本空间被分为 S_1 和 S_2 两部分，基尼指数为

$$Gini_{\text{split}}(S)=\frac{S_1}{S}Gini(S_1)+\frac{S_2}{S}Gini(S_2) \tag{10-23}$$

利用该公式计算每一个属性的基尼指数，在各节点中，以最小的属性为依据，进行节点分裂，非叶子节点均采取相同的策略，直至生成一棵树。

部分文献提到了剪枝，即通过在树的生成中施加一定的权重来改变树枝走向，理论上可以优化树的结构，减少过拟合。我们在此没有进行人工干预，树是无修剪的，这是出于降低算法复杂性和避免人为主观因素造成树生长不充分进而出现过度倾斜的考虑。

分类模型是从海量的、杂乱无章的数据中整理出来的，表现为倒立有向树状结构，整理过程中建立了一系列分类规则。预测时，将测试样本输入到根节点中，利用已有规则引导其到达叶子节点，此终点的标记为待测样本的所属类别，训练和测试的整个过程是在进行数据挖掘。优势体现为两点，一是可以直观描述样本空间的分布情况，辅助人工决策；二是算法运行效率高，模型生成后，可以进行多次预测，无需变动。但由于模型单一，精度往往难以保证，并且容易受到噪声影响，会出现过拟合。

10.3.3 组合分类模型

为了保留决策树分类器的优点并弥补单个模型的不足，采取集成学习的办法，将多棵树组合起来形成森林，用组合模型提高对未知样本的预测能力。随机森林分类效果远好于单棵决策树的关键在于子模型间的差异性，差异性越大，树间关联越小，能更好地抑制噪声，不容易出现过拟合。子模型间的差异性是通过随机抽取训练样本集和随机选择特征子集两种随机化办法实现的，这是随机森林算法的精髓所在。

10.3.3.1 随机抽取样本集

随机森林每一棵树的构建过程不会受到其他树的干扰，相互无影响，我们使用有差别的训练集来保证多样性，通过 Bootstrap 重抽样技术实现。Bootstrap 是一种有放回的自助抽样法，源于统计学基础，细分为 Bagging 和 Boosting 两种算法。数据集 D 包含 N 个样本，$D=\{d_1,d_2,\cdots,d_N\}$，若生成 M 棵树，对于树

$T_j, j=1,2,\cdots,M$，Bagging 法每次在 D 内无指导地选定 1 个样本 $d_i, i=1,2,\cdots,N$，共进行 N 次，得到一个与原样本集元素个数相同的新集合 D_j，作为决策树的训练集，这个新集合是原样本集的子集，$D_j \subseteq D$，用此法从原集合中分别创建 M 个子集 $D_1, D_2, \cdots, D_M$，利用这些子集独立生成各决策树，组合成随机森林模型，一系列过程如图 10-12 所示。原始集合中大约有 37% 的样本不会出现在每个子集中，当 M 足够大时，各集合间差异明显，保证了树的多样性，这里采用 Bagging 法，与 Boosting 相比，可以并行处理多棵树，算法实现效率高。

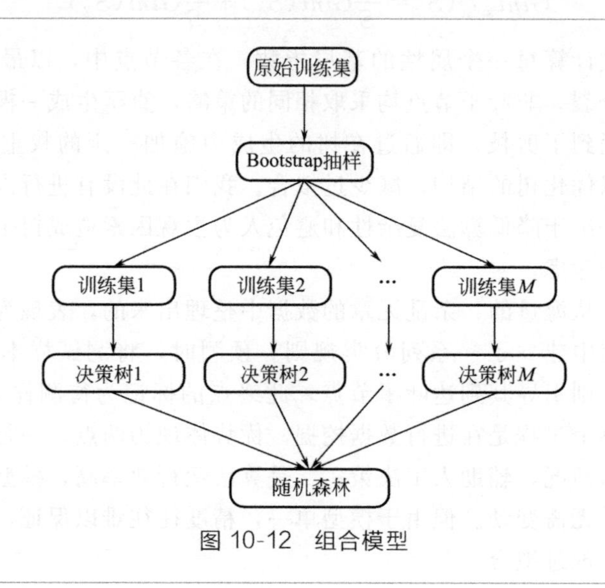

图 10-12　组合模型

10.3.3.2 随机选择特征子空间

对各个节点启动分裂时，并非将全部属性纳入考虑范围，而是采取无放回这种方式从中任意抽取一部分，构成特征子空间，在该子集中进行比较，选择最适合作节点分割的变量。引入这种随机化思想，是为了减少树之间的相关性，增加子模型间差异，组合起来实现互补，改善随机森林分类器的整体性能。同时，当森林中树的数目较多时，选取部分属性而不是全部属性能够减少计算量，加快模型的生成速度，节省时间。如果样本中特征属性数为 G，每次无放回地抽取 F 个待比较的属性，同一森林中 F 值固定不变，一般取 $F=\log_2 G+1$。

测试阶段，用投票的方法判断系统输出，将测试样本输入到各决策树中，每棵树对应一个判别结果，汇总所有结果，票数最多的那一类为最终确定的样本类别。投票法可以很好地抵消噪声带来的误差，防止过拟合，集成学习使得随机森林的分类精度比单棵决策树有明显的提高，能够适应更高维度的特征。

总结随机森林分类模型的训练和测试两个阶段，算法描述如下。

（1）j 为当前决策树 ID，j 由 1 递增至 M（随机森林中决策树数量）。

① Bagging 法对训练集 D 无差别取样，得到子集 D_j。

② 用 D_j 迭代下述过程构建一棵决策树 T_j（图 10-13）。

a. 在 G 维特征内任意无放回标定 F 个属性。

b. 根据基尼指数判断准则，选择将样本区分度最大化的特征。

c. 对所在节点进行分裂，向下变成两个子节点。

（2）重复步骤（1），直至 M 棵树全部生成，输出组合决策树作为随机森林模型$\{T_j\}_1^M$。

（3）对测试样本 x 做预测，令 $\hat{C}_j(x)$ 为第 j 棵树的预测结果，则分类器的预测结果为 $\hat{C}_{RF}^M(x)$ ＝majority votes $\{\hat{C}_j(x)\}_1^M$（图 10-14）。

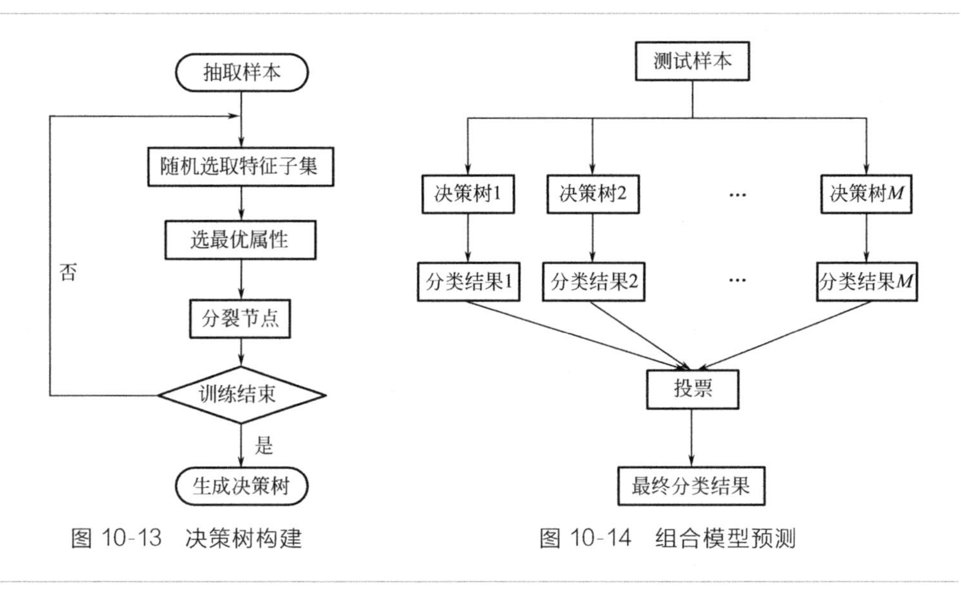

图 10-13 决策树构建　　图 10-14 组合模型预测

模型仅涉及到决策树数量 M 和特征子集中属性数目 F 这两个参数，算法便于调试，结构简单，实现性好。

10.4 评价准则

前面章节实现了特征提取和分类器设计两个关键的环节，衡量最终识别效果的好坏需要一定的判定标准，不同准则下的考虑角度各有侧重，但结论大致相近。当前，在微表情识别乃至宏观表情识别领域，最主流普遍的一种验证手段是识别精度，与其他方法如方差分析等相比，这种评价体系直观且便于理解，更具合理性。本节以识别精度作为评价准则，采用混淆矩阵可视化反映识别效果，评估算法性能。

结合 5 分类问题，形式见表 10-2，n_{ij} 为矩阵元素，下角标 i、j 对应行列位置，构成 5×5 的矩阵，样本类别标记 1-5，行、列分别对应真实类和预测类，行数据显示该种样本被预测成列内所记录类别的数量，列数据是预测成行中各类的样本数，总数目为元素加和 $\sum_{i,j=1}^{5} n_{ij}$。以第一行为例，样本集第 1 类样本数为 $\sum_{j=1}^{5} n_{1j}$，正确判定的数目为 n_{11}，误分成 2-5 类的数目为 n_{12}、n_{13}、n_{14}、n_{15}，其他各行同理。若用概率 P_{ij} 替代样本数 n_{ij} 作为矩阵元素，有表 10-3，主对角线上元素 P_{ii} 为第 i 类样本被准确判断的概率，非主对角线上元素 P_{ij} $(i \neq j)$ 为误判率，表示第 i 类样本被误判为第 j 类的概率。

表 10-2 预测结果示例

分类	1	2	3	4	5
1	n_{11}	n_{12}	n_{13}	n_{14}	n_{15}
2	n_{21}	n_{22}	n_{23}	n_{24}	n_{25}
3	n_{31}	n_{32}	n_{33}	n_{34}	n_{35}
4	n_{41}	n_{42}	n_{43}	n_{44}	n_{45}
5	n_{51}	n_{52}	n_{53}	n_{54}	n_{55}

表 10-3 混淆矩阵

分类	1	2	3	4	5
1	P_{11}	P_{12}	P_{13}	P_{14}	P_{15}
2	P_{21}	P_{22}	P_{23}	P_{24}	P_{25}
3	P_{31}	P_{32}	P_{33}	P_{34}	P_{35}
4	P_{41}	P_{42}	P_{43}	P_{44}	P_{45}
5	P_{51}	P_{52}	P_{53}	P_{54}	P_{55}

由此可以得到权衡算法最终性能的两项关键指标：类间区分准确度和整体识别精度（以下简称识别精度）。

（1）类间区分准确度

该指标展示各类样本被正确识别或是误判的情形，体现类间区分效果，如第 1 类样本，模型准确预测的概率为 $P_{11}=\frac{n_{11}}{\sum_{j=1}^{5} n_{1j}}$，被误判为其他几类的概率为

$P_{12}=\frac{n_{12}}{\sum_{j=1}^{5} n_{1j}}$、$P_{13}=\frac{n_{13}}{\sum_{j=1}^{5} n_{1j}}$、$P_{14}=\frac{n_{14}}{\sum_{j=1}^{5} n_{1j}}$、$P_{15}=\frac{n_{15}}{\sum_{j=1}^{5} n_{1j}}$，$P_{11}+P_{12}+P_{13}+P_{14}+P_{15}=1$。

（2）识别精度

识别精度能够从宏观上反映整体识别效果，通过累加各类样本正确识别数目，除以总样本数得到，计算公式为 $P=\frac{\sum_{i=1}^{5} n_{ii}}{\sum_{i,j=1}^{5} n_{ij}}$。

10.5 实验对比验证

按前面展开顺序，分别采用两种分类模型（SVM、RF），依次识别提取到的时空局部纹理特征、多尺度时空局部纹理特征、光流特征、纹理特征和光流特征结合后的新型特征，以识别精度和类间区分准确度两项指标为评判标准，实验分析比对多组数据，验证算法性能。为简化文字叙述，将四种特征记为 LBP-TOP 特征、GDLBP-TOP 特征、OF 特征、LBP-TOP＋OF 特征。

数据库中保留的 5 类样本数量间存在差异，所占比重不同，采用机器学习算法生成分类模型，需要一定数量的训练样本，在样本分布不均的情况下，如果随意指定部分样本组成训练集，某些类别的样本可能被遗漏，模型不够完善，无法识别缺失类。为了保证训练的充分性和全面性，使样本分布更均匀，按照固定比重，等间隔从数据集中抽取若干样本作为训练集，余下的作预测用，这样，两个集合中均涵盖了 5 类样本，预测结果可信度高。

10.5.1 识别 LBP-TOP 特征

描述序列图像中微表情动态纹理时，使用了 LBP-TOP 算子，其中包含两种重要参数：平面半径 R_X、R_Y、R_T 和领域点数 P_{XY}、P_{XT}、P_{YT}，令各平面点数相同，$P=P_{XY}=P_{XT}=P_{YT}$，在不引起歧义的前提下，将 $\text{LBP-TOP}_{P_{XY},P_{XT},P_{YT},R_X,R_Y,R_T}$ 简写为 $R_XR_YR_T,P$。解决分类问题时，SVM 有三种形式的核函数可供选择，本节分别予以选用，LBP-TOP 特征识别精度见表 10-4～表 10-6。

表 10-4 LBP-TOP 特征识别精度（Rbf） 单位：%

$R_XR_YR_T,P$	图像分块						
	1×1	2×2	3×3	4×4	5×5	6×6	7×7
111,4	40.50	52.07	52.89	57.85	59.50	48.76	47.93
331,4	49.59	54.55	59.50	59.50	54.55	48.76	47.93
333,4	52.07	55.37	57.85	61.16	59.50	49.59	48.76
111,8	40.50	54.55	56.20	57.85	59.50	47.93	44.63
331,8	53.72	56.20	58.68	60.33	54.55	50.41	47.93
333,8	56.20	57.02	59.50	61.16	**62.81**	57.02	54.55
111,16	47.93	54.55	57.85	59.50	52.89	52.07	49.59
331,16	47.11	49.59	52.89	57.02	59.50	50.41	47.11
333,16	47.11	52.89	58.68	59.50	60.33	54.55	53.72

表 10-5 LBP-TOP 特征识别精度（Polynomial） 单位：%

$R_XR_YR_T,P$	图像分块						
	1×1	2×2	3×3	4×4	5×5	6×6	7×7
111,4	40.50	40.50	40.50	40.50	40.50	48.76	49.59
331,4	40.50	40.50	40.50	42.15	51.24	51.24	47.93
333,4	40.50	40.50	40.50	42.15	**53.72**	51.24	48.76
111,8	40.50	40.50	40.50	40.50	40.50	40.50	40.50
331,8	40.50	40.50	40.50	40.50	40.50	40.50	40.50
333,8	40.50	40.50	40.50	40.50	40.50	40.50	40.50
111,16	40.50	40.50	40.50	40.50	40.50	40.50	40.50
331,16	40.50	40.50	40.50	40.50	40.50	40.50	40.50
333,16	40.50	40.50	40.50	40.50	40.50	40.50	40.50

表 10-6 LBP-TOP 特征识别精度（Sigmoid） 单位：%

$R_XR_YR_T,P$	图像分块						
	1×1	2×2	3×3	4×4	5×5	6×6	7×7
111,4	40.50	40.50	40.50	42.98	40.50	38.02	49.59
331,4	40.50	40.50	40.50	39.67	46.28	45.45	47.11
333,4	40.50	40.50	41.32	41.32	47.11	48.76	47.93
111,8	40.50	40.50	41.32	40.50	40.50	46.28	46.28
331,8	40.50	40.50	40.50	40.50	40.50	47.11	49.59
333,8	40.50	40.50	40.50	40.50	40.50	**50.41**	49.59
111,16	38.02	40.50	41.32	40.50	42.15	42.98	42.98
331,16	40.50	40.50	39.67	39.67	40.50	40.50	40.50
333,16	37.19	40.50	40.50	40.50	40.50	39.67	40.50

由表 10-4 可以明显看出，LBP-TOP 的半径、点数这两种参数共同作用于纹理描述的过程中，进而对识别结果产生直接影响。此外，随着图像分块数的增加，人

脸各部位表征的精细程度加深，特征更加有效，相应地，识别精度有所提高，在5×5的分块下达到峰值62.81%。但分块数并非越多越好，过多会导致特征维度增加，计算量加大，处理时间变得漫长，而且，片面刻意细化图像对改善分类效果并无裨益，需结合序列图像的特点，选取合适的半径、点数和分块数。

表10-5、表10-6也在一定程度上反映了半径、点数、分块数与识别结果存在对应关系，当SVM核函数采用多项式和感知网络形式时，识别率差强人意，大多数时候浮动于40%上下，这表明，在使用SVM处理多分类问题时，径向基核函数分类能力相对最强，在后续的验证环节，SVM均选用径向基核函数。

SVM利用相同样本在不同参数下生成的模型，分类能力有高有低，为了保证识别精度，需要确定一组最优参数，参数寻优的本质是求解优化问题。以往根据经验手动试凑，在每组参数下直接进行训练和测试，过程十分烦琐，耗费大量时间，并且往往找寻不到最优，而通过设定一定的区间，使用网格搜索自动遍历，交叉验证参数，比较省时省力，能取得较高的识别精度。在不同区间范围内寻优，分类效果见表10-7。

表10-7 Rbf参数对识别精度影响

遍历区间		步长	最优值		识别精度/%
$\log_2(\gamma)$	$\log_2(C)$		γ	C	
[−1,1]	[−1,1]	1	1	2	52.89
[−5,5]	[−5,5]		8	4	61.16
[−5,10]	[−5,10]		0.25	256	62.81
[−10,10]	[−10,10]		0.25	256	62.81

表10-7中，以1为步长进行搜索，会得到一组优化参数，随着遍历区间的扩大，我们发现，当$\gamma=0.25$、$C=256$时，识别精度最高，为62.81%，表明这组参数值为全局最优，即使扩大遍历范围，最终结果无变化，只会徒劳增加执行时间，同理，步长过于精细，也会带来同样的问题，通常设定步长为1，取对数从−10到10逐次搜索，交叉验证参数分布曲线如图10-15所示。

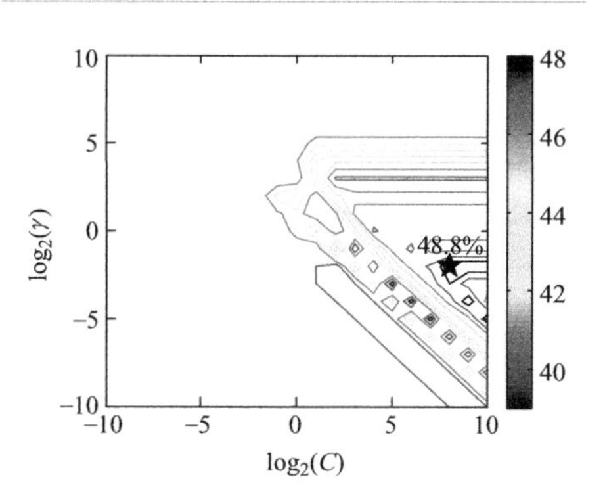

图10-15 参数优化（电子版）

图10-15中，不同颜色曲线代表了不同的数值，在相同颜色的曲线上，各组参数下的交叉验证准确率相同，参数优化分布呈现一定的规律，★处标注的48.8%为最高值，对应最优参数$\gamma=0.25$、$C=256$。

随机森林模型的 LBP-TOP 特征识别精度见表 10-8。

表 10-8 LBP-TOP 特征识别精度（RF） 单位：%

$R_XR_YR_T,P$	图像分块						
	1×1	2×2	3×3	4×4	5×5	6×6	7×7
111,4	56.20	57.02	59.50	60.33	61.98	60.33	59.50
331,4	59.50	60.33	61.16	61.98	62.81	61.16	60.33
333,4	55.37	59.67	61.07	61.16	61.98	60.58	59.67
111,8	57.85	59.26	60.33	60.99	61.98	61.16	60.33
331,8	60.33	61.16	61.98	62.81	63.64	62.81	60.25
333,8	57.03	59.51	62.15	62.98	**64.46**	62.81	61.98
111,16	57.02	57.85	59.50	61.16	61.98	62.81	59.50
331,16	57.85	61.16	61.98	62.81	63.64	61.98	61.16
333,16	57.68	58.68	60.33	61.16	62.89	61.07	60.06

表 10-8 中数据显示，在半径点数确定的前提下，适当增加分块数量，有助于提高识别精度，当 $R_X=R_Y=R_T=3$、$P=P_{XY}=P_{XT}=P_{YT}=8$，即 $R_XR_YR_T,P=333,8$ 时，特征识别精度较好，在 5×5 时达到峰值 64.46%，这是由我们的数据库时空分辨率高的特点决定的，后续算法涉及到 LBP-TOP 时，半径和点数取如上数值。

不同于支持向量机需要选定最优参数来保证模型的准确性，随机森林的生成过程无需参数，实现起来更加简便快捷。在生成各决策树时，我们从 G 维特征中随机抽取 F 个属性，$F=\sqrt{M}$，依据基尼准则分裂节点，M 为森林内树的个数。

10.5.2 识别 GDLBP-TOP 特征

采用高斯微分算子处理图像，在多个尺度下提取时空局部纹理特征，识别精度见表 10-9、表 10-10。

表 10-9 GDLBP-TOP 特征识别精度（SVM） 单位：%

σ	图像分块						
	1×1	2×2	3×3	4×4	5×5	6×6	7×7
1	47.93	57.02	59.50	58.68	56.20	63.64	61.16
2	54.55	58.68	57.85	57.85	60.33	66.12	**66.94**
3	53.72	59.50	57.85	62.81	60.33	58.68	66.12
4	49.59	61.16	61.98	62.81	63.64	63.64	60.33
5	47.11	60.33	61.98	60.33	62.81	61.98	62.81
6	52.89	55.37	61.16	60.33	61.16	60.33	66.12
7	45.45	52.07	58.68	60.33	66.12	62.81	64.46

表 10-10　GDLBP-TOP 特征识别精度（RF）　　单位：%

σ	图像分块						
	1×1	2×2	3×3	4×4	5×5	6×6	7×7
1	59.50	65.29	66.94	68.60	66.12	66.12	65.29
2	62.81	64.46	65.29	67.77	66.94	68.60	69.42
3	61.16	65.59	66.12	66.94	67.77	67.77	66.94
4	65.29	64.46	65.29	67.77	70.25	70.25	69.42
5	64.46	65.29	67.77	69.42	71.90	69.42	70.25
6	65.29	66.94	66.94	71.90	**72.73**	71.07	71.07
7	64.46	66.12	71.07	71.90	71.07	71.07	68.60

通过高斯微分预处理后，多个方向纹理信息被表征，特征描述能力得到进一步增强，识别效果较 LBP-TOP 特征有所改善。支持向量机下，识别精度由 62.81%提高至 66.94%（$\sigma=2$）；随机森林下，识别精度由 64.46%提高至 72.73%（$\sigma=6$）。σ 决定了图像的平滑程度，过小，图像中会混杂无用的信息；过大，又会模糊有效的纹理，因此，我们设置 σ 值为 1～7。

10.5.3　识别 OF 特征

采用全局光流算法跟踪图像像素亮度变化，统计光流特征，在分类器下识别精度见表 10-11 和图 10-16。

表 10-11　OF 特征识别精度　　单位：%

图像分区	SVM	RF	图像分区	SVM	RF
1×1	40.50	45.45	8×8	45.45	56.20
2×2	45.45	47.98	9×9	43.80	**63.64**
3×3	47.10	50.41	10×10	42.15	55.37
4×4	47.11	52.07	11×11	52.07	55.37
5×5	**52.89**	53.72	12×12	40.50	53.72
6×6	48.76	54.55	13×13	37.20	52.89
7×7	46.28	55.37	—	—	—

实验表明，相邻两帧间估算出的光流可以跟踪到人脸的短促变化，叠加多帧后，这种变化更加明显，微表情研究中遇到的短和低的瓶颈被较好地解决，根据运动方向投票能够有效地将变化规律整理出来，用于分类判断。

观察表 10-11 中数据发现，原始光流特征（光流图像未分区，1×1）的识别精度很低，在 50%以下。识别效果不好，有主客观两方面原因，主观方面，微表情发生时，人脸各处，尤其是关键部位，如眼角、嘴角、眉梢等的运动是不相同的，全局光流场能够将这些细节完整体现，但是统计特征时，仅根据强度方向进行整体投票，混淆了关键部位的细微动作差别，特征过于笼统粗略，系统难以有效区分。客观层面是由于广义上的噪声：一是序列图像无法严格满足光照不变的假设，即使设置了适当的实验环境，仍然不能完全消除面部区域的亮度变化；二是区别于大位移目标场景，如实时路况下的车辆追踪，人脸皮肤表面光滑整洁，容易过度平滑，运动一致无法判断。

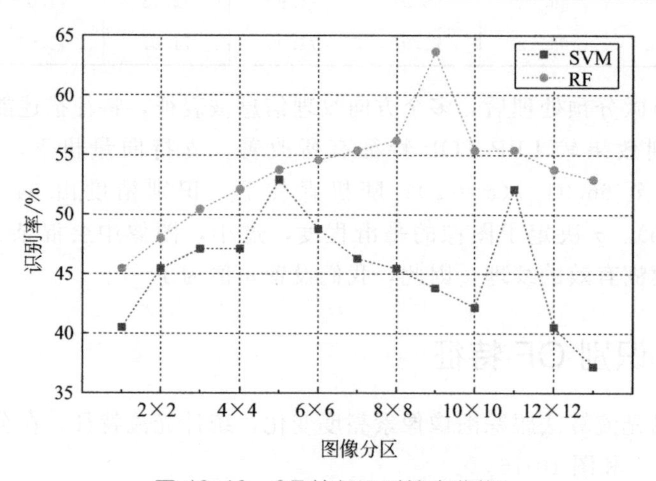

图 10-16 OF 特征识别精度曲线

从主观因素考虑，采用改进的分区算法后，识别精度在 SVM 和 RF 下最高达到 52.89%和 63.64%，有了明显提高，这是因为光流图像分区后，在各区域内统计，关键部位的运动情况被较好地保留，特征有效性强化。值得注意的是，分区数不宜过多，过多导致描述尺度小，割裂了动作关联，特征杂乱无章，不利于分类，此时继续增加分区，识别精度会下降，图 10-16 中曲线走势也证明了这一论断。依次标记高兴、其他、厌恶、压抑、惊讶为 A～E 类，识别准确率如图 10-17、图 10-18 所示。

图 10-17(a) 中的数据说明支持向量机识别原始光流特征时，将 5 类情感全部归为“其他”这一类，没有准确判断出其他 4 类情感，这是一种严重的过拟合情形，分类结果不可信。而随机森林很好地避免了过拟合问题的产生［图 10-18(a)］，并且在识别精度和类间区分准确度两项指标上均优于支持向量机，更能胜任求解多分类问题。

对比图 10-17 和图 10-18 中的矩阵元素，不难发现，类间区分效果有了明显改善，各类情感的误判率进一步降低，改进光流特征可以媲美时空局部纹理特征，计算更省时，在效率上远远胜出，表明全局光流技术能够用来识别微表情，并且本节的改进算法是成功的。

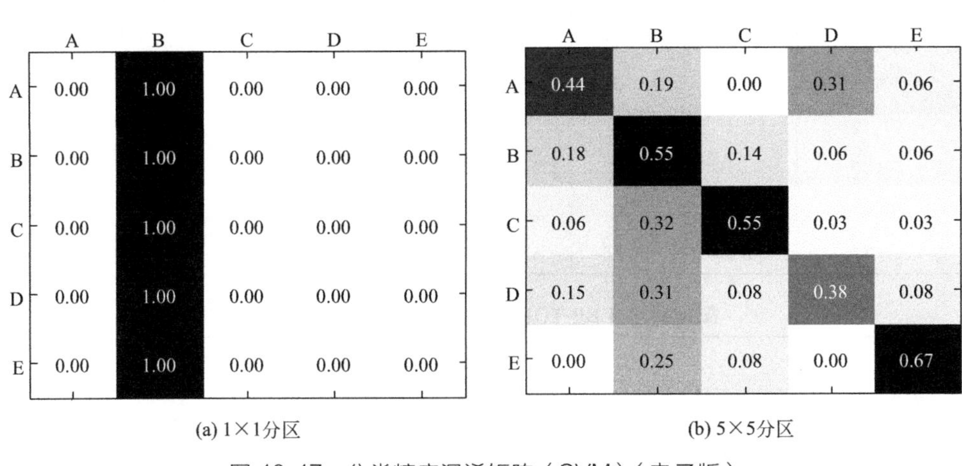

(a) 1×1分区　　(b) 5×5分区

图 10-17　分类精度混淆矩阵（SVM）（电子版）

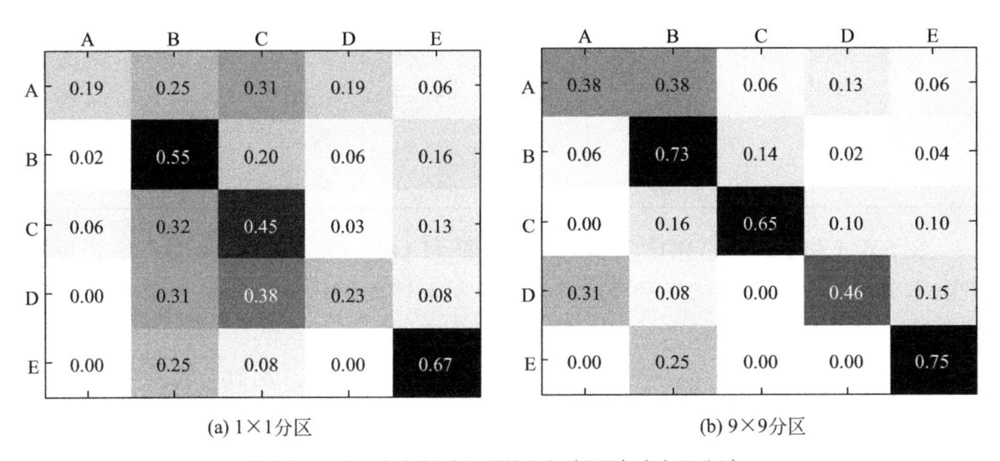

(a) 1×1分区　　(b) 9×9分区

图 10-18　分类精度混淆矩阵（RF）（电子版）

10.5.4 识别 LBP-TOP+OF 特征

将提取到的 LBP-TOP 特征和光流特征按照前一章所述进行结合，精度见表 10-12、表 10-13。

表 10-12　LBP-TOP＋OF 特征识别精度（SVM）　　单位：%

LBP-TOP图像分块	OF图像分区						
	1×1	2×2	3×3	4×4	5×5	6×6	7×7
1×1	40.50	45.45	51.24	54.55	47.11	57.02	47.93
2×2	48.76	50.41	52.89	54.55	53.72	55.37	54.55
3×3	57.02	60.33	57.85	61.98	56.20	61.98	61.98
4×4	61.16	52.07	52.89	52.89	59.50	63.64	62.81
5×5	61.16	57.02	61.16	58.68	57.85	58.68	59.50
6×6	65.29	65.29	66.94	67.77	**69.42**	66.12	66.12
7×7	54.55	48.76	63.64	63.64	62.81	61.98	61.98

表 10-13　LBP-TOP＋OF 特征识别精度（RF）　　单位：%

LBP-TOP图像分块	OF图像分区						
	1×1	2×2	3×3	4×4	5×5	6×6	7×7
1×1	59.50	57.85	57.85	58.68	58.68	54.55	54.55
2×2	65.29	64.46	66.12	65.29	61.16	63.64	61.98
3×3	68.60	66.94	66.94	67.77	66.12	69.42	66.94
4×4	69.42	70.25	68.60	70.25	67.77	68.60	66.12
5×5	70.25	68.60	68.60	**71.07**	69.42	70.25	68.60
6×6	68.60	69.42	68.60	69.42	68.60	68.60	67.77
7×7	68.60	66.94	70.25	66.94	68.60	67.77	66.12

在 SVM 和 RF 下，相比 LBP-TOP 特征和 OF 特征的识别精度，结合后的准确率分别提升至 69.42%和 71.07%，表明上述两种截然不同的特征间的互补性很强，结合使用能够扬长避短，发挥更大的优势。

依据评价准则，总结四种特征分类效果，见表 10-14、表 10-15。

表 10-14　特征分类效果对比（SVM）

算法	识别精度/%	类间区分准确度/%				
		高兴	其他	厌恶	压抑	惊讶
LBP-TOP	62.81	56	67	71	38	58
GDLBP-TOP	66.94	44	76	74	62	50
OF	52.89	44	55	55	38	67
LBP-TOP＋OF	69.42	69	69	74	46	83

表 10-15 特征分类效果对比 (RF)

算法	识别精度/%	类间区分准确度/%				
		高兴	其他	厌恶	压抑	惊讶
LBP-TOP	64.46	44	76	71	54	42
GDLBP-TOP	72.73	50	82	84	69	42
OF	63.64	38	73	65	46	75
LBP-TOP+OF	71.07	44	78	81	69	58

对比四种特征识别效果发现，RF 的分类性能强于 SVM，识别精度如图 10-19 所示。究其原因，在于 SVM 存在两个不足，一是训练模型的最优参数难以获得，虽然采取网格搜索和交叉验证在一定程度上简化了手动尝试的烦琐，遍历区间和步长的设置也无法可依，理论上，区间范围足够大，步长十分精细，找寻到全局最优的参数不是难处，但是这样做会耗费相当长的时间，实时性成为空谈，必须在精度和效率二者间适当取舍；二是 SVM 的内核决定了其更适用于解决二分类问题，这里研究的是识别 5 类微表情，属于多分类范畴，SVM 易出现过拟合问题。

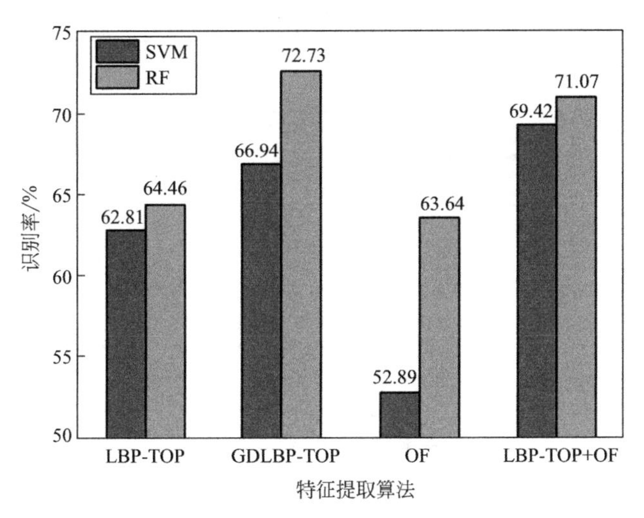

图 10-19 识别精度对比

通过识别精度和类间区分准确度两项性能指标，再次肯定，光流能够跟踪运动，基于全局光流的特征提取算法可以应用到微表情识别的研究中，并且我们提出的改进光流算法和特征结合方法对于改善微表情识别效果具有实用价值。

上述实验是在默认训练比率 $T=0.5$ 的前提下完成的，即按 50%的比例划分样本集，使训练样本和测试样本的数量相同，引申一步，我们调整训练比率，讨论其变化对识别精度的影响，见表 10-16、表 10-17，识别精度变化曲线如图 10-20、图 10-21 所示。

表 10-16 不同训练比率下特征识别精度（SVM） 单位：%

T	LBP-TOP	GDLBP-TOP	OF	LBP-TOP+OF
0.1	40.50	40.44	40.64	40.51
0.2	40.51	40.51	41.54	40.64
0.3	40.64	50.27	43.80	50.92
0.4	47.24	50.31	44.81	53.01
0.5	62.81	66.94	52.89	69.42

表 10-17 不同训练比率下特征识别精度（RF） 单位：%

T	LBP-TOP	GDLBP-TOP	OF	LBP-TOP+OF
0.1	45.81	48.86	41.10	47.49
0.2	50.26	56.92	48.20	54.87
0.3	56.47	57.92	51.91	60.66
0.4	57.67	62.58	55.83	61.35
0.5	64.46	72.73	63.64	71.07

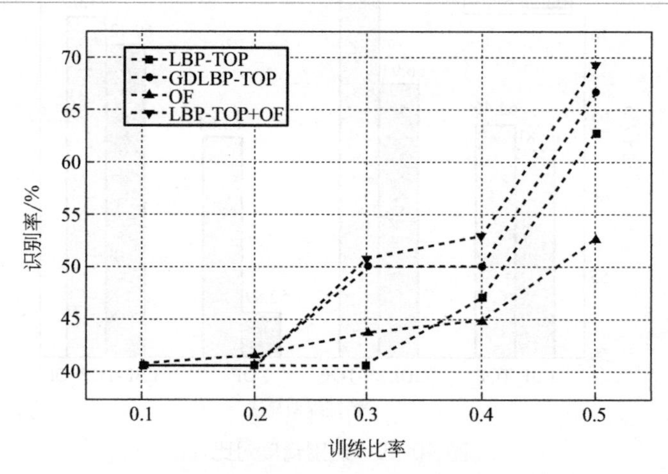

图 10-20 识别精度随训练比率变化曲线（SVM）

图 10-20 及图 10-21 中曲线的走势呈现出一定的规律性，随着训练比率的增加，识别精度相应提高，两者是正相关的，这是因为训练样本越多，训练越充分，模型泛化能力越强，但是训练样本太多会导致机器学习的时间过长，带来整体效率的下降，由于这里采用的数据库中样本数量较多，我们设定上限，最多选

取其中的一半用于训练模型。

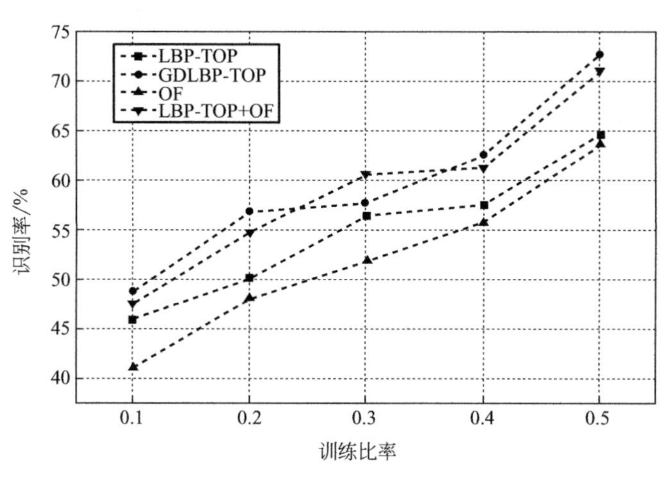

图 10-21 识别精度随训练比率变化曲线（RF）

参考文献

[1] 陈小燕. 机器学习算法在数据挖掘中的应用[J]. 现代电子技术，2015，38（20）：11-14.

[2] Cortes C，Vapnik V. Support-vector networks[J]. Machine Learning，1995，20（3）：273-297.

[3] Suykens J A K，Vandewalle J. Least squares support vector machine classifiers [J]. Neural Processing Letters，1999，9（3）：293-300.

[4] Boyd S，Vandenberghe L. Convex Optimization [M]. Cambridge：Cambridge University Press，2009.

[5] 穆国旺，王阳，郭蔚. 基于生物启发特征和SVM的人脸表情识别[J]. 计算机工程与应用，2014，50（17）：164-168.

[6] Ancona N，Cicirelli G，Distante A. Complexity reduction and parameter selection in support vector machines[C]// International Joint Conference on Neural Networks，2002. Honululu，USA：IEEE，2002，3：2375-2380.

[7] Jordaan E M，Smits G F. Estimation of the regularization parameter for support vector regression [C]// Proceedings of the International Joint Conference on Neural Networks，2002. Honululu，USA：IEEE，2002，3：2192-2197.

[8] Ito K，Nakano R. Optimizing support vector regression hyperparameters based on

cross-validation[C]// International Joint Conference on Neural Networks, 2003. Portland, USA: IEEE, 2003, 3: 2077-2082.

[9] Wahba G, Lin Y, Zhang H. Margin-like quantities and generalized approximate cross validation for support vector machines[C]// Neural Networks for Signal Processing IX: Proceedings of the 1999 IEEE Signal Processing Society Workshop, 1999. Madison, USA: IEEE, 1999: 12-20.

[10] Scholkopf B, Burges C J C. Advances in kernel methods: support vector learning[M]. London: MIT Press, 1999.

[11] Chih-Wei H, Chang C C, Lin C J. A practical guide to support vector classification[R]. Taiwan, China: Department of Computer Science, National Taiwan University, 2003.

[12] Breiman L. Random Forests[J]. Machine Learning, 2001, 45(1): 5-32.

[13] Cutler A, Cutler D R, Stevens J R. Random Forests[M]. Boston: Springer, Boston, MA, 2012.

[14] Gabriele F, Matthias D, Juergen G, et al. Random Forests for Real Time 3D Face Analysis[J]. International Journal of Computer Vision, 2013, 101(3): 437-458.

[15] Banfield R E, Hall L O, Bowyer K W, et al. A Statistical Comparison of Decision Tree Ensemble Creation Techniques[J]. IEEE Transactions on Pattern Analysis & Machine Intelligence, 2007, 29(1): 173-180.

[16] Caruana R, Karampatziakis N, Yessenalina A. An empirical evaluation of supervised learning in high dimensions [C]// International Conference on Machine Learning, 2008. Helsinki, Finland, 2008: 96-103.

[17] Polikar R. Ensemble learning[M]. Boston: Springer, Boston, MA, 2012.

[18] Quinlan J R. Induction of decision trees [J]. Machine Learning, 1986, 1(1): 81-106.

[19] 朱明. 数据挖掘导论[M]. 合肥: 中国科学技术大学出版社, 2012.

[20] Quinlan J R. C4.5: programs for machine learning[M]. San Mateo: Morgan Kaufmann Publishers Inc, 2014.

[21] Liang G, Zhu X, Zhang C. An empirical study of bagging predictors for different learning algorithms [C]// 25th AAAI Conference on Artificial Intelligence, 2011. San Francisco, USA, 2011: 1802-1803.

[22] Lerman R I, Yitzhaki S. A note on the calculation and interpretation of the Gini index[J]. Economics Letters, 1984, 15(3, 4): 363-368.

[23] Wang G W, Zhang C X, Guo G. Investigating the Effect of Randomly Selected Feature Subsets on Bagging and Boosting [J]. Communications in Statistics-Simulation and Computation, 2015, 44(3): 636-646.

[24] Hastie T J, Friedman J H, Tibshirani R J. The elements of statistical learning: data mining[J]. Data Mining Inference & Prediction, 2009, 173(2): 693-694.

第11章

基于Gabor多方向特征融合与分块直方图的表情特征提取

11.1 概述

特征提取是表情识别研究的重要环节，正确选取对表情具有高辨识度的特征能够有效地提高表情识别率。所提取的特征既要有效表征人脸表情又要易于分类，因此应尽可能避免个体差异影响，提取与个体无关的表情特征。目前，研究人员提出了多种特征提取算法来提取表情特征。根据表情图像获取方式的不同将算法分为如下两种：静态图像特征提取和视频序列图像特征提取。其中，基于视频序列图像的特征提取方法所提取的特征包含丰富的表情运动变化信息，能够有效地实现表情表征，但基于视频序列图像的方法计算量大，很难满足实时性要求。

本章重点研究静态表情图像的特征提取方法。在目前所提出的静态图像特征提取方法中，Gabor 变换应用很广。Gabor 滤波器相当于一组带通滤波器，它是由二维高斯函数衍生出的复数域正弦曲线函数。Gabor 滤波器的方向、尺度均可以调节，不同方向、不同尺度的 Gabor 滤波器组能够有效地捕获人脸表情图像中对应于不同的方向选择性以及空间频率等局部结构信息。当其与图像进行卷积时，对于小幅度的人脸旋转、形变以及图像亮度的变化具有一定的鲁棒性。Donato 应用几种特征提取方法提取脸部 AU 特征，并进行分类实验，实验结果表明基于 Gabor 和 ICA 的特征提取方法性能较好。Zhang 采用多层感知器对表情图像的几何特征与 Gabor 特征的识别性能进行了实验对比，实验结果表明 Gabor 特征对表情具有更好的辨识性。但是 Gabor 变换的计算量很大，而且通过多尺度、多方向的 Gabor 变换所得到的特征维数很高。近年来，围绕着上述问题，越来越多的研究人员提出了改进方案，力图使 Gabor 特征提取方法能够在特征维数、实时性和准确性上有所突破，为特征提取和表情识别打下坚实的基础。

Wen 在局部区域提取平均 Gabor 小波系数作为表情图像的纹理特征，同时应用比例图法来对局部区域进行预处理，以此来降低个体差异以及光照变化带来的影响。Yu 首先对表情图像进行 Gabor 变换，得到 Gabor 特征，再应用两种不同的算子对 Gabor 特征进行处理，最后用支持向量机完成表情分类。Liao 等人提取两组特征来实现表情表征，一组特征由线性判别分析（LDA）获取，另一组特征由 Gabor 小波的 Tsallis 能量和局部二元模式特征组成。邓洪波等人应用局部 Gabor 滤波器组提取表情特征，再使用主成分分析法和线性判别分析法对所提取的特征进行降维，该方法能够在一定程度上降低 Gabor 特征间的冗余。上述对 Gabor 变换的改进可归纳为两种方式：一种是选取部分尺度和部分方向上的 Gabor 特征作为识别特征，从而降低特征向量的维数，但是有可能造成有效辨识信息的丢失；另一种是将 Gabor 特征与其他特征选择算法相结合，形成新的低维特征向量，在这个过程中可能会损失一些具有高区分度的纹理信息而保留了部分冗余信息，从而造成对一些细微表情的区分度下降，影响表情分类。

针对上述 Gabor 变换在特征提取过程中存在的问题，Zhang 等人提出了一种新颖的全局 Gabor 象限模型和局部 Gabor 象限模型的概念。与传统的利用全局 Gabor 特征模的图像表征方式相比，利用 Gabor 象限模型来提取图像纹理特征，能够更有效地表征图像。同时，文献［7］提出直方图能够描述纹理图像的全局特征，弥补 Gabor 特征缺乏全局表征能力的不足。该方法在人脸识别上获得了较理想的识别率及较好的鲁棒性。

本章从一个全新的角度去研究和改进面部表情的 Gabor 特征，提出了一种基于 Gabor 多方向特征融合与分块直方图相结合的人脸表情识别方法。其基本思想是：将 Gabor 变换在同一尺度不同方向上的特征按照本章所提出的融合规则进行融合，将融合图像进一步划分为若干矩形不重叠且大小相等的子块，分别对每个子块区域内的融合特征计算其直方图分布，最后将所有直方图分布联合在一起，实现图像表征。该方法既保留了 Gabor 特征在表征图像纹理变化方面的优势，又解决了其缺乏全局特征表征能力的不足，同时还有效地降低了特征数据的冗余，使系统在实时性和准确性上得到全面优化。

11.2 人脸表情图像的 Gabor 特征表征

11.2.1 二维 Gabor 滤波器

Daugman 在 1985 年将一维 Gabor 滤波器推广到二维 Gabor 滤波器，既能同时获取时间域和频率域的最小不确定性，还能模拟哺乳动物视皮层简单细胞的滤波响应。Campbell 和 Robson 提出，人类的视觉具有多通道和多分辨率的特性。

近年来，科研人员对基于多通道和多分辨率的方法进行了深入研究。此类方法主要包括 Gabor 滤波器、Winger 分布以及小波空频分析方法等。其中，Gabor 滤波器凭借其能够捕捉对应空间尺度及方向等局部结构信息的优点成为此类方法的研究热点。因此，Gabor 滤波器被广泛应用于计算机视觉研究和图像处理研究。

Daugman 将 Gabor 滤波器看作被高斯函数调制的正弦平面波，尽管 Gabor 滤波器的基函数不能构成一个完备的正交集，Gabor 滤波器也可以看作是一种小波滤波器。二维 Gabor 滤波器定义如下：

$$\varphi_j(z)=\frac{\|\boldsymbol{k}_j\|^2}{\sigma^2}\left[\exp\left(-\frac{\|\boldsymbol{k}_j\|^2\|z\|^2}{2\sigma^2}\right)\right]\left[\exp(\mathrm{i}\boldsymbol{k}_j z)-\exp\left(-\frac{\sigma^2}{2}\right)\right] \tag{11-1}$$

式中，i 为复数算子；σ 为滤波器带宽；$\boldsymbol{k}_j=k_v(\cos\theta,\ \sin\theta)^{\mathrm{T}}$，其中 $k_v=2^{-(v+2)/2}\pi$，$\theta=\pi u/K$；v 对应 Gabor 滤波器的尺度（频率）；u 对应 Gabor 滤波器的方向；$\|\cdot\|$ 表示模。不同的方向和尺度能提取图像相应方向和尺度的特征。

对于给定点 $z=(x,y)$，图像 $G_j(z)$ 的 Gabor 表征是图像 $I(z)$ 与 Gabor 滤波器 $\varphi_j(z)$ 的卷积：

$$G_j(z)=I(z)*\varphi_j(z) \tag{11-2}$$

式中，$*$ 表示卷积算子，图像的卷积输出为复数形式。

关于 Gabor 滤波器中的参数如 u、v、σ 及 $k_{\max}$ 的选择仍然是一个开放性的问题。通常情况下，我们取 $v=5(v=0,1,\cdots,4)$，$u=8(u=0,1,\cdots,7)$，$\sigma=2\pi$，$k_{\max}=\pi/2$。当然，我们也可以根据实际情况选择最恰当的参数值。图 11-1 分别显示了 5 尺度、8 方向下 Gabor 核的频率空间、实部、虚部、幅值及相位。从图 11-1 可以看出，Gabor 滤波器呈现出了明显的空间局部性、空间频率及方向选择性。每个 Gabor 核都可以模拟一个初等视觉皮层简单细胞的空间感受野的信号处理过程，能在与其振荡方向垂直的边缘处产生强烈响应，因而可以捕获图像在不同频率、不同方向下的边缘及局部的显著特征。

11.2.2 人脸表情图像的 Gabor 特征表征

对于人脸表情而言，不同的表情行为特征具有不同的尺度。例如：惊讶的表情行为会使面部器官大范围移动，需要对其在大尺度进行分析；而微笑的表情行为造成的面部器官变化较小，需在小尺度对其进行分析。我们将多尺度方法应用于人脸表情识别领域，Gabor 变换是有效的多尺度分析工具，具备分析图像局部细微变化的能力，因此我们利用 Gabor 变换来提取人脸表情图像特征。

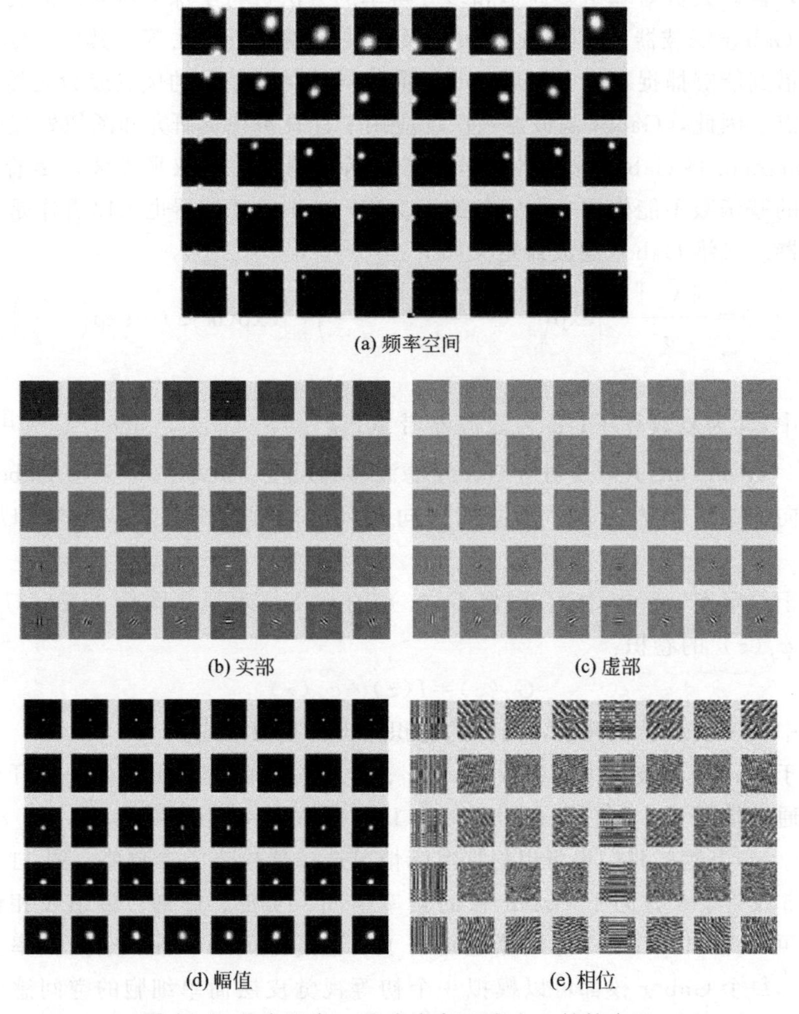

图 11-1 5 个尺度、8 个方向下 Gabor 核的表示

Gabor 小波函数与图像的卷积结果是由实部和虚部两个分量构成的复数响应。在图像边缘附近，Gabor 滤波系数，即实部和虚部会产生振荡，而不是一个平滑的峰值响应，因而不利于识别过程中的匹配。而且，其相位会随位置产生一定的旋转，即使在一个很小的局部区域，像素点的相位值也会有很大的差别，因此同样不利于识别阶段的匹配。但其幅值比较稳定，不会随位置产生旋转，因此常被用作人脸表情的特征表示。目前，绝大多数基于 Gabor 小波变换的表情识别方法都是利用 Gabor 变换的幅值信息。由于幅值反映了图像的能量谱，因此 Gabor 幅值特征通常被称为 Gabor 能量特征。这些方法大致可以归为两类：一是

对人脸的关键特征点（如眼睛、鼻子、嘴巴等）进行 Gabor 变换；二是对整个人脸表情图像进行 Gabor 变换。

本章实验所用表情图像为灰度图像，在提取表情图像 Gabor 特征前，需对原始表情图像进行预处理，预处理后图像像素大小为 128×104。实验中，为获得多尺度 Gabor 特征，采用 5 个尺度和 8 个方向的 Gabor 滤波器组。通过上述 Gabor 小波变换之后，图像中每个像素会得到 40 个幅值特征。它们反映了以该点为中心的局部区域在不同频域内的能量分布特征。将这 40 个 Gabor 幅值特征级联起来可得到人脸表情图像的多尺度和多方向特征表征：

$$\{G_{u,v}(z): u \in (0,\cdots,7), v \in (0,\cdots,4)\} \tag{11-3}$$

图 11-2 描述了这一表情图像特征表征的过程。

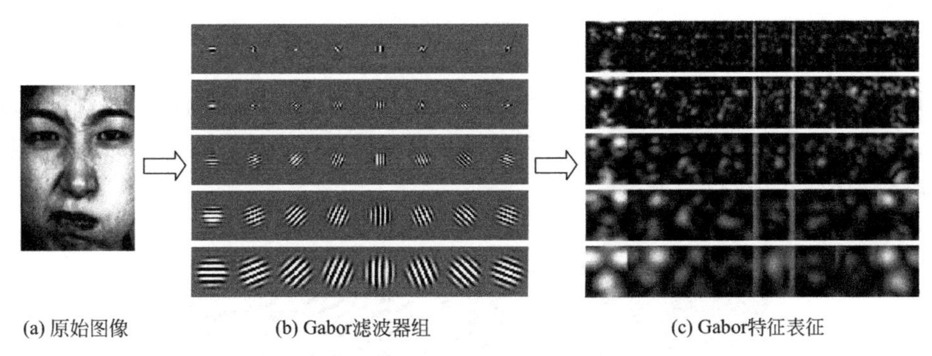

图 11-2 人脸表情图像 5 个尺度和 8 个方向的 Gabor 特征表征

11.3 二维 Gabor 小波多方向特征融合

人脸不同的表情行为特征具有不同的尺度。Gabor 变换可以有效地分析各个尺度和方向上图像的灰度变化，还可以进一步检测物体的角点和线段的重点等。但是通过 Gabor 变换，每张表情图像都会转化成 40 个对应不同尺度与方向的图像，所得特征的维数高达原始图像特征维数的 40 倍，造成特征数据冗余。因此本节提出了两种融合规则，将 Gabor 特征同一尺度上的多个方向的特征进行融合。融合特征既能有效地降低原始 Gabor 特征数据间的冗余，又能保证有效决策信息不会丢失，还可以对表情图像进行多尺度分析。

11.3.1 融合规则 1

首先按照如下规则将表情图像每个像素点各尺度上的 8 个 Gabor 方向特征

转化为二进制编码：

$$P_{u,v}^{\mathrm{Re}}(z)=\begin{cases}1, & \mathrm{Re}(G_{u,v}(z))>0\\0, & \mathrm{Re}(G_{u,v}(z))\leqslant 0\end{cases} \tag{11-4}$$

$$P_{u,v}^{\mathrm{Im}}(z)=\begin{cases}1, & \mathrm{Im}(G_{u,v}(z))>0\\0, & \mathrm{Im}(G_{u,v}(z))\leqslant 0\end{cases} \tag{11-5}$$

式中，$\mathrm{Re}(G_{u,v}(z))$，$u\in(0,\cdots,7)$和$\mathrm{Im}(G_{u,v}(z))$，$u\in(0,\cdots,7)$分别对应像素点$z=(x,y)$在8个方向上的Gabor特征的实部和虚部。通过公式(11-4)、公式(11-5) 均可得8位二进制编码，由此，融合编码的十进制形式可表示为

$$T_v^{\mathrm{Re}}(z)=\sum_{u=0}^{7}P_{u,v}^{\mathrm{Re}}(z)\times 2^u \tag{11-6}$$

$$T_v^{\mathrm{Im}}(z)=\sum_{u=0}^{7}P_{u,v}^{\mathrm{Im}}(z)\times 2^u \tag{11-7}$$

式中，T_v^{Re}，$T_v^{\mathrm{Im}}\in[0,255]$，每个编码值表征一种局部方向。在每个尺度上计算融合编码的十进制形式，最终每个表情图像转化为5个尺度上的多方向特征融合图像，如图11-3所示。

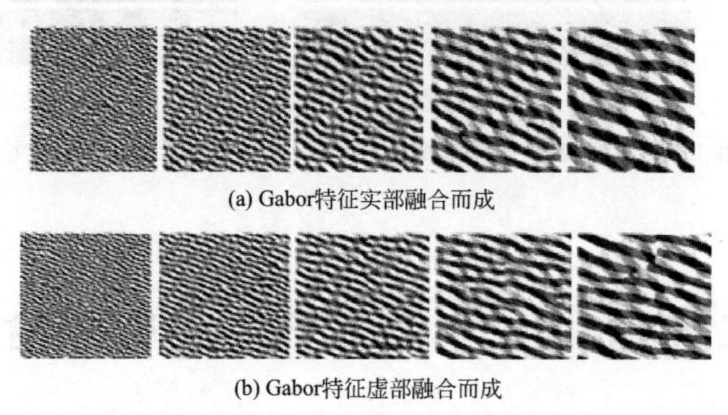

(a) Gabor特征实部融合而成

(b) Gabor特征虚部融合而成

图11-3　5个尺度上的融合图像

11.3.2 融合规则2

在本规则中，局部区域的方向由每个像素点的8个Gabor方向特征最大值的索引来评估，即

$$k=\underset{u}{\operatorname{argmax}}\{\|G_{u,v}(z)\|\},u\in(0,\cdots,7) \tag{11-8}$$

式中，$G_{u,v}(z)$，$u\in(0,\cdots,7)$对应像素点$z=(x,y)$在8个方向上的Gabor特征（$G_{u,v}(z)$可为Gabor特征的实部、虚部或模），在此将k作为融合编码，则有

$$T_v(z)=k, v\in(0,\cdots,4) \tag{11-9}$$

式中，$T_v(z)\in[1,8]$，每个编码值表征一种局部方向。最终每个表情图像转化为5个尺度上的多方向特征融合图像，如图11-4所示。

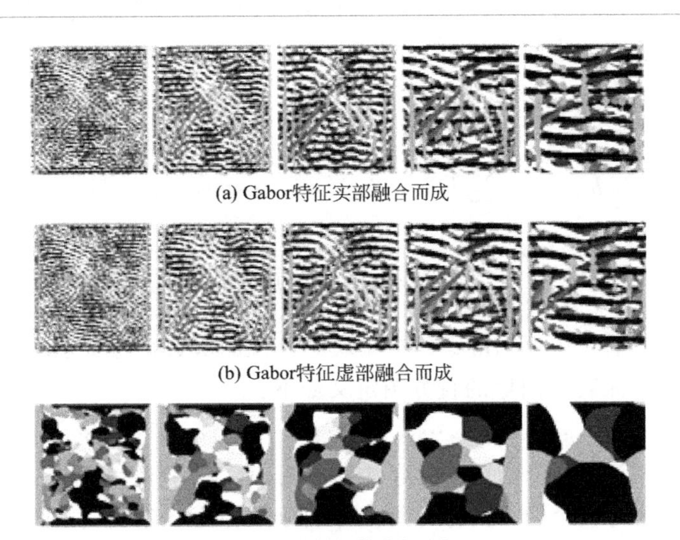

(a) Gabor特征实部融合而成

(b) Gabor特征虚部融合而成

(c) Gabor特征模融合而成

图 11-4　5个尺度上的融合图像

图11-3与图11-4中，从左向右尺度依次递增，每个尺度图像均包含原始图像在相应尺度上的信息。融合特征的维数是原始Gabor特征维数的1/8。

以上两种融合规则都是将Gabor系数在8个方向上的特征进行融合，得到5个尺度下的融合信息。规则1是对每一个尺度下所有的Gabor方向特征进行编码和融合，保留了每一个像素点所对应的40个Gabor滤波器的所有信息。规则2是对每一个尺度下Gabor方向特征的最大值索引进行编码和融合，其保留了特征变化最明显的那些Gabor子滤波器的信息。

由图11-3与图11-4我们不难看出，融合图像含有丰富的图像纹理信息，这表明Gabor融合特征对于图像局部纹理变化具有较高的鉴别性，而直方图能够有效描述纹理图像的全局特征。鉴于此，我们考虑将Gabor融合特征与直方图联合起来对人脸表情图像进行表征。

11.4 分块直方图特征选择

直方图能够有效描述纹理图像的全局特征，然而直接对整个融合图像计算直方图分布会丢失很多结构上的细节，因此将融合图像进一步划分为若干矩形不重叠且大小相等的子块，分别对每个子块区域内的融合特征计算其直方图分布，将其联合起来完成图像表征。

本节实验中，融合图像像素大小为128×104，将每个融合图像分割成8×8个子块，每个子块大小为16×13。对于融合图像 $T_v(z), v\in(0,\cdots,4)$，每个矩形子块可以表示为 $R_{v,r}(z), v\in(0,\cdots,4), r\in(0,\cdots,64)$，其对应的直方图分布定义如下：

$$h_{v,r,i}=\sum_z I(R_{v,r}(z)=i), i=0,\cdots,k-1 \tag{11-10}$$

式中，$I\{A\}=\begin{cases}1, & A\text{ 为真}\\0, & A\text{ 为假}\end{cases}$，$k=256$（规则1）或 $k=8$（规则2）。

每个直方图条柱代表相应编码在子块中出现的次数，每个子块对应的直方图有 k 个条柱。表征表情图像的直方图定义如下：

$$H=\{h_{v,r,i}:\quad v\in(0,\cdots,4), r\in(0,\cdots,64), i\in(0,\cdots,k-1)\} \tag{11-11}$$

每个 $h_{v,r,i}$ 表示一个子块所对应的直方图，反映了这一局部区域内的整体灰度变化。与直接对整个融合图像计算直方图分布相比，分块直方图包含了更多邻域内的信息，能够兼顾局部的细微变化和整体的变化。

11.5 基于Gabor特征融合与分块直方图统计的特征提取

本节针对传统的Gabor特征对表情特征全局表达能力弱以及特征数据存在冗余的缺点，提出了基于Gabor特征融合与分块直方图统计结合的特征提取方法。从表情特征提取算法的发展情况来看，基于混合特征或融合特征的方法越来越受到研究学者的重视。应用11.3节所提出的两种融合规则得到的融合特征既能有效地降低特征数据间的冗余，又能保证有效决策信息不会丢失。同时，融合特征包含了丰富的图像纹理信息，而直方图能够有效描述纹理图像的全局特征，二者结合能够实现互补。考虑到直接对融合图像进行直方图表征会丢失很多结构上的细节信息，因此将融合图像进一步划分为若干矩形不重叠且大小相等的子块，分别对每个子块区域内的融合特征计算其直方图分布，将其联合起来实现图像表征。Gabor融合特征与分块直方图相结合，可以多层次、多分辨率地表征人脸表情局部特征以及局部邻域内的特征。特征选择过程如图11-5所示。

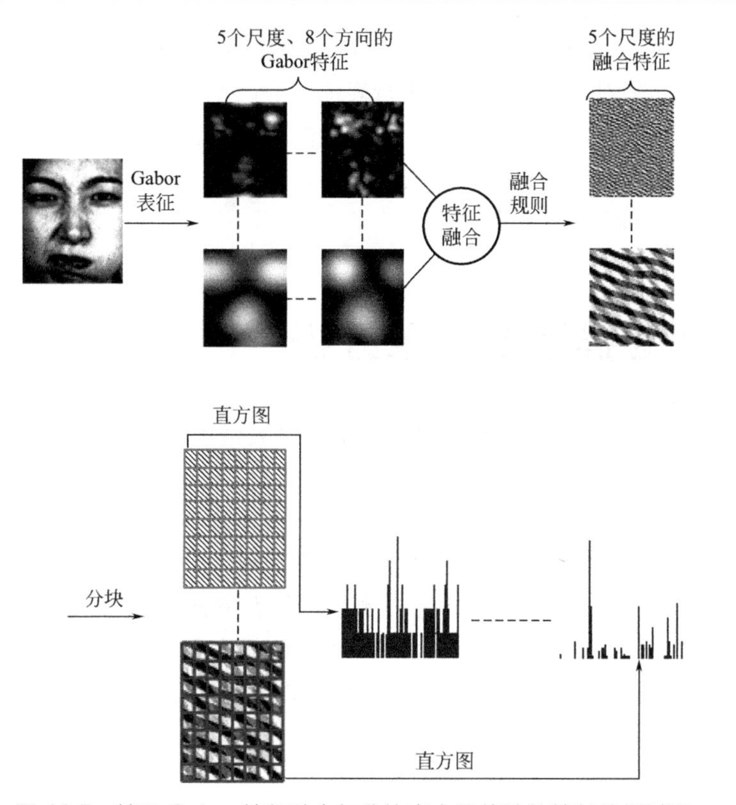

图 11-5 基于 Gabor 特征融合与分块直方图统计的特征选择过程

首先，我们对人脸表情图像进行 Gabor 变换，得到 5 个尺度、8 个方向的 Gabor 特征。然后，按照 11.3 节提出的两个特征融合规则对所得特征进行融合，得到 5 个尺度的融合特征。接下来，将融合图像进一步分割成大小相等且相互不重叠的子块。最后，求取每一个子块的直方图分布，将其联合形成扩展直方图，以此来完成表情图像表征。

11.6 算法可行性分析

① 融合特征是通过对 5 个尺度上多个方向的 Gabor 特征进行编码所得，继承了 Gabor 小波能够捕捉空间位置、空间频率及方向选择性等局部结构信息的优点，同时能够有效降低特征数据间的冗余，减少计算复杂度。

② 融合图像含有丰富的图像纹理信息，这表明融合特征对于表情图像局部纹理变化具有较高的鉴别性。而分块直方图既能够有效描述纹理图像的全局特

征，又能保留图像结构上的细节信息。二者结合，可以多层次、多分辨率地表征人脸表情局部特征以及局部邻域内的特征。因此将 Gabor 多方向融合特征与分块直方图结合起来对人脸表情图像进行表征。

③ 无论是基于 Gabor 特征的局部表征能力还是基于分块的直方图统计都能够确保算法所得的图像特征模型为局部模型，因此这里所提出的算法对于由表情变化所引起的局部形变具有鲁棒性。

11.7 实验描述及结果分析

实验采用表情识别研究较为常用的 JAFFE 表情库进行测试。JAFFE 表情库包含 10 个日本女性的表情图像，每人有 7 种表情，分别为：愤怒、厌恶、恐惧、高兴、中性、悲伤和惊讶，每种表情包含 3～4 个样本，总计 213 幅表情图像。在 10 个人的 7 种表情中分别取 1～2 幅表情图像作为训练样本，其余的作为测试样本。最终，实验采用 137 个训练样本（7 种表情样本数分别为 20、18、20、19、20、20、20）和 76 个测试样本（7 种表情样本数分别为 10、11、12、12、10、11、10）。由于 JAFFE 表情库样本数量较少，因此样本选取遍历 3 种情况，取平均识别率。

11.7.1 实验流程

本节所提出的人脸表情识别系统流程图如图 11-6 所示。

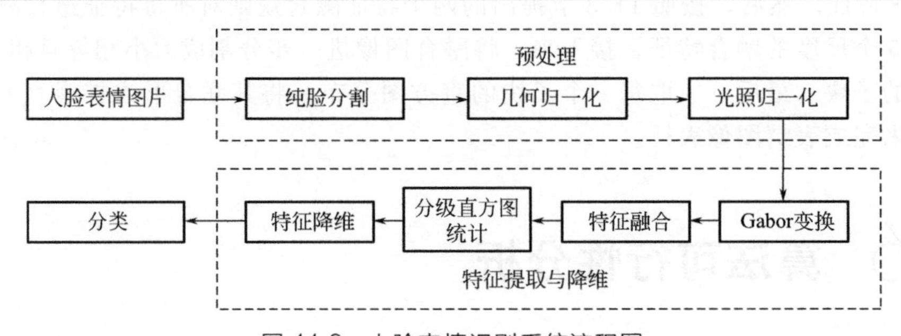

图 11-6 人脸表情识别系统流程图

首先将表情库中所有图像进行预处理，包括纯脸分割、几何归一化和光照归一化，然后利用本章所提出的方法提取表情特征并降维，最后用分类器进行分类。

11.7.2 表情图库中图像预处理

表情图像预处理对表情识别至关重要，预处理主要工作包括纯脸分割、尺寸归一化和光照归一化。图 11-7 给出了一个人脸模型和纯脸分割时的若干尺寸关系。

图 11-8 描述了表情图像预处理过程的实例，具体步骤如下。

① 特征点定位，如：眼睛、眉毛、鼻子、嘴的中心。如图 11-8(b) 所示。

② 为保证人脸方向的一致性，图 11-7 中 E_l 和 E_r 的连线必须保持水平，其中 E_l 和 E_r 分别为左右眼睛的中心点，E_l 和 E_r 的距离为 d，E_l 和 E_r 的中心点为 O。

③ 根据人脸特征点和人脸几何模型，可以确定纯脸区域。纯脸高度选为 $2.2d$，纯脸宽度选为 $1.8d$，E_l 和 E_r 的中心点 O 坐标为 $(0.9d, 1.6d)$。如图 11-8(c) 和图 11-8(d) 所示。

图 11-7　人脸模型

④ 经过尺寸归一化，得到相同尺寸的图像，图像像素大小为 128×104。如图 11-8(e) 所示。

⑤ 通过直方图均衡化部分消除不同光照强度的影响。如图 11-8(f) 所示。

(a) 原始图像

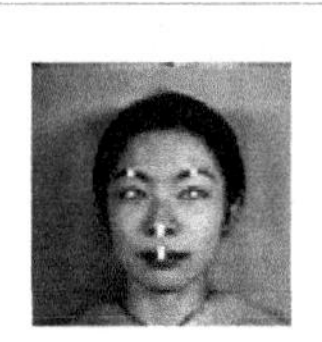

(b) 特征点定位

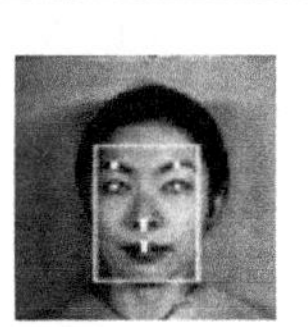

(c) 纯脸区域确定

(d) 纯脸区域

(e) 尺寸归一化

(f) 光照归一化

图 11-8　表情图像预处理过程实例

部分实验用纯脸表情如图 11-9 所示。

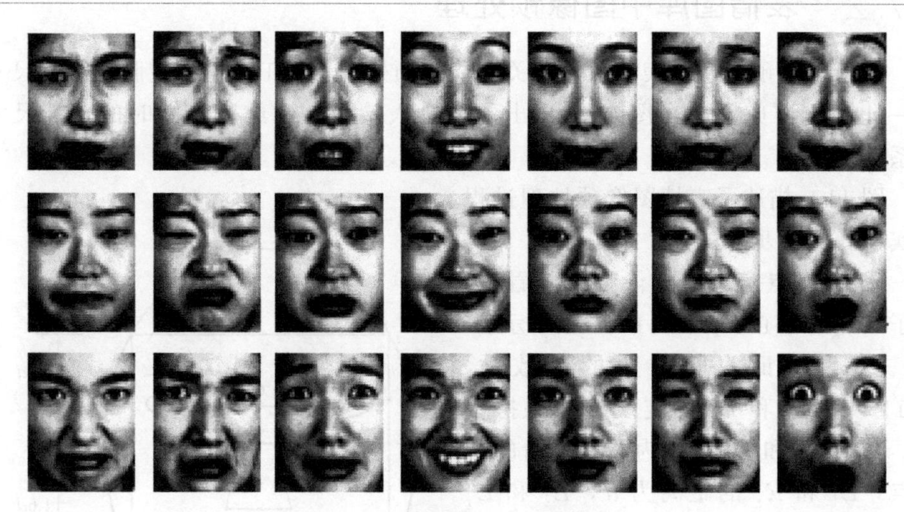

图 11-9 部分实验用纯脸表情示例

11.7.3 实验描述

实验将由本章方法所提取的特征与传统 Gabor 特征、局部 Gabor 特征、Gabor 直方图特征进行了对比分析。其中，局部 Gabor 特征是通过文献［6］中 $LG3(3\times8)$局部采样法计算所得。

对于融合规则 1，由于其不包含 Gabor 特征模的信息，因此采用 Gabor 特征的实部、虚部以及实部串联虚部进行分类实验。对于融合规则 2，采用 Gabor 特征的实部、虚部以及 Gabor 特征模进行分类实验。同一人脸表情图像在 5 个尺度上的融合图像如图 11-10 所示。其中，第一行由规则 1 特征实部融合而成；第二行由规则 1 特征虚部融合而成；第三行由规则 2 特征实部融合而成；第四行由规则 2 特征虚部融合而成；第五行由规则 2 Gabor 特征的模融合而成。

由本章方法所提取的表情图像特征维数分别为 $256\times5\times64=81920$（规则 1）和 $8\times5\times64=2560$（规则 2）。如此高的维数难以快速并精确分类，需要进一步对其进行特征选择。实验将分别用主成分分析（PCA）、主成分分析和线性判别分析（PCA＋LDA）、核主成分分析（KPCA）对其进行降维，并用 K 近邻分类方法和支持向量机（SVM）对降维后的特征进行分类。

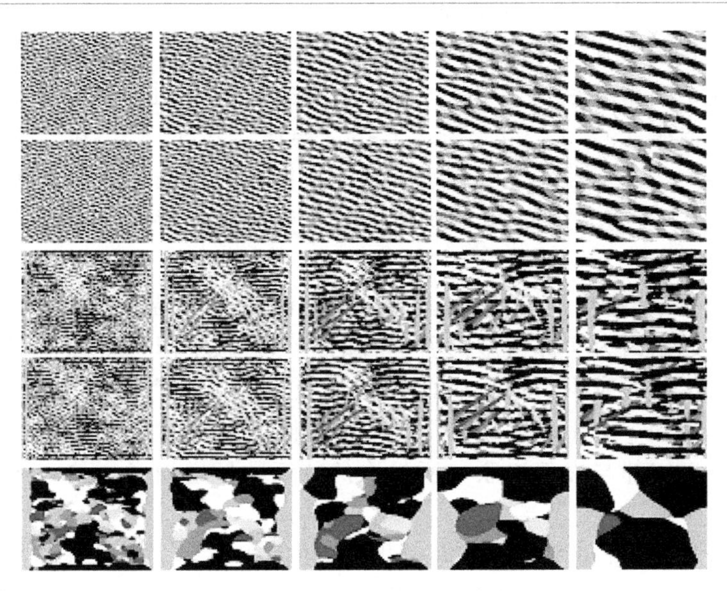

图 11-10 5个尺度上的融合图像

11.7.4 实验结果分析

实验对不同的特征选择方法和分类方法进行了对比分析，具体的实验结果如表 11-1 所示。

表 11-1 不同的特征参数对应的识别结果 单位：%

特征参数	特征选择方法和分类方法					
	K 近邻(欧氏距离)			SVM		
	PCA	PCA+LDA	KPCA	PCA	PCA+LDA	KPCA
Gabor 特征	75.88	89.47	90.79	76.76	89.91	**91.23**
局部 Gabor 特征	79.82	95.18	94.74	80.70	**95.61**	95.18
Gabor 直方图特征	77.63	91.23	91.67	78.07	92.11	**92.99**
规则 1(实部)	78.95	92.11	92.99	79.39	92.11	**93.86**
规则 1(虚部)	77.63	91.23	**92.11**	78.07	91.23	**92.11**
规则 1(实部串联虚部)	80.26	94.30	95.61	80.26	94.74	**96.05**
规则 2(实部)	79.39	93.86	95.18	80.70	94.74	**96.05**
规则 2(虚部)	80.26	93.86	94.74	80.26	94.30	**95.61**
规则 2(模)	83.33	96.05	97.36	84.21	97.36	**98.24**

由识别结果可以看出如下问题。

① 基于融合规则 1（实部串联虚部）以及基于融合规则 2（实部、虚部、模）的最佳识别率分别为：96.05%、96.05%、95.61%和 98.24%，高于传统 Gabor 特征（91.23%）、局部 Gabor 特征（95.61%）和 Gabor 直方图特征（92.99%）。其中，基于融合规则 2（模）的表征方法取得了最高的识别精度 98.24%。这表明，本章所提出的两种融合规则对于人脸表情识别是有效的。

② 基于融合规则 1（实部、虚部）的算法相对于局部 Gabor 特征没有提高识别率。这是因为实部与虚部所包含的辨识信息不同，单独使用实部或虚部不能提供足够的辨识信息，因此我们将融合规则 1 实部与虚部进行串联，所得识别率为 96.05%，相对于局部 Gabor 特征 95.61%的识别率有所提高。但同时，由于实部与虚部串联，所提取的特征数量增加了一倍，运算效率有所降低。

③ 融合规则 2 的识别率高于融合规则 1 的识别率。这是由于，规则 1 是将对应每一尺度的所有 Gabor 方向特征进行编码和融合，这就导致了其在降低 Gabor 特征维数的同时也保留了部分 Gabor 特征的冗余信息。而规则 2 是对 Gabor 方向特征最大值的索引进行特征编码和融合，其既保留了特征变化最明显的那些 Gabor 子滤波器的信息，又有效地降低了特征数据的冗余性。因此，融合规则 2 所含有效辨识信息多于融合规则 1。

④ 对于两种融合规则而言，Gabor 特征实部与虚部对于表情分类的贡献近似。接下来将实部与虚部联合做进一步分析：所得规则 1（实部串联虚部）的识别率高于规则 1（实部、虚部）的识别率；规则 2（模）的识别率高于规则 2（实部、虚部）的识别率。这表明，尽管实部与虚部对于表情分类的贡献近似，但是所提供的决策信息不同，因此二者结合能够得到更有效的决策信息。

⑤ 对比各种特征选择方法可以发现：PCA 特征的识别结果为 75.88%～84.21%，PCA+LDA 特征的识别结果为 89.47%～97.36%，KPCA 特征的识别率最高，为 90.79%～98.24%，这说明 KPCA 不但能降维，还能有效地增加表情的区分度，所得特征更易于分类。在个别情况下 PCA+LDA 特征的识别率超过了 KPCA 特征的识别率，如局部 Gabor 特征/PCA+LDA 的识别率高于局部 Gabor 特征/KPCA 的识别率。

⑥ 从分类器方面看，SVM 分类效果略好于 K 近邻分类，其最高平均识别率达到了 98.24%。接下来，我们对得到最高平均识别率的特征表征方法——规则 2（模）进行分析，表 11-2 列出了 7 种人脸表情遍历 3 次分类实验的具体实验结果。

表 11-2　7 种表情 3 次实验的识别结果

表情	测试图像数量	第 1 次识别数	第 2 次识别数	第 3 次识别数	平均识别率/%
愤怒	10	9	9	10	93.33
厌恶	11	11	11	11	100
恐惧	12	12	11	11	94.44
高兴	12	12	12	12	100
中性	10	10	10	10	100
悲伤	11	11	11	11	100
惊讶	10	10	10	10	100
总计	76	75	74	75	**98.24**

错误的识别结果如图 11-11 所示。

在第 1 次和第 2 次实验中，愤怒被误识别为厌恶，如图 11-11(a) 所示。原因在于此人愤怒和厌恶的表情在细节变化的表征上比较相似。

在第 2 次和第 3 次实验中，恐惧被误识别为高兴，如图 11-11(b) 所示。原因在于此人恐惧和高兴的表情在细节变化的表征上比较相似，尤其是嘴部变化极其相似。

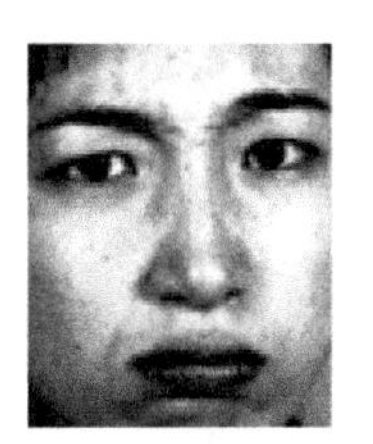
(a) 愤怒

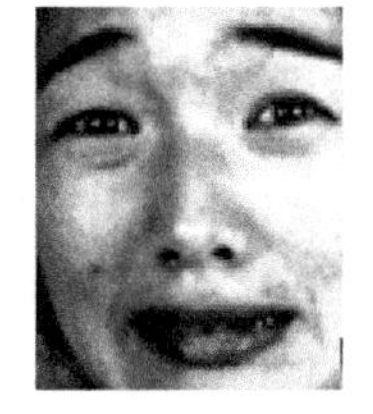
(b) 恐惧

图 11-11　被误识别的表情图像

11.7.5　所选融合特征的尺度分析

用于表情识别的特征是融合特征中含有最丰富判别信息的特征，通过这些特征的尺度分布，可以判断不同尺度对于表情识别的贡献率。为了更加直观地观察所选特征的尺度分布，我们对取得了最佳分类效果的特征——规则 2（模）/KPCA 的统计特性进行分析。

所选特征的尺度分布如图 11-12 所示。特征在绝大多数的尺度上均有分布，这表明多尺度分析对于表情识别是有效的。小尺度特征对表情分类贡献较少，大尺度特征对表情识别贡献较大。在尺度 3($v=3$) 和尺度 4($v=4$) 上选择的特征接近特征总数的 90%，这是由于对于人脸表情识别而言，相对大幅度的嘴部区域和眉毛区域的变化有利于表情分类，因此需要对相对大的尺度进行深入分析。

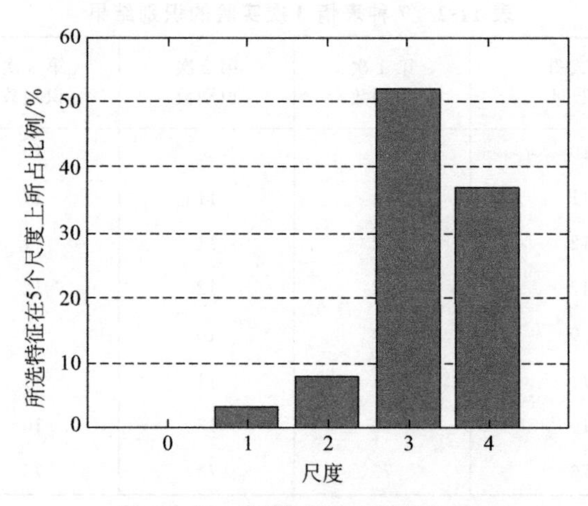

图 11-12 所选特征的尺度分布

参考文献

[1] Donato G, Bartlett M S, Hager J C, et al. Classifying facial actions [J]. IEEE Transactions on Pattern Analysis and Machine Intelligence, 1999, 21 (10): 947-989.

[2] Zhang Z Y, Lyons M, Schuster M, et al. Comparison between geometry-based and Gabor-wavelets-based facial expression recognition using multi-layer perceptron[C]// Proceedings of the 3rd IEEE International Conference on Automatic Face and Gesture Recognition, 1998. Nara, Japan: IEEE, 1998: 454-459.

[3] Wen Z, Huang T S. Capturing subtle facial motions in 3D face tracking [C]// Proceedings of the 9th IEEE International Conference on Computer Vision, 2003. Nice, France: IEEE, 2003: 1343-1350.

[4] Yu J G, Bhanu B. Evolutionary feature synthesis for facial expression recognition [J]. Pattern Recognition Letters, 2006, 27 (1): 1289-1298.

[5] Liao S, Fan W, Chunga C S, et al. Facial expression recognition using advanced local binary patterns, Tsallis entropies and global appearance features [C] // Proceedings of IEEE International Conference on Image Processing, 2006. Atlanta, GA, USA: IEEE, 2006: 665-668.

[6] 邓洪波，金连文. 一种基于局部 Gabor 滤波器组及 PCA+ LDA 的人脸表情识别方法[J]. 中国图象图形学报，2007，12

(2): 322-329.

[7] Zhang B C, Shan S G, Chen X L, et al. Histogram of Gabor Phase Patterns (HGPP): a novel object representation approach for face recognition [J]. IEEE Transactions on Image Processing, 2007, 16(1): 57-68.

[8] Daugman J. Uneertainty relation for resolution in space, spatial frequeney and orientation optimized by two-dimensional visual cortieal filters [J]. Joumal of the Optieal Soeiety of Ameriea A, 1985, 2(7): 1160-1169.

[9] Campbell F W, Robson J G. Applieation of Fourier analysis to the visibility of gratings [J]. Physiology, 1968, 197(3): 551-556.

[10] Lee T S. Image representation using 2D Gabor wavelets [J]. IEEE Transactions on Pattern Analysis and Machine Intelligence, 1996, 18(10): 959-971.

[11] Shan S G, Gao W, Cao B, et al. Illumination normalization for robust face recognition against varying illumination conditions [C]// Proceedings of the IEEE International Workshop on Analysis and Modeling of Faces and Gestures, 2003. Washington D. C. USA: IEEE, 2003: 157-164.

[12] 刘晓旻，章毓晋. 基于Gabor直方图特征和MVBoost的人脸表情识别[J]. 计算机研究与发展，2007，44(7): 1089-1096.

[13] 龚婷，胡同森，田贤忠. 基于类内分块PCA方法的人脸表情识别[J]. 机电工程，2009，26(7): 74-76.

[14] Lei Z, Liao S, Pietikainen M, et al. Face recognition by exploring information jointly in space, scale and orientation [J]. Proceedings of the IEEE Transactions on Image Processing, 2011, 20(1): 247-256.

[15] Kim S K, Park Y J, Toh K A, et al. SVM-based feature extraction for face recognition [J]. Pattern Recognition, 2010, 43(8): 2871-2881.

第12章

基于对称双线性模型的光照鲁棒性人脸表情分析

12.1 概述

近年来，研究人员针对人脸表情识别提出了许多算法，对于均匀光照条件下的正面面部图像的表情识别技术已经相对成熟。然而，当前的表情识别算法在不可控环境下的识别性能不理想，尤其在光照变化的情况下，识别率会急剧下降，光照变化往往比表情变化对于表情识别的影响更大。因此，如何进一步在非均匀光照环境下准确识别人脸表情就成为表情识别研究领域极具挑战性的问题。这一问题也是传统的基于二维图像的光照预处理方法难以解决的。本章重点研究如何对非均匀光照人脸表情图像进行有效地光照预处理，以最大限度地降低光照变化给表情识别带来的不良影响。

表情识别算法的性能依赖于有效的表情图像预处理、精确的特征表征和有效的分类器，本章重点研究表情图像的光照预处理。由于针对光照变化情况下的人脸表情识别研究尚处在起步阶段，因此为了减少光照对面部表情识别的影响，提高表情识别的鲁棒性，我们需要借鉴人脸识别中的成功经验进行攻关。近年来，国内外研究人员为了消除或减弱人脸识别中光照变化的问题做了大量工作，提出了很多解决人脸识别中光照变化问题的方法。根据算法处理技术的不同，主要可分为基于三维模型的方法和基于二维图像光照预处理的方法。光照三维模型是通过多个形状和反射率参数已知的二维图像来构造的，并以此来降低光照影响，比如光照锥方法、球面谐波法、三维模型法等，这些方法通过将人脸表情的外在参数（包括光照）视为独立的变量并分别建模，来生成任意光照条件下的表情图像。此类方法能够在一定程度上降低小光照变化对识别造成的不良影响，但另一方面，此类方法需要通过大量的训练样本来构造三维模型，还需要正确估计光源方向，同时耗费大量的计算时间。此外，由于光源和光照变化的多样性，对于如何计算并获取物理上可实现的低维子空间基图像目前尚处于探索阶段。目前，基于三维模型的方法很难满足实时应用的需求，因此本章的重点放在二维图像的光照预处理上。

基于二维图像光照预处理的方法主要包括光照归一化和提取光照不变量。光照归一化是指利用基本的图像处理技术对光照图像进行预处理，如直方图均衡化(HE)、伽马校正等。它们能够提高表情图像在空间域的对比度，但无法顾及表情图像所包含的细节。因此，尽管此类方法能够部分消除光照的影响，但识别率不能令人满意。提取光照不变量通常是指利用朗伯光照模型从表情图像中消除光照的影响，如王海涛等人提出的自商图像（SQI），该方法通过图像与其自身加权高斯平滑图像的商作为光照归一化的结果。自商图像方法原理比较简单，但在实际应用中很难准确选择加权高斯滤波器的参数，同时加权的高斯滤波器很难在低频域中保持良好的边缘信息。Chen 等人在 SQI 的基础上应用总变分模型进行图像分层及背景校正，实现了对图像边缘保持的平滑滤波，但是此算法仅对特定尺度的图像具有良好的效果。张熠等人进一步在图像对数域中应用总变分模型，并将其作为边缘自适应低通滤波操作数，以此来估计光照分量，最后将原始图像与其对应的总变分平滑图像的对数商（LQI）作为光照归一化的结果，该方法能够较有效地消除归一化图像中的光晕现象。上述针对带光照的图像的预处理方法都是基于非统计的方法。

人脸识别也是智能计算领域的热门研究课题之一，尽管其与表情识别在某些方面是相通的，但是表情识别与人脸识别在特征提取方面有很多不同之处。人脸识别是研究不同人脸之间的个体差异，表情的变化是干扰信息。而表情识别是研究人脸表情的共性，所提取的特征反映的是人脸在不同表情模式下的差异，此时人脸个体的差异就是干扰信息。考虑到表情识别的特殊性，上述基于非统计的光照预处理方法会在一定程度上降低表情图像的质量，丢失部分表情变化的细节信息，从而影响识别性能。而且，一旦光照条件偏离训练模型，识别率就会大幅下降。为了克服这些缺点，本章提出一种新颖的应用双线性模型变换的方法进行表情图像的光照预处理。

Tenenbaum 等提出双线性模型可以将观测对象分解为两个独立的因子，如形式和内容，在此基础上提出了解决双因子任务的通用框架。Abboud 等利用双线性模型将外貌分解为表情因子和身份因子。Du 等提出基于样本的方法来合成人脸图像，他们将原始双线性模型延伸为非线性模型，以保证在解决变换任务时得到全局最优解。Lee 等应用双线性模型合成中性人脸表情图像，以此为基础提出一种基于表情不变量的人脸识别方法。

本章尝试将双线性模型变换应用到光照鲁棒性人脸表情识别领域。应用双线性模型进行表情图像预处理的目的是将未知光照下的测试表情图像转换成若干已知光照下的表情图像。这样处理能够将任意光照下的测试图像转换到相同且可控的光照平台上，令所有测试图像的特征具有归一化特性。同时，用转换后的多幅表情图像特征来表征原始表情图像，能够使表情变化的有效辨识信息得到累加，增强表情图像的区分度，从而克服非统计的光照预处理方法易丢失表情变化细节信息的缺点，有效地提高分类精度。

12.2 双线性模型

科研人员在从事计算机视觉研究时，所得到的观测数据通常会受到很多因素的影响，比如一幅自然表情图像，既有表情因素的影响，也有光照因素的影响。但是人类的感知系统能够自然地将所观测的对象分解为“内容”因子和“形式”因子，例如：在陌生的视觉环境下识别出熟悉的人脸，从陌生的口音中识别出熟悉的词语，从文字中识别出字体等。因此，科研人员希望寻求一种有效的方法将观测数据中相互独立的因子分离出来，以便对观测数据进行深入分析与研究。针对这一问题，Tenenbaum 和 Freeman 在 1998 年提出了一种简单有效的双线性模型来模拟感知系统，以解决这些至关重要的双因子任务，称为双线性因子模型。通过对观测对象训练集进行模型匹配，该模型可以有效分离出观测对象里两种主要的影响因子，即形式因子和内容因子能够被有效地分离，从而为双因子模型提供了一个通用的解决方案。

我们假设一个特定的观测对象（如包含光照变化的表情图像），通过分析可知其主要受两种相互独立的因子［内容因子（表情）与形式因子（光照）］的影响，在双线性模型的数学描述中，两种因子相互独立，双线性模型通过独立于形式因子和内容因子的关联向量将两个因子结合起来，完成对观测对象的描述。双线性模型是一种双因子模型，它能够将观测对象分解为相互独立的形式因子和内容因子，当双线性模型的一个因子固定时，双线性模型转化为线性模型。双线性模型有效的学习过程能够确保其克服目前存在的因子模型的缺点：与附加因子模型相比，双线性模型通过因子乘积模式调整因子间的贡献率，进而具有丰富的因子关联性，同时可以调整模型维数来适应任意复杂的形式因子和内容因子间的关联矩阵；与分级因子模型相比，双线性模型可以通过有效的线性模型技术来进行模型匹配，如奇异值分解（Singular Value Decomposition，SVD）和最大期望（Expectation-Maximization，EM）算法。

通常，我们可以用“内容”和“形式”来表示观测对象的任意两个相互独立的因子，将变化的因子作为形式因子，不变的因子作为内容因子。例如：我们可以将一个文字分解为字体和含义，二者都能够表征这个文字，且相互独立，因此将字体作为形式因子，含义作为内容因子。本章应用双线性模型对含光照的人脸表情图像进行分析，将人脸表情作为内容因子，光照作为形式因子。双线性模型可分为对称和不对称两类，本章重点分析对称双线性模型。

对称双线性模型通过独立于形式因子和内容因子的关联向量将两个因子结合起来。其对观测向量 $\boldsymbol{y}$ 的表征如下：

$$\boldsymbol{y}=\sum_{i=1}^{I}\sum_{j=1}^{J}\boldsymbol{w}_{ij}a_{i}b_{j} \tag{12-1}$$

式中，$\boldsymbol{w}_{ij}$ 是K 维关联向量（K 是每个表情图像的维数）；a 是形式因子；b 是内容因子；I 和 J 分别为形式因子a 和内容因子b 的维数。

12.3 基于对称双线性变换的表情图像处理

带有未知光照的人脸表情图像，由人脸的固有身份信息、表情状态和光照因素共同决定。对于表情识别系统，带有非均匀光照的人脸表情图片与无光照影响的人脸表情图片相比，光照的影响是表情分析的主要障碍，因此在这里我们主要考虑光照对表情分析带来的影响。那么，光照和表情就成为决定非均匀光照变化下的人脸表情识别的两个主要因素。因此，根据上一节的描述，将光照和表情分别视为观测对象的形式因子和内容因子，并通过适当的方法对二者进行分离，以便独立分析与处理。下面对含光照变化的表情图像建立“光照-表情”对称双线性统计模型。

图 12-1 描述了对称双线性模型对观测对象的表征。图中，形式因子 a 表征光照变化，内容因子 b 表征表情变化。形式因子的 5 个向量分别对应着 5 行观测图像的光照系数，内容因子的 4 个向量分别对应着 4 列观测图像的表情系数。

对观测对象进行双线性分析，需对其建立双线性分解模型。通常，受 C 种内容因子和 S 种形式因子影响的观测集，所包含的训练样本数量至少需要 $S\times C$ 个。根据 $S\times C$ 个训练样本组成的数据集合$\{\boldsymbol{y}_{SC}\}$，按照“形式”与“内容”对其创建观测矩阵$\boldsymbol{Y}$，可得：

$$\boldsymbol{Y}=\begin{pmatrix}\boldsymbol{y}_{11} & \cdots & \boldsymbol{y}_{1C}\\ \vdots & \ddots & \vdots\\ \boldsymbol{y}_{S1} & \cdots & \boldsymbol{y}_{SC}\end{pmatrix} \tag{12-2}$$

式中，元素 $\boldsymbol{y}_{ij}$ 是K 维观测向量（列向量）；S 和 C 分别表示形式因子和内容因子的数量，则观测矩阵$\boldsymbol{Y}$ 为 $SK\times C$ 维矩阵。图 12-2 描述了如何通过 $S\times C$ 个训练样本创建 $SK\times C$ 维的观测矩阵。这里，$K=N\times M$ 为每个表情图像的维数。

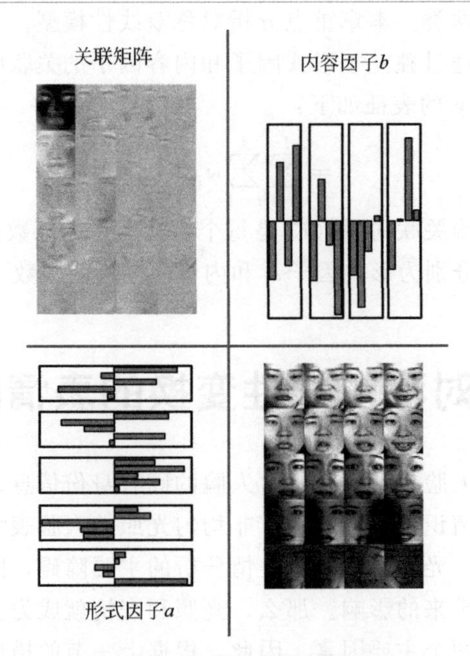

图 12-1 对称双线性模型描述

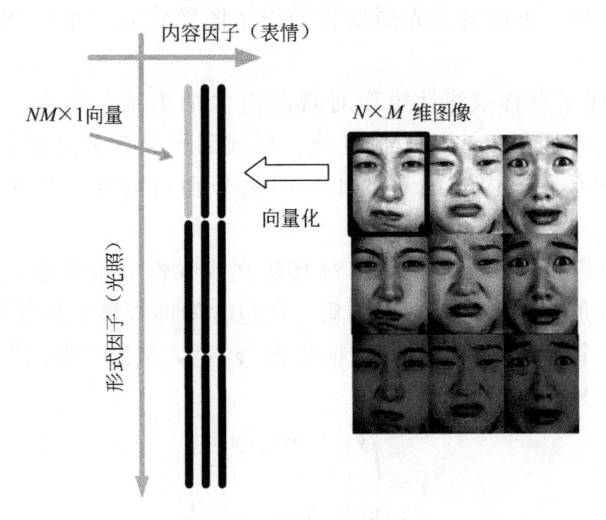

图 12-2 创建观测矩阵 $\boldsymbol{Y}$

应用对称双线性模型首先需要训练关联向量 $\boldsymbol{w}$，本文利用奇异值分解（SVD）对关联向量 $\boldsymbol{w}$ 进行估计，在运用 SVD 估计关联矩阵之前，首先引入一个矩阵转置的定义。

定义：对于任意由 $A\times B$ 个 K 维向量（列向量）构造成的 $AK\times B$ 维矩阵 $\boldsymbol{Y}$，其转置 $\boldsymbol{Y}^{VT}$ 为 $BK\times A$ 维矩阵（上角标 VT 表示向量转置）。

由定义可得观测矩阵 $\boldsymbol{Y}$ 的转置 $\boldsymbol{Y}^{VT}$ 为 $CK\times S$ 维矩阵：

$$\boldsymbol{Y}^{VT}=\begin{pmatrix}\boldsymbol{y}_{11} & \cdots & \boldsymbol{y}_{1S}\\ \vdots & \ddots & \vdots\\ \boldsymbol{y}_{C1} & \cdots & \boldsymbol{y}_{CS}\end{pmatrix} \tag{12-3}$$

由 $I\times J$ 个 K 维关联向量 $\boldsymbol{w}_{ij}$ 组成的 $IK\times J$ 维关联矩阵 $\boldsymbol{W}$ 可表示如下：

$$\boldsymbol{W}=\begin{pmatrix}\boldsymbol{w}_{11} & \cdots & \boldsymbol{w}_{1J}\\ \vdots & \ddots & \vdots\\ \boldsymbol{w}_{I1} & \cdots & \boldsymbol{w}_{IJ}\end{pmatrix} \tag{12-4}$$

其转置 $\boldsymbol{W}^{VT}$ 为 $JK\times I$ 维矩阵：

$$\boldsymbol{W}^{VT}=\begin{pmatrix}\boldsymbol{w}_{11} & \cdots & \boldsymbol{w}_{1I}\\ \vdots & \ddots & \vdots\\ \boldsymbol{w}_{J1} & \cdots & \boldsymbol{w}_{JI}\end{pmatrix} \tag{12-5}$$

根据上述矩阵定义以及公式(12-1) 的描述，观测矩阵 $\boldsymbol{Y}$ 及其矩阵转置 $\boldsymbol{Y}^{VT}$ 可以表示为如下形式：

$$\boldsymbol{Y}=(\boldsymbol{W}^{VT}\boldsymbol{A})^{VT}\boldsymbol{B} \tag{12-6}$$

$$\boldsymbol{Y}^{VT}=(\boldsymbol{W}\boldsymbol{B})^{VT}\boldsymbol{A} \tag{12-7}$$

式中，$\boldsymbol{A}$ 和 $\boldsymbol{B}$ 和分别代表形式因子矩阵和内容因子矩阵，其大小分别为 $I\times S$ 和 $J\times C$。

$$\boldsymbol{A}=(a_1,\cdots,a_S),\boldsymbol{B}=(b_1,\cdots,b_C) \tag{12-8}$$

训练双线性模型的目的是要得到合适的 $\boldsymbol{A}$、$\boldsymbol{B}$ 和 $\boldsymbol{W}$。通常，通过奇异值分解的迭代计算能够得到 $\boldsymbol{A}$ 和 $\boldsymbol{B}$ 的最优估计，下面给出求解模型参数 $\boldsymbol{A}$，$\boldsymbol{B}$ 以及关联矩阵 $\boldsymbol{W}$ 的具体算法。

算法 1：训练模型参数（输入：$\boldsymbol{Y}$；输出：$\boldsymbol{A},\boldsymbol{B},\boldsymbol{W}$）

① 对观测矩阵 $\boldsymbol{Y}$ 进行奇异值分解 $\boldsymbol{Y}=\boldsymbol{USV}^{T}$。初始化 $\boldsymbol{B}$，令其等于 $\boldsymbol{V}^{T}$ 的前 J 行。则由公式(12-6) 可得 $\boldsymbol{YB}^{T}=(\boldsymbol{W}^{VT}\boldsymbol{A})^{VT}$；

② 对 $(\boldsymbol{YB}^{T})^{VT}$ 进行奇异值分解 $(\boldsymbol{YB}^{T})^{VT}=\boldsymbol{USV}^{T}$。令 $\boldsymbol{A}$ 等于 $\boldsymbol{V}^{T}$ 的前 I 行。则由公式(12-7) 可得 $\boldsymbol{Y}^{VT}\boldsymbol{A}^{T}=(\boldsymbol{WB})^{VT}$；

③ 对 $(\boldsymbol{Y}^{VT}\boldsymbol{A}^{T})^{VT}$ 进行奇异值分解 $(Y^{VT}\boldsymbol{A}^{T})^{VT}=\boldsymbol{USV}^{T}$。令 $\boldsymbol{B}$ 等于 $\boldsymbol{V}^{T}$ 的前 J 行；

④ 重复步骤②和步骤③直到 $\boldsymbol{A}$ 和 $\boldsymbol{B}$ 收敛；

⑤ 确定 $\boldsymbol{A}$ 和 $\boldsymbol{B}$ 后，关联矩阵 $\boldsymbol{W}$ 可通过 $\boldsymbol{W}=((\boldsymbol{YB}^{T})^{VT}\boldsymbol{A}^{T})^{VT}$ 求得。

通过算法 1 训练双线性模型可得到形式因子矩阵 $\boldsymbol{A}$、内容因子矩阵 $\boldsymbol{B}$ 以及关联矩阵 $\boldsymbol{W}$。在上述训练过程中，需要根据实际情况选择形式因子和内容因子的维数 I 和 J，通常情况下，形式因子和内容因子的维数选择不需过高，能够描述其基本特征即可。

由算法 1 所得的训练集模型参数，能够比较准确地对训练样本内容因子和形式因子的独立特征进行描述。如果训练集所包含的样本足够丰富，则所得形式因子矩阵和内容因子矩阵具有一定的普遍性，能够描述形式因子和内容因子的本质特征。

双线性模型具有分析和转移功能，对于测试样本而言，双线性模型的分析功能体现在：如果训练集只包含其一种因子而另一种因子未知，此时应用双线性模型能够获取测试样本未知的因子。双线性模型的转移功能体现在：其能够用训练集中分离出的因子对测试样本与之相对应的因子进行替换。

由于双线模型具有分析和转移功能，我们应用其将一个未知光照的表情图像变换为已知光照的表情图像。对于一个待测试的未知光照下的未知人脸表情图像，通过算法 2 可以得到它的形式因子（光照）a 和内容因子（表情）b，其中符号 † 表示伪逆运算。

算法 2：计算测试图像的形式因子与内容因子（输入：$\boldsymbol{W},\boldsymbol{y}$；输出：$a,b$）

① 初始化 b，令其等于 $\boldsymbol{B}$ 的均值；

② 更新形式因子 a，$a=((\boldsymbol{W}b)^{\mathrm{VT}})^{\dagger}\boldsymbol{y}$；

③ 更新内容因子 b，$b=((\boldsymbol{W}^{\mathrm{VT}}a)^{\mathrm{VT}})^{\dagger}\boldsymbol{y}$；

④ 重复步骤②和步骤③直到 a 和 b 收敛。

通过算法 2 我们能够得到测试图像的形式因子与内容因子，接下来可以对测试图像进行光照变换，将测试图像的未知光照转换到训练集中已知的光照上。这样处理能够将任意光照下的测试图像转换到相同且可控的光照平台上，令所有测试图像的特征具有归一化特性。下节将详细介绍光照变换的过程。

12.4 光照变换

对于光照鲁棒性人脸表情识别，我们提出一种新颖的光照变换方法，将商光照的概念引入用到双线性模型框架中。首先，假设人脸为朗伯面，根据朗伯反射模型，灰度图像 I 符合公式(12-9) 所描述的光照模型。

$$I(x,y)=\rho(x,y)\boldsymbol{n}(x,y)^{\mathrm{T}}s \tag{12-9}$$

式中，$0\leqslant\rho(x,y)\leqslant 1$ 是点 (x,y) 的反射率；$\boldsymbol{n}(x,y)$是点 (x,y) 的表面法向量；s 是可任意变化的点光源（其值是光源强度）。在任意光照 l 下的人脸

表情图像可表示为

$$I^{l}(x,y)=\rho(x,y)\boldsymbol{n}(x,y)^{\mathrm{T}}s_{l} \tag{12-10}$$

由此，同一表情图像在两个不同光照 l_1、l_2 下的商光照可定义为

$$R^{l_1 l_2}(x,y)=\frac{I^{l_2}(x,y)}{I^{l_1}(x,y)} \tag{12-11}$$

由公式(12-10) 可得：

$$R^{l_1 l_2}(x,y)=\frac{\rho(x,y)\boldsymbol{n}(x,y)^{\mathrm{T}}s_{l_2}}{\rho(x,y)\boldsymbol{n}(x,y)^{\mathrm{T}}s_{l_1}}=\frac{\boldsymbol{n}(x,y)^{\mathrm{T}}s_{l_2}}{\boldsymbol{n}(x,y)^{\mathrm{T}}s_{l_1}} \tag{12-12}$$

从公式(12-12) 可以看出商光照由表面法向量和光源决定。进一步，假设同一幅表情图像在不同光照处理后，所得到的观测对象拥有相同的表面法向量。因此对于训练集与测试集内的人脸表情图像而言，它们在任意两个光照 l_1、l_2 下的商光照是相同的，并且商光照的变化只取决于光照条件的变化。

对测试集进行光照变换的目标是：给定一个目标光照 c 下的参考表情图像 I_{ref}^{c}，将未知光照 l 下的表情图像 I_{in}^{l} 转换成目标光照 c 下的表情图像 I_{in}^{c}。我们将训练集中某一固定光照 c 下的所有表情图像灰度的平均值作为参考表情图像(如本章试验中，训练集中每一固定光照下有 137 幅表情图像，对这 137 幅表情图像的灰度值先求和再取平均值)。那么基于两个光照 c 和 l 的商光照可表示如下：

$$R^{lc}(x,y)=\frac{I_{\mathrm{in}}^{c}(x,y)}{I_{\mathrm{in}}^{l}(x,y)}=\frac{I_{\mathrm{ref}}^{c}(x,y)}{I_{\mathrm{ref}}^{l}(x,y)} \tag{12-13}$$

要得到目标光照表情图像 $I_{\mathrm{in}}^{c}(x,y)$，只需计算出光照 l 下的参考表情图像 $I_{\mathrm{ref}}^{l}(x,y)$。应用 12.3 节中的算法 1 和算法 2，能够计算出表情图像 $I_{\mathrm{in}}^{l}(x,y)$ 的形式因子 a_l。则光照 l 下的参考表情图像可表示为

$$I_{\mathrm{ref}}^{l}(x,y)=(\boldsymbol{W}b_{\mathrm{ref}})^{\mathrm{VT}}a_{l} \tag{12-14}$$

其中，b_{ref} 是参考表情图像的内容因子，即固定光照 c 下的所有表情图像内容因子的均值。由此，可得商光照 $R^{lc}=\dfrac{I_{\mathrm{ref}}^{c}(x,y)}{I_{\mathrm{ref}}^{l}(x,y)}$，则目标光照表情 $I_{\mathrm{in}}^{c}(x,y)$可表示为

$$I_{\mathrm{in}}^{c}(x,y)=R^{lc}(x,y)I_{\mathrm{in}}^{l}(x,y) \tag{12-15}$$

图 12-3 描述了如何应用对称双线性变换将包含表情 b_1 和光照 a_1 的测试图

像的光照转换到参考表情 b_2 的三个不同光照 a_2、a_3、a_4 上。首先从测试图像中提取一组形式因子与内容因子（a_1,b_1），接下来从三个不同光照下的参考表情中提取三组形式因子与内容因子（a_2,b_2）、（a_3,b_2）、（a_4,b_2），最后将表情 b_1 分别转换到三个不同的光照 a_2、a_3 和 a_4 上。

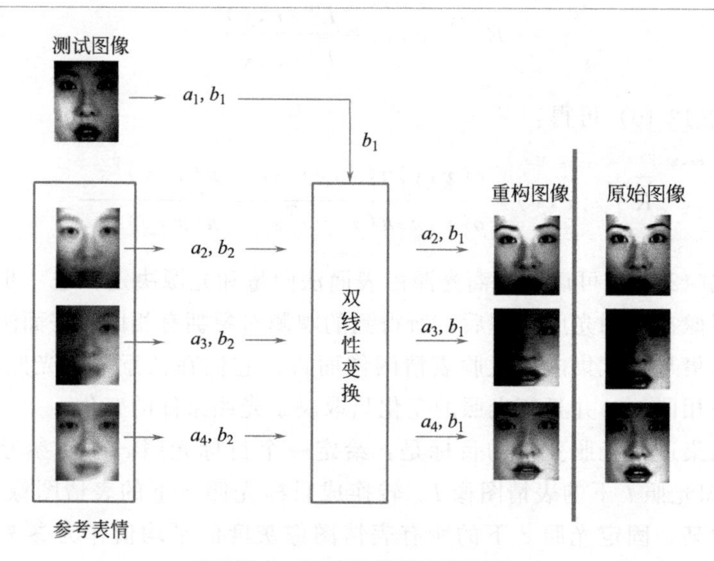

图 12-3 双线性模型变换过程

图 12-3 中，所有图片均为. tiff 格式。原始图像从上至下图片大小依次为 33.9Kb、33.6Kb、33.4Kb，重构图像从上至下大小依次为 33.8Kb、33.6Kb、33.3Kb。重构图像与其对应的原始图像大小近似相等，这表明重构图像充分保留了原始图像的细节特征。对于图 12-3 中三个不同的光照而言，重构图像与原始图像十分相似，尤其是眼睛和嘴部等最具表情辨识能力的区域没有发生畸变，这表明应用双线性模型进行未知光照表情图像预处理是有效的。

我们对人脸表情图像进行光照预处理，目的是将未知光照下的测试表情图像转换成若干已知光照的表情图像。这样处理能够有效地将测试集中各个任意光照的测试图像转换到相同的光照平台上，令所有测试图像的特征具有归一化特性，同时能够克服非统计的光照预处理方法易丢失表情变化细节信息、降低表情有效辨识度的缺点，有效地提高分类精度。图 12-4 描述了本节光照变换的实例，将待测试的未知光照表情图像转换到训练集的 8 个不同的光照上，同时保留相同的表情。通过光照变换有效提高了非均匀光照变化下人脸表情图像的辨识度，用转换后的多幅表情图像特征来表征原始表情图像，能够使表情变化的有效辨识信息得到累加，增强表情图像的区分度，从而提高识别性能。

 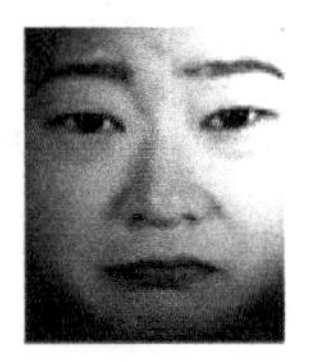

(a) 测试集人脸表情图像

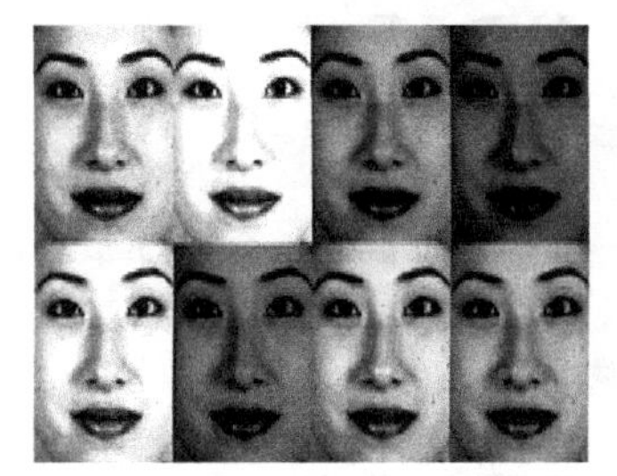 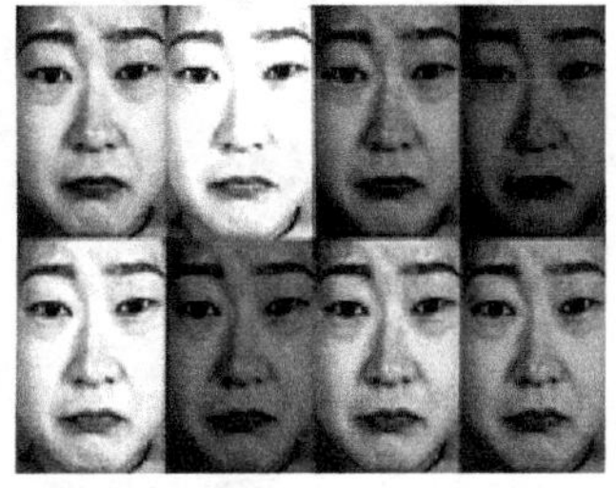

(b) 光照变换后的人脸表情图像

图 12-4 本节光照变换实例

12.5 实验描述及结果分析

12.5.1 实验描述

由于目前还没有比较完善的基于非均匀光照条件下的人脸表情数据库，因此为了验证所提出的基于双线性模型的光照预处理方法的有效性，本节将对表情识别研究中较常用的 JAFFE 表情库进行加光照处理，并用处理后的表情进行测试。JAFFE 表情库包含 10 个日本女性的表情图像，每个人有 7 种表情，分别为愤怒、厌恶、恐惧、高兴、中性、悲伤和惊讶，每种表情包含 3～4 个样本，总计 213 个。首先，对表情图像进行预处理（预处理方法与 11.7.2 节相同），预处理后得到像素尺寸为 124×104，仅含面部表情区域的图像。接下来，每个人 7 种表情分别取 1～2 幅图像作为训练样本，其余的作为测试样本。最终，实验采用 137 个训练样本（7 种表情样本数分别为 20、18、20、19、20、20、20）和 76 个测试样本（7 种表情样本数分别为 10、11、12、12、10、11、10）。对于 137 个训练样本，赋予每个表情图像 8 种固定光照，可得到 137×8＝1096 个训练样本，如此处理极大地丰富了训练集的样本数量，进而提高训练效果。对于 76 个测试样本，按照光照角度（相对于光轴方向）的不同建立 5 个测试集：子集 1（<12°）、子集 2（12°～25°）、子集 3（25°～50°）、子集 4（50°～77°）、子集 5（77°～90°），5 个测试集的光照角度依次递增，其部分光照表情图像如图 12-5 所示，其中第一行至第五行分别对应测试集 1 至测试集 5 的部分光照表情图像。

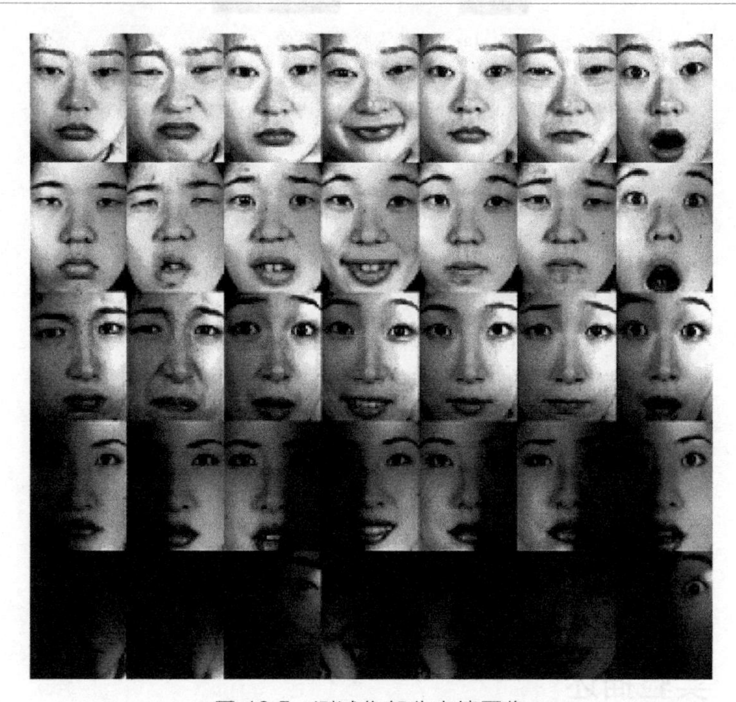

图 12-5 测试集部分表情图像

实验中，首先利用双线性模型变换将 5 个测试集中的 76 个未知光照的测试样本转换到训练集的 8 个固定光照上，每个测试表情可得到 8 个转换图像，然后利用 11.3 节中的融合规则 2 来提取 8 个转换图像的特征，所得特征维数为 $5\times8\times64\times8=20480$，由于维数过高难以快速精确地分类，因此利用 KPCA 进一步对所得特征进行特征选择，最后用支持向量机进行分类。

12.5.2 实验对比

本章所提出的基于对称双线性模型的非均匀光照预处理方法分别与无预处理（None）以及伽马校正（GIC）、直方图均衡化（HE）、自商图像（SQI）、对数商图像（LQI）等光照预处理方法进行实验对比，表 12-1 列出了不同光照预处理方法对应的识别结果。

表 12-1 不同的光照预处理方法对应的识别率 单位:%

光照预处理方法	测试集 1	测试集 2	测试集 3	测试集 4	测试集 5	平均
None	78.95	69.74	53.95	40.79	19.74	52.63
GIC	81.58	76.32	63.16	39.47	22.37	56.58
HE	82.89	78.95	67.11	48.68	38.16	63.16
SQI	86.84	86.84	85.53	82.89	78.95	84.21
LQI	90.79	89.47	88.16	85.53	82.89	87.37
本章方法	**94.74**	**94.74**	**92.11**	**90.79**	**89.47**	**92.37**

由表 12-1 可以看出下列问题。

① 各种光照预处理方法在 5 个测试集上获得的识别率随着光照角度的增大而降低。这表明光照的变化对表情识别有明显的影响，光照角度越大，识别率越低。

② 本章所提出的基于双线性模型变换的非均匀光照预处理方法在 5 个测试集上都取得了最高的识别率，总体平均识别率达到 92.37%，远高于其他几种光照预处理方法。同时，随着光照角度的增大，从测试集 1 到测试集 5 的识别率下降幅度仅为 5.27%，大大低于其他几种光照预处理方法。这表明，本章所提出的非均匀光照预处理方法对于光照鲁棒性人脸表情识别是有效的，同时对光照变化的强度不敏感。

③ GIC 和 HE 在测试集 1 上的识别率超过 80%，而随着光照角度的增加，识别率急剧下降。这是因为它们只能有限地提高人脸表情图像在空间域的对比度，但是当光照变化强烈时，无法有效获取表情图像所包含的细节。因此，尽管它们能够部分消除光照的影响，但识别率不能令人满意。

④ SQI 通过加权高斯滤波虽然能够在一定程度上降低光照影响，但是高斯低通滤波所存在的缺陷会影响识别结果，即对清晰阴影边缘的放大和模糊。LQI 在 SQI 的基础上进行了改进，与 SQI 相比识别率上有所提高。但二者都是通过提取光照不变量的方式进行识别的，这在一定程度上降低了测试表情图像的质量，丢失了部分表情图像的细节信息。

接下来，我们对 5 种光照预处理方法的时间性能进行对比，实验用电脑 CPU 为 Intel 酷睿 2 双核处理器，主频为 2GHz。5 种方法对测试集的 76 张表情图像进行光照预处理的总时间如表 12-2 所示。

表 12-2 5 种光照预处理方法的时间性能对比 单位：s

方法	GIC	HE	SQI	LQI	本章方法
时间	1.5	1.2	33.8	4.3	5.2

由表 12-2 可以看出下列问题。

① 基于 GIC 和 HE 的光照预处理方法在运算时间上占有优势，当表情图像只有小幅度光照变化并且实时性要求较高时，可考虑应用此类方法进行简单的光照预处理。

② 基于 SQI 的光照预处理方法耗时较长，主要是由于加权高斯滤波器参数的选择比较困难，导致运算时间提高。因此，基于 SQI 的光照预处理方法不适用于实时应用。

③ 基于 LQI 的光照预处理方法的运算时间远低于 SQI 的运算时间，可以满足实时应用的需求。

④ 本章所提出的方法运算时间略高于 LQI。这是由于本章方法是将测试集表情转换到 8 个不同的光照上，工作量是其他几种预处理方法的 8 倍，但是运算时间并没有大幅提高。这也表明了本章所提方法能够通过较低的运算复杂度得到较高的识别精度。

表 12-3 进一步对无光照变化的 JAFFE 表情库与加光照无预处理的 JAFFE 表情库进行了实验对比分析。

表 12-3 不同的光照条件对应的识别率 单位：%

无光照	加光照无预处理	本章方法
98.24	52.63	92.37

由表 12-3 可以看出下列问题。

① 对于无光照变化的 JAFFE 表情库，通过 11.7 节的实验可得平均识别率为 98.24%，对 JAFFE 表情库加光照后，平均识别率下降到 52.63%，这表明光照的变化严重影响着表情识别率，光照变化往往比表情变化对于表情识别的影响更大。

② 应用本章所提出的方法对加光照的 JAFFE 表情库进行光照预处理后，所得平均识别率达到了 92.37%，与不进行光照预处理相比识别率大大提高，说明本章所提出的光照预处理方法是有效的。

③ 本章方法所得的平均识别率为 92.37%，低于无光照变化条件下的识别率 98.24%。这是由于，尽管双线性模型能够较有效地处理不同光照下的人脸表情，但是双线性模型在训练模型参数时引入的误差使其无法达到无光照变化条件下的高识别率。

本章所提出的基于双线性模型的非均匀光照预处理方法是将测试集人脸表情图像的光照转换到训练集的若干已知光照上，训练集中形式因子的数量决定了测试表情的表征图像的数量。测试表情对于不同的表征图像数量对识别结果产生的影响如表 12-4 所示。

表 12-4 测试表情不同的表征图像数量对应的识别结果　　单位:%

表征图像数量	测试集 1	测试集 2	测试集 3	测试集 4	测试集 5	平均
4	93.42	92.11	90.79	88.16	86.84	90.26
8	**94.74**	**94.74**	**92.11**	90.79	**89.47**	**92.37**
12	**94.74**	93.42	**92.11**	**92.11**	**89.47**	**92.37**
16	93.42	93.42	**92.11**	90.79	88.16	91.58

由表 12-4 可以看出如下问题。

① 表征图像为 4 个时，平均识别率较低。这是由于其对于测试表情的有效辨识信息的累加不够充分。

② 表征图像为 16 个时，平均识别率为 91.58%，略低于最高平均识别率 92.37%。这表明表征图像数量过多，在累加有效辨识信息的同时也增加了冗余。此外，随着表征图像数量的增加，计算复杂度也随之增加。

③ 表征图像为 8 个和 12 个时，均可得到最高平均识别率 92.37%。考虑到计算的复杂度，在此选用 8 个表征图像完成对测试表情的表征。

参考文献

[1] Hong J W, Song K T. Facial expression recognition under illumination variation [C]// IEEE Workshop on Advanced Robotics and Its Social Impacts, 2007. Hsinchu, Taiwan, China: IEEE, 2007: 1-6.

[2] Li H, Buenaposada J M, Baumela L. Real-time facial expression with illumination-corrected image sequences [C]// IEEE International Conference on Automatic Face and Gesture Recognition, 2008. Amsterdam, Netherlands: IEEE, 2008: 1-6.

[3] Lajevardi S M, Hussain Z M. Higher order orthogonal moments for invariant facial expression recogniton [J]. Digital Signal Processing, 2010, 20(6): 1771-1779.

[4] Georghiades A S, Belhumeur P N, Kriegman D J. From few to many: Illumination cone models for face recognition under variable lighting and pose [J]. IEEE Transactions on Pattern Analysis and Machine Intelligence, 2001, 23(6): 643-660.

[5] Zhang L, Samaras D. Face recognition under variable lighting using harmonic image exemplars [C]// Proceedings of the IEEE Computer Society Conference on Computer Vision and Pattern Recognition, 2003. Los Alamitos, USA: IEEE,

2003: 1-19.
[6] Lanitis A, Taylor C J, Cootes T F. Automatic face identification system using flexible appearance models [J]. Image and Vision Computing, 1995, 13 (12): 393-401.
[7] Shan S G, Gao W, Cao B, et al. Illumination normalization for robust face recognition against varying illumination conditions [C]// Proceedings of the IEEE International Workshop on Analysis and Modeling of Faces and Gestures, 2003. Washington D. C, USA: IEEE, 2003: 157-164.
[8] 王海涛，刘俊，王阳生. 自商图像[J]. 计算机工程，2005，31 (18): 178-179.
[9] Chen T, Yin W, Zhou X S, et al. Illumination normalization for face recognition and uneven background correction using total variation based image models [C]// Proceedings of the IEEE International Conference on Computer Vision and Pattern Recognition, 2005. San Diego, USA: IEEE, 2005: 532-539.
[10] 张熠，张桂林. 基于总变分模型的光照不变人脸识别算法[J]. 中国图象图形学报，2009，12 (2): 208-213.
[11] Tenenbaum J, Freeman W. Separating style and content with bilinear models [J]. Neural Computer, 2000, 12 (6): 1247-1283.
[12] Abboud B, Davoine F. Appearance factorization based facial expression recognition and synthesis [C]// Proceedings of the International Conference on Pattern Recognition, 2004. Cambridge, UK: IEEE, 2004: 163-166.
[13] Du Y, Lin X. Multi-view face image synthesis using factorization model [C]// Proceedings of the HCI/ECCV, 2004. Prague, Czeca Republic, 2004: 200-201.
[14] Lee H, Kim D. Facial expression transformation for expression invariant face recognition [C]// Proceedings of the International Symposium on Visual Computing, 2006. Lake Tahoe, USA, 2006: 323-333.
[15] Grimes D, Rao R. A bilinear model for sparse coding, neural information processing systems [J]. Neural Informontion Systems, 2003, 15 (3): 1287-1294.
[16] Magnus J R, Neudecker H. Matrix differential calculus with applications in statistics and econometrics [M]. Oxford: John Wiley&Sons Ltd, 1988.
[17] Shashua A, Riklin R T. The quotient image: class-based re-rendering and recognition with varying illumination [J]. IEEE Transactions on Pattern Analysis and Machine Intelligence, 2001, 23 (2): 129-139.
[18] 刘帅师，田彦涛，万川. 基于 Gabor 多方向特征融合与分块直方图的人脸表情识别方法[J]. 自动化学报，2011，37 (12): 1455-1463.

第13章

基于局部特征径向编码的局部遮挡表情特征提取

13.1 概述

人脸表情具有复杂性和多变性的特点，目前众多表情识别研究局限于对受控环境下的无遮挡人脸表情的分析。随着研究的深入，研究人员发现，太阳镜、口罩、围巾等装饰物的遮挡对于表情识别有显著影响，表情图像上的遮挡通常会降低表情识别性能。因此，在实际应用中对遮挡鲁棒性人脸表情识别算法的研究是十分必要的。

目前，研究人员提出了一些处理面部遮挡的特征提取方法，总体可分为全局特征提取与局部特征提取。文献［2］提出了三种基于主成分分析（Principal Component Analysis，PCA）的方法重构具有遮挡的面部表情。Leonardis 等人提出一种鲁棒 PCA 方法，能够从部分遮挡图像中估计特征图像的系数，有效重构被遮挡图像。但是，其重构性能依赖于训练集，当测试集中的识别对象（人）没有出现在训练集中时，重构效果不理想。Tarres 等人应用多重 PCA 空间来处理人脸面部遮挡问题，但是对于遮挡类型的变化鲁棒性不强，而且需要大量的处理时间。上述方法都是基于遮挡表情图像全局特征的提取方法。接下来，进一步对遮挡表情的局部特征提取方法进行分析。

文献［5］提出了表情特征局部表征和分类器融合，实现了对存在遮挡的表情序列的识别。文献［6］提出了人脸局部空间动力学状态模型，从视频序列鲁棒地识别人脸表情。Martinez 描述了一种概率方法，能够在每个分类中只有一个训练样本时对部分遮挡和表情变化的人脸图像进行有效补偿。为了解决遮挡问题，将每个人脸图像分割成 k 个局部区域，对每个局部区域进行独立匹配。Li 等人提出一种局部非负矩阵因式分解（Local Non-negative Matrix Factorization，LNMF）的方法，在非负矩阵因式分解（NMF）的非负约束的基础上，对目标函数又增加了局部约束，对于遮挡表情的识别效果优于 NMF 和 PCA 方法。Oh 等人在文献［8］的基础上提出一种新颖的自选择局部非负矩阵因式分解（Selective LNMF，SLNMF）的方法，将人脸图像划分为有限的相互不重叠的局部区域，并对遮挡区域进行详细检测，最后利用无遮挡区域特征进行分类。Kotsia 等人根据决策非负矩阵因式分解（Discriminant NMF，DNMF）算法能够将人脸表情图像分解为对表情识别起关键作用的稀疏决策人脸单元（如眼睛、眉毛和嘴等）的特点，应用其提取部分遮挡表情图像的纹理特征，取得了较好的鲁棒性。文献［8］提出基础图像的稀疏性与部分遮挡图像识别方法的鲁棒性有关联，也证明了 DNMF 算法的有效性。随着局部特征提取方法的引入，部分遮挡人脸表情识别性能有了显著提高。上述方法对于非独立个体（个体在训练集中出现过）的遮挡表情的识别性能较好，但对于独立个体（个体没有出现在训练集中）的遮挡表情的识别性能不理想。研究发现，人脸表情识别通常与识别对象密切相关，识别对象的变化对于表情识别的影响甚至超过表情变化本身对于表情识别的影响。因此，本章重点研究独立个体的遮挡人脸表情识别。

人类对于表情的感知是基于视觉皮层的，因此对视觉皮层进行建模是一种可行方案。为了对初生皮层上简单细胞的空间方向特性进行模拟，Jones 等人提出二维 Gabor 滤波器，当其与图像进行卷积时，对于小幅度的物体旋转、形变以及光照的变化具有一定的鲁棒性。Gabor 变换是一种有效的非监督学习方法，既不依赖于训练集，又能够有效提取表情图像的纹理特征，对于独立个体的遮挡表情识别具有可行性。文献［16］提出了基于 Gabor 小波的特征提取和两种分类器融合的表情识别方法，对眼部、嘴部等局部遮挡情况下的表情识别具有一定的鲁棒性，但是 Gabor 特征输出在相邻像素点间存在较高的冗余，因此需要对 Gabor 输出进行有效的编码。考虑到人类视觉系统的一个基本特点是对于有限的空间转换（位移、尺度、旋转）具有不变性，Ganesh 等人将一种径向网格编码策略应用于二值图像与非二值图像，实现了对有限位移、尺度与旋转的不变性。

基于上述分析，本章提出了一种新颖的基于局部 Gabor 特征径向网格编码的部分遮挡人脸表情特征提取方法，基本思想是：首先将人脸表情图像分割成若干部分重叠的局部子块，对每一个局部子块提取 Gabor 特征，然后应用径向网格编码策略对所有 Gabor 图像进行有效编码以实现图像表征。利用径向网格对 Gabor 特征进行编码，保留了 Gabor 特征在表征独立个体表情纹理变化方面的优势，同时，径向网格编码策略的引入能够有效地降低 Gabor 特征数据间的冗余，所得到的特征向量对于部分遮挡人脸表情识别具有很强的辨识性。

13.2 表情图像预处理

本章实验所用表情图像为灰度图像，首先按照 11.7.2 节的图像预处理方法对原始表情图像进行光照与尺寸预处理，经预处理后的表情图像像素大小为 128×104。接下来将每张表情图像分割成若干局部子块，其中一部分局部子块包含对表情识别起决定作用的人脸单元，如嘴角、眼角等。从神经生理学和视觉的角度来看，视网膜和视皮层上两个相邻细胞的感受野存在部分重叠。因此，本章实验中将相邻局部区域进一步设计为存在 50%重叠。令表情图像的高度、宽度与局部子块的高度、宽度的比率均为 ρ，则可得局部子块的数量为 $(2\rho-1)^2$。这样处理可以确保在对 Gabor 特征进行径向网格编码时不会丢失有效的辨识信息。

局部子块的数量按照如下要求进行选择：①局部区域尽可能包含全部的人脸单元；②局部区域的选择要足够小以确保从人脸单元中提取出局部特征。不同比率 ρ 对应的局部子块数量如图 13-1 所示。

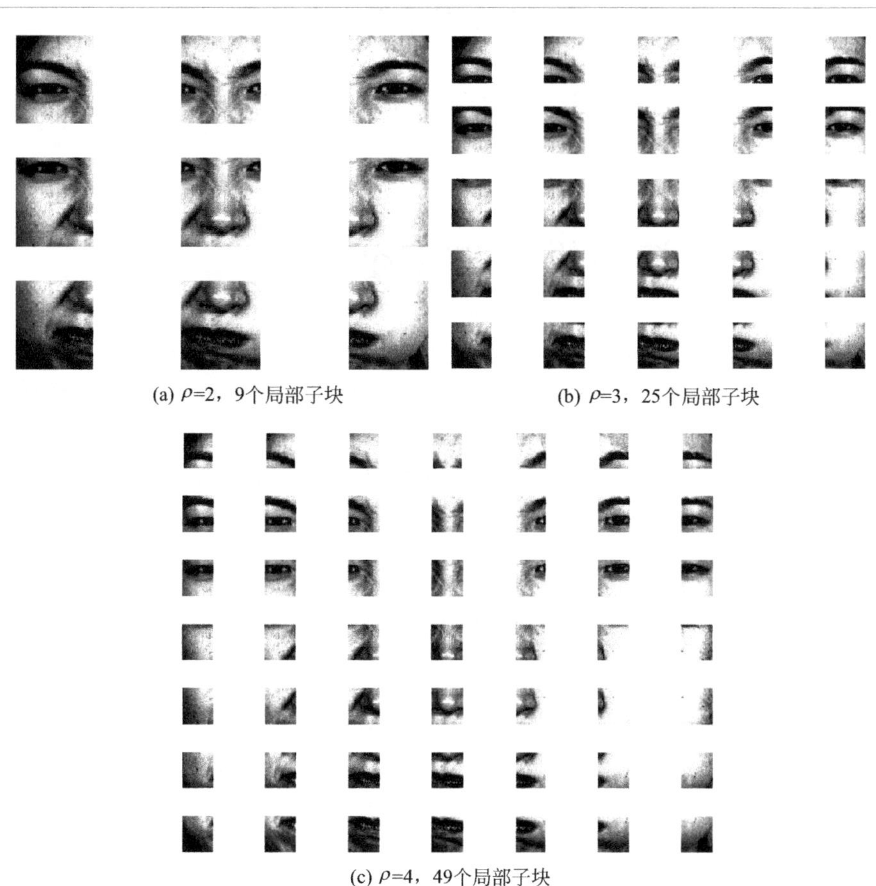

(a) ρ=2，9个局部子块　　(b) ρ=3，25个局部子块

(c) ρ=4，49个局部子块

图 13-1

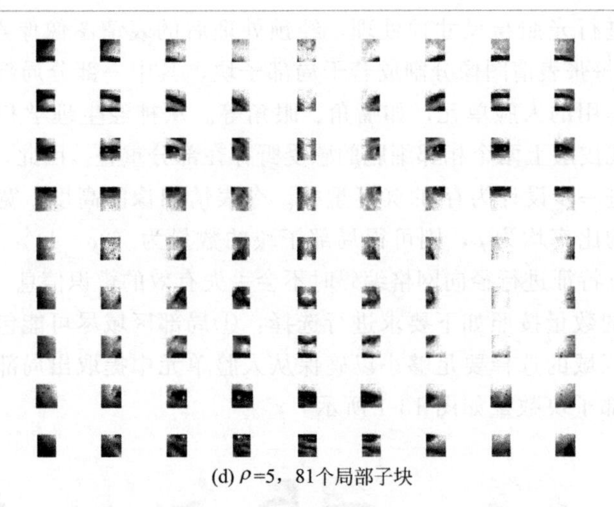

(d) ρ=5，81个局部子块

图 13-1 不同比率对应的局部子块数量

13.3 局部特征提取与表征

本章所提出的基于局部 Gabor 特征径向编码的特征选择过程如图 13-2 所示。首先，将人脸表情图像按照 13.2 节描述的预处理方法分割成存在 50％重叠的局部子块；其次，对每个局部子块进行 3 个尺度、8 个方向的 Gabor 变换；最后，对各个局部子块的 Gabor 特征进行径向网格编码，完成人脸表情图像的局部特征表征。

13.4 Gabor 特征径向编码

人类对于表情的感知过程很复杂，目前，研究人员提出了很多人类识别目标的生物学模型，径向网格编码策略源自对视网膜的模拟。人类视觉系统的一个基本特点是对于有限的空间转换（位移、尺度、旋转）具有不变性，径向网格编码符合这一基本特点。Ganesh 提出一种径向网格编码策略，实现了对有限位移、尺度与旋转的不变性。Connolly 等人重点关注视网膜构型的局部特征，将视野按照角度和半径的不同分割为径向网格模型。图 13-3 所示为恒河猴的视网膜（A）在外侧膝状体核（B）和初生皮层（C）上的映射。由图 13-3 可以看出，视

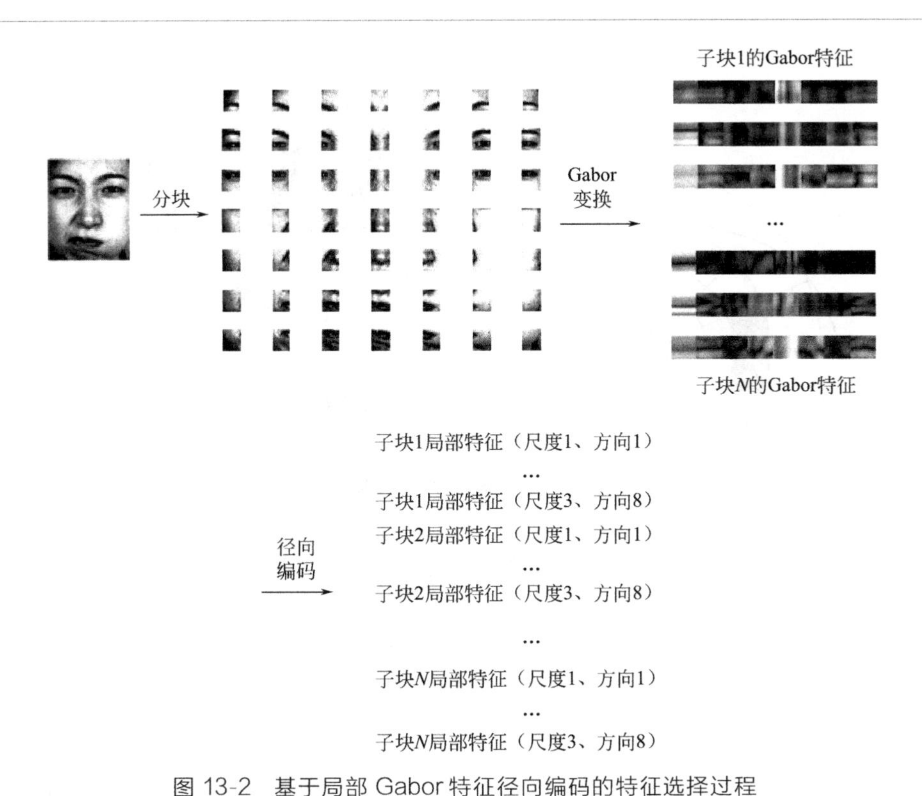

图 13-2 基于局部 Gabor 特征径向编码的特征选择过程

觉表征在皮层区域是不均匀的，靠近视野中心的部分在外侧膝状体核和初生皮层上的映射所占面积远远超出视野外围部分的映射面积。这表明，落入视野中心区域的视觉刺激对观测对象的描述远超落入视野外围的视觉刺激对观测对象的描述。

受此启发，本节应用径向网格结构对 Gabor 滤波器的输出进行编码，实现对视网膜的模拟。图 13-4 描述了对表情图像的一个局部子块的 Gabor 特征进行径向网格编码的实例。

径向网格的选择要保证内部网格所包含的像素点尽可能少，但至少包含一个像素点。由图 13-4 可以看到内部网格的面积远小于外部网格的面积，因此内部网格所包含的像素点数也远少于外部网格所包含的像素点数。通过文献［22］的分析，内部网格所包含的像素点对于图像的识别作用超过外围网格所包含的像素点，因此对网格内像素点进行求均值处理能够进一步强化内部网格像素的识别优势，还能够增强所提 Gabor 特征的统计特性，有效降低特征维数。

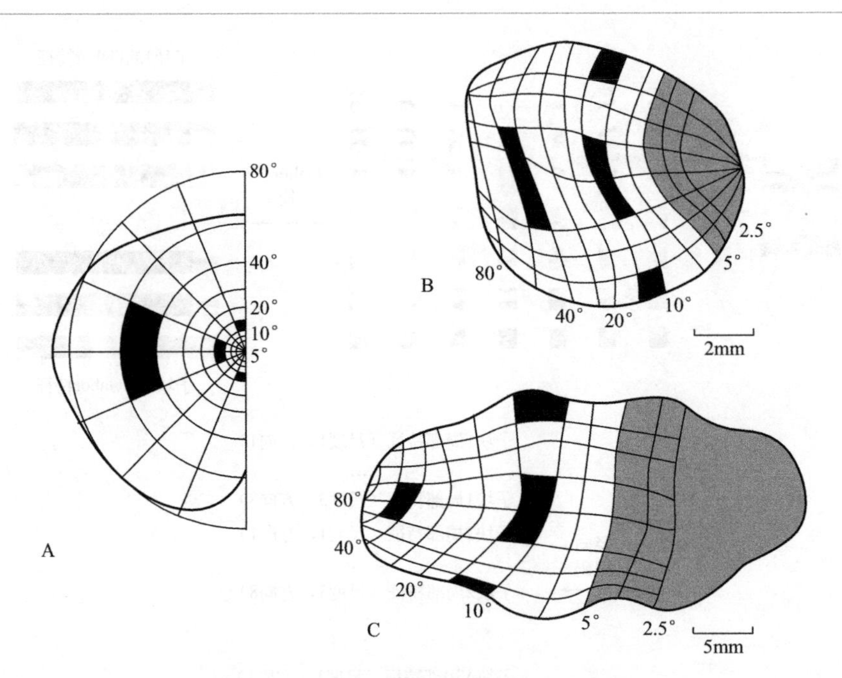

图 13-3 径向网格结构在视野上的应用

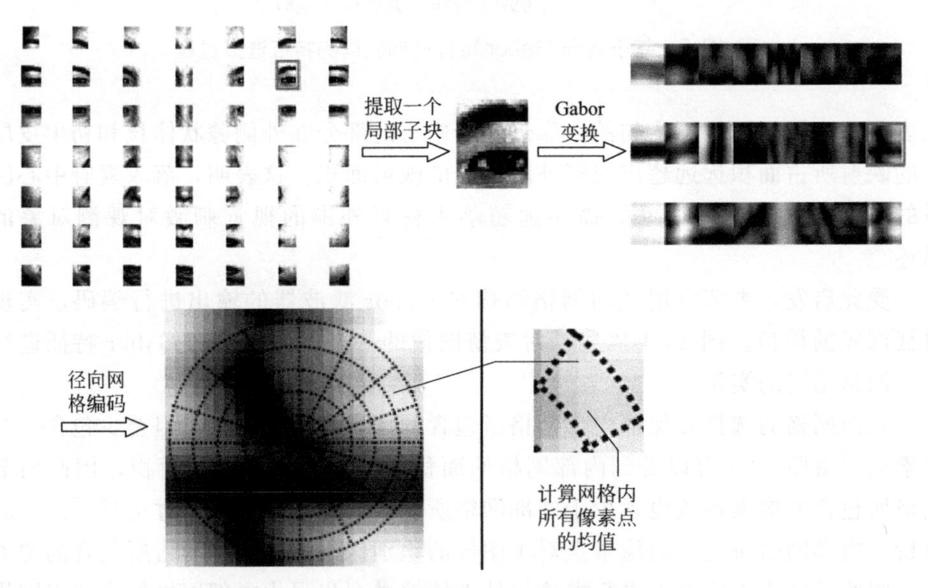

图 13-4 径向网格在灰度图像上的编码实例

这里对局部子块 Gabor 特征径向编码的过程描述如下。

① 在每一个 Gabor 滤波图像上划分径向网格，网格的中心为 Gabor 滤波图像的中心，最外层网格圆周半径 r 定义为：$r=\min(w,h)/2$，其中 w 和 h 分别为 Gabor 滤波图像的宽度和高度（也就是局部子块的宽度和高度）。

② 每个网格对应不同的角度 $i(i=1,2,\cdots,m)$ 和半径 $j(j=1,2,\cdots,n)$，其中 m 和 n 分别对应网格角度的数量和半径的数量。计算 $v(i,j)=p\_sum/p\_num$，其中 p_sum 表示落入网格内的所有像素值的和，p_num 表示落入网格内的像素点的个数，$v(i,j)$ 表示网格 (i,j) 的平均像素值。

③ 建立 Gabor 特征矩阵，$\{\boldsymbol{v}(i,j):i\in(1,2,\cdots,m),j\in(1,2,\cdots,n)\}$。

本章实验中，网格尺寸选择为 16×5(16 个角度，5 个半径，网格尺寸具体选择过程见 13.6.2 节实验)，即每个 Gabor 滤波图像对应一个 16×5 的特征矩阵。通过对每个局部子块的 24（3 个尺度，8 个方向）个 Gabor 滤波器输出进行径向网格编码，则可得每个局部子块对应 24 个 16×5 的特征矩阵。将由 Gabor 滤波图像所得的特征按照相同尺度不同方向分组，可得 3 个新的 80×8 的特征矩阵，其中 80(16×5) 是网格数量。以表情图像分割成 49 个局部子块为例，一个人脸表情图像可由 147(49×3) 个局部特征来表征，每个局部特征由一个 80×8 的特征矩阵表征。

13.5 算法可行性分析

① 将表情图像分割成具有部分重叠的局部子块，符合人类视觉系统的成像模式，既保证了所提取的特征为局部特征，又可以确保在径向网格编码时不会丢失有效决策信息。

② Gabor 变换是一种十分有效的非监督学习方法，它既不依赖于训练集，又能够有效地提取人脸表情图像的纹理特征，对于独立个体的部分遮挡表情识别具有可行性。

③ 应用径向网格对 Gabor 特征进行编码，保留了 Gabor 特征在表征独立个体表情纹理变化方面的优势，同时，径向网格编码策略既能够有效地模拟视网膜成像的特点，又能够有效地降低 Gabor 特征数据间的冗余，所得到的特征向量对于部分遮挡人脸表情具有很高的辨别能力。

13.6 实验描述及结果分析

对于人脸表情识别而言，眼部和嘴部所包含的表情信息对于表情识别最具辨识性。但是，目前还没有通用的较为成熟的包含眼部和嘴部遮挡的人脸表情数据库。因此，我们对无遮挡表情库图像的眼部和嘴部添加黑色色块来形成有遮挡表情库，模拟现实中太阳镜对眼睛的遮挡以及口罩、围巾等对嘴部的遮挡。实验采用的人脸表情数据库是日本的JAFFE女性人脸表情数据库。数据库包含了10个日本女性的人脸表情图像，每个人有7种表情，分别为愤怒、厌恶、恐惧、高兴、中性、悲伤和惊讶，每种表情包含3～4张样本，总计213张表情图像。部分实验用遮挡表情图像如图13-5所示。

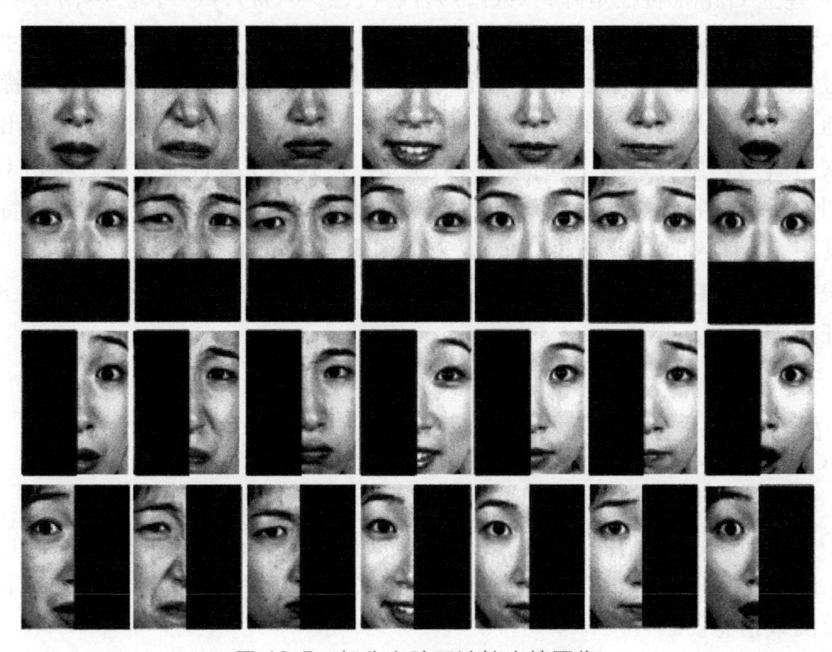

图 13-5 部分实验用遮挡表情图像

本节实验设置分为非独立个体交叉验证和独立个体交叉验证两种方式。非独立个体交叉验证（测试样本在训练集中出现过）：分别在每个人的各种表情中取1～2张表情图像作为训练样本，其余的作为测试样本。实验采用137张训练样本（7种表情的样本数量分别为20、18、20、19、20、20、20）和76张测试样本（7种表情的样本数量分别为10、11、12、12、10、11、10）。由于JAFFE表情数据库所包含的样本数量较少，因此，实验遍历3种情况，得到表情平均识别率。独立个体交叉验证（测试样本没有在训练集中出现过）：JAFFE表情数据库包含10个女性的表情图像，按照数据库中所包含的人数将数据库分为10个子集，每个子集包含一个人在此数据库中的所有表情图像。挑出一个子集作为测试集，其他所有子集作为训练集，如此实验直至所有子集都做过一次测试集，最后求出平均识别率。

本章重点研究局部特征提取方法，因此实验采用较为简单的K近邻（欧氏距离）方法对所提取的局部特征进行分类。用局部分类器对局部特征进行局部决策，再将所有局部决策进行累积，形成最终决策。

13.6.1 局部子块数对识别结果的影响

如13.2节所述，实验时首先要将表情图像按照不同比率ρ分割为若干数量的局部子块，局部子块数量的选择对识别性能有很大影响。表13-1列出了无遮挡情况下3种不同的局部子块数量对应的识别结果。

表13-1 不同的局部子块数量对应的识别结果 单位：%

	25个局部子块	49个局部子块	81个局部子块
独立个体交叉验证	85.89	88.75	88.29
非独立个体交叉验证	92.11	94.74	94.74

由表13-1可以看出如下问题。

① 25个局部子块对应的识别率最低。这是由于当比率$\rho=3$时，每个局部子块的面积过大，包含了过多的表情信息，因此无法有效地提取出各个人脸单元的局部特征。

② 81个局部子块与49个局部子块所对应的识别率近似相等，且均高于25个局部子块所对应的识别率。但是81个局部子块所对应的运算量和运算时间高出49个局部子块近一倍，考虑到计算复杂度，本章后续实验中将表情图像统一分割为49个局部子块。

③ 对于非独立个体交叉验证，平均识别率最高能够达到94.74%；对于独立个体交叉验证，识别率最高能够达到88.75%，两种验证方式都取得了较好的识别结果。实验结果表明本章所提出的基于局部特征径向网格编码的特征提取方法对于表情识别是有效的。

④ 对于独立个体交叉验证，由于系统需要识别一个新个体的表情，因此识别率相对于非独立个体交叉验证的识别率有所降低，本章后续实验重点分析独立个体交叉验证。

13.6.2 径向网格尺寸对识别结果的影响

实验中需要对局部子块的Gabor特征进行径向网格编码，因此网格尺寸的选择至关重要。由于每个局部Gabor滤波图像的像素尺寸为32×24，所以网格尺寸的选择需限定在此范围内。表13-2列出了无遮挡情况下不同径向网格尺寸

（角度×半径）对应的识别结果。

表 13-2　不同的径向网格尺寸对应的识别结果　　单位：%

8×2	12×4	16×5	18×7	20×12
70.42	80.84	88.75	87.85	83.98

由表 13-2 可以看出下列问题。

① 网格选择较为稀疏时（8×2），识别率最低，这是由于内部网格选取过大，所包含的像素点过多，对像素点的均值处理弱化了内部网格像素点对于图像的识别优势。

② 网格选择较为密集时（20×12），计算量大幅提高，但是识别结果不理想，这是由于网格选择太密集，外部网格所包含的像素点较少，均值处理的作用体现得不明显。

③ 网格尺寸选择为 18×7 时，识别率略低于取得最高识别率的网格尺寸 16×5，这表明在此范围内选择网格尺寸对于本章表情识别分析有较好的效果，此外，需进一步在计算复杂度和识别率间寻求一个平衡，使得算法能够以较低的计算复杂度得到较高的识别率。

④ 网格尺寸选择为 16×5 时，得到了最高的识别率 88.75%。因此，本章后续的实验将网格尺寸统一选择为 16×5（16 个角度，5 个半径）。

13.6.3 左/右人脸区域遮挡对识别结果的影响

从肉眼观察的角度出发，左/右人脸区域遮挡对表情识别影响不大，具体实验结果如表 13-3 所示。实验中，此类型的面部遮挡没有明显降低表情识别率，这表明左/右两侧人脸都包含了足够多的表情识别决策信息，且两侧人脸所包含的决策信息近似相同。这也进一步证实了肉眼观察的结果。因此，对于左/右人脸区域遮挡问题不再做进一步的研究。

表 13-3　左/右人脸区域遮挡对应的识别结果　　单位：%

无遮挡	左侧人脸区域遮挡	右侧人脸区域遮挡
88.75	88.29	88.19

13.6.4 不同局部特征编码方法的实验对比分析

表 13-4 列出了本章提出的局部特征提取方法与其他两种常用的局部特征编码方法的实验对比结果。

表 13-4 不同的局部特征编码方法对应的识别结果 单位:%

	无遮挡	眼睛遮挡	嘴部遮挡
Gabor 特征	87.24	83.05	78.88
DNMF 算法	84.46	81.69	77.96
本章方法	88.75	84.46	80.84

由表 13-4 可以看出如下问题。

① 本章提出的径向网格编码方法所提取的局部特征在无遮挡表情库、眼睛遮挡表情库以及嘴部遮挡表情库上都取得了较高识别率，分别为 88.75%、84.46%和 80.84%，实验结果充分说明本章方法所提取的特征对于部分遮挡人脸表情更具辨识性。

② 嘴部遮挡对于人脸表情识别率的影响超过了眼睛遮挡对于表情识别率的影响，这表明嘴部区域所包含的表情决策信息总体上多于眼睛区域所包含的表情决策信息。

③ 三种方法在局部遮挡表情库上的识别率均低于其在无遮挡表情库上的识别率，这表明面部遮挡会降低人脸表情识别率。其中，本章方法在眼睛遮挡条件下得到了 84.46%的识别率，与无遮挡的识别率相比下降了 4.29%；在嘴部遮挡条件下得到了 80.84%的识别率，与无遮挡的识别率相比下降了 7.91%。在遮挡条件下的识别效果优于其他两种方法。因此如何提取一种对局部遮挡表情更具鲁棒性的特征是十分必要的。

13.6.5 遮挡对于表情识别的影响

将本章方法应用于眼睛遮挡与嘴部遮挡的 JAFFE 表情库，所得平均识别率分别为 84.46%和 80.84%，与无遮挡 JAFFE 表情库上的识别率相比下降分别为 4.29%和 7.91%。下面通过表 13-5 和表 13-6 进一步分析眼睛遮挡和嘴部遮挡对于 7 种表情识别的具体影响。

表 13-5 眼睛遮挡情况下 7 种表情的具体识别结果 单位:%

	愤怒	厌恶	恐惧	高兴	中性	悲伤	惊讶
愤怒	80	0	9.38	3.13	0	6.67	0
厌恶	3.33	**75.86**	0	0	0	3.33	3.33
恐惧	6.67	10.34	87.5	9.38	3.33	0	3.33
高兴	3.33	0	3.13	87.5	0	0	0
中性	0	0	0	0	86.67	6.67	0
悲伤	6.67	13.79	0	0	10.0	83.33	3.33
惊讶	0	0	0	0	0	0	**90.00**

表 13-6 嘴部遮挡情况下 7 种表情的具体识别结果 单位：%

	愤怒	厌恶	恐惧	高兴	中性	悲伤	惊讶
愤怒	**73.33**	0	12.5	6.25	0	6.67	0
厌恶	6.67	79.31	0	0	0	6.67	3.33
恐惧	10.0	6.9	**81.25**	12.5	6.67	0	3.33
高兴	3.33	0	6.25	**81.25**	0	0	0
中性	0	0	0	0	**80.0**	10.0	0
悲伤	6.67	13.79	0	0	13.33	**76.67**	0
惊讶	0	0	0	0	0	0	93.33

由表 13-5 和表 13-6 可以看出：

① 对于愤怒表情，嘴部遮挡造成的识别率下降超过眼睛遮挡；

② 对于厌恶表情，眼部睛遮挡造成的识别率下降超过嘴部遮挡；

③ 对于恐惧表情，嘴部遮挡造成的识别率下降超过眼睛遮挡；

④ 对于高兴表情，嘴部遮挡造成的识别率下降超过眼睛遮挡；

⑤ 对于中性表情，嘴部遮挡造成的识别率下降超过眼睛遮挡；

⑥ 对于悲伤表情，嘴部遮挡造成的识别率下降超过眼睛遮挡；

⑦ 对于惊讶表情，眼睛遮挡造成的识别率下降超过嘴部遮挡。

实验结果表明，对于厌恶和惊讶表情，眼睛所包含的表情决策信息多于嘴部包含的信息。对于愤怒、恐惧、高兴、中性和悲伤表情，嘴部包含的表情决策信息多于眼睛包含的信息。其中，部分愤怒表情被误识别为厌恶、恐惧、高兴和悲伤四种表情，是 7 种表情中最易被误识别的表情。惊讶表情在眼部遮挡和嘴部遮挡情况下都得到了较高的识别率，说明惊讶表情无论眼部还是嘴部都包含丰富的表情决策信息。

参考文献

[1] Pantic M, Rothkrantz L. Automatic analysis of facial expressions: the state of the art [J]. IEEE Transactions on Pattern Analysis and Machine Intelligence, 2000, 22(12): 1424-1445.

[2] Buciu I, Kotsia I, Pitas I. Facial expression analysis under partial occlusion [C]// Proceedings of the IEEE International Conference on Acoustics, Speech, and Signal Processing, 2005. Philadelphia, PA, USA: IEEE, 2005: 453-456.

[3] Leonardis A, Bischof H. Robust recog-

nition using eigenimages [J]. Computer Visial Image Understanding, 2000, 78 (1): 99-118.

[4] Tarres F, Rama A. A novel method for face recognition under partial occlusion or facial expression variations [C]// Proceedings of the 47th International Symposium Multimedia Systems and Applications, 2005. Zadar, Croatia, 2005: 1-4.

[5] Bourel F, Chibelushi C C, Low A A. Recognition of facial expressions in the presence of occlusion [C]// Proceedings of the 12th British Machine Vision Conference, 2001. Manchester, UK, 2001: 213-222.

[6] Bourel F, Chibelushi C C, Low A A. Robust faeial expression reeognition using asate-based model of spatially-loealized faeial dynamies [C]// Proeeedings of 5th IEEE International Conference on Automatic Face and Gesture Recognition. Washington D. C., USA: IEEE, 2002: 113-118.

[7] Martinez A M. Recognizing imprecisely localized, partially occluded, and expression variant faces from a single sample perclass [J]. IEEE Transactions Pattern Analysis Machenice Intellengence, 2002, 24 (6): 748-763.

[8] Li S Z, Hou X W, Zhang H J, et al. Learning spatially localized part-based representation [C]// Proceedings of the IEEE Conference on Computer Vision Pattern Recognition, 2001. Kanai, HI, USA: IEEE, 2001: 207-212.

[9] Lee D D, Seung H. S. Learning the parts of objects by non-negative matrix factorization [J]. Nature, 1999, 40 (1): 788-791.

[10] Hyun J O, Kyoung M L, Sang U L. Occlusion invariant face recognition using selective local non-negative matrix factorization basis images [J]. Image and Vision Computing, 2008, 26 (11): 1515-1523.

[11] Irene K, Ioan B, Ioannis P. An analysis of facial expression recognition under partial facial image occlusion [J]. Image and Vision Computing, 2008, 26 (7): 1052-1067.

[12] Zafeiriou S, Tefas A, Buciu I, et al. Exploiting discriminant information in nonnegative matrix factorization with application to frontal face verification [J]. IEEE Transactions on Neural Networks, 2006, 17 (3): 683-695.

[13] Bruce V, Young A W. Understanding face recognition [J]. Journal of the British Psychology, 1986, 77 (3): 305-327.

[14] Hubel D, Wiesel T. Brain and Visual Perception [M]. The Story of a 25-Year Collaboration. Oxford: Oxford University Press, 2005.

[15] Jones J P, Palmer L A. An evaluation of the two-dimensional Gabor filter model of simple receptive fields in cat striate cortex [J]. Journal of Neurophy-Siology, 1987, 58 (6): 1233-1258.

[16] Buciu I, Kotsia I, Pitas I. Facial expression analysis under partial occlusion [C]// Proceedings of the IEEE International Conference on Acoustics, Speech, and Signal Processing. 2005. Piscataway, N J, USA: IEEE, 2005, (5): 453-456.

[17] Riesenhuber M, Poggio T. Hierarchcal models of object recognition in cortex [J]. Nat Neurosci, 1999, 2 (11): 1019-1025.

[18] Hubel D. Eye, Brain and Vision [M]. New

York: Scientific American Library, 1988.

[19] Tootell R B, Silerman M S, Switkes E, et al. Deoxyglucose analysis of retinotopic organization in primates [J]. Science, 1982, 21 (8): 902-904.

[20] Haussler D. Convolution kernels on discrete structures [R]. Santa Cruz, CA: Department of Computer Science, University of California, 1999.

[21] Lyons M J, Akamatsu S, Kamachi M, et al. Coding facial expressions with Gabor wavelets [C]// Proceedings of the 3rd IEEE International Conference on Automatic Face and Gesture Recognition, 1998. Nara, Japan: IEEE, 1998: 200-205.

[22] Connolly M, Essen V D. The representation of the visual field in parvocellular and magnocellular layers of the lateral geniculate nucleus in the Macaque monkey [J]. Journal of Comparative Neurology, 1984, 226 (4): 544-564.

第14章

局部累加核支持向量机分类器

14.1 概述

支持向量机（Support Vector Machine，SVM）是一种基于统计学理论和结构风险最小化原理提出来的一种有效的机器学习方法，具有适应性强、理论完备、全局最优、泛化性能好等特点，它通过引入核函数，巧妙地解决了高维空间中的内积运算问题，从而解决了非线性及高维模式识别问题。核函数是支持向量机的核心，它的好坏直接影响到支持向量机的性能，因此核函数的研究也就成为大家关注的焦点，成为支持向量机研究中需要解决的核心问题之一。

近年来，SVM 的有效性被广泛研究，传统的 SVM 分类是用全局核来处理全局特征的，对于无遮挡的表情图像能获得极佳的分类效果，但是全局特征容易受到局部遮挡和由光照变化造成的阴影等因素的影响。由于部分遮挡只影响特定的局部特征，使得基于局部特征的识别方法对于遮挡有了一定的鲁棒性。文献［2］描述了基于局部特征的识别方法的有效性，而局部特征不能直接作为全局核 SVM 的输入，这就导致了传统的全局核 SVM 无法实现对部分遮挡表情的鲁棒性识别。为了能够使 SVM 分类对部分遮挡具有鲁棒性，需要利用 SVM 来处理局部特征，因此，我们考虑应用局部核 SVM 来处理表情图像的局部特征。

文献［3］提出基于局部核 SVM 的识别方法，这些局部核方法是通过计算两幅表情图像特征点间的相似度，选择具有最大相似度的特征点来计算核输出。然而，提取核最大值的方法不满足 Mercer 条件，只能得到局部最优解。当重要的特征点被遮挡时，此类局部核方法对部分遮挡的鲁棒性降低。因此，需要设计一种满足 Mercer 条件的局部核 SVM。

在识别过程中，我们无法预知哪个部位被遮挡，因此，需要应用局部核处理识别对象的所有局部区域，即利用局部核处理由表情图像获取的局部特征，最后，对所有局部核输出进行整合，实现对部分遮挡的鲁棒性识别。局部核整合策略可分为局部乘积核和局部累加核，两种核策略都满足 Mercer 理论，可得到全局最优解。通常情况下，累加核性能优于乘积核。这是因为，当一个局部核值接近于零时，局部乘积核就接近于零，这意味着乘积核易受噪声和遮挡的影响；另一方面，当一些局部核接近零值时，局部累加核值所受影响不大，因为未被遮挡影响的局部核能够对被遮挡影响的局部核进行有效补偿，这意味着累加核对于遮挡具有鲁棒性。因此本章重点分析局部累加核 SVM。

14.2 支持向量机基本理论

统计学理论重点研究的是有限样本条件下机器学习的规律，并为机器学习问题和有限样本的统计模式识别问题建立了良好的理论框架。支持向量机是在统计学理论的基础上逐渐发展起来的一种极为有效的模式识别方法。从当前的研究成果来看，在统计学理论的诸多方法中，科研人员对支持向量机的研究起步最晚，但是其识别性能最佳。Vapnik 等人于 20 世纪 90 年代中期提出了支持向量机的核心内容，至今支持向量机仍是统计学理论中研究的热点。支持向量机的主要贡献在于其能够有效地解决过学习、局部极值以及维数灾难等困扰机器学习方法的问题，因此诸多研究人员将支持向量机视作机器学习问题研究的基本框架。

与神经网络等传统机器学习方法相比，支持向量机的优点主要体现在如下几个方面。

① 支持向量机作为一种通用的学习机，是统计学理论解决实际问题的一种具体实现。究其本质，支持向量机所求解的是一个凸二次规划问题，选择合适的支持向量机参数能够确保其获得全局最优解，因此，支持向量机能够克服传统的机器学习方法难以规避的局部极值问题。

② SVM 是专门针对有限样本情况设计的学习机。其在采用结构风险最小化原则的同时对经验风险和学习机的复杂度进行了有效地控制，避免产生过学习现象，因此能够获得比传统机器学习方法更优良的泛化能力。

③ 通过引入核函数能较好地避免耗时较高的内积运算。SVM 利用非线性映射将低维输入空间中的学习样本映射到高维空间，进而通过核函数巧妙地避免了耗时的高维内积运算，从而使算法的复杂度与特征空间的维数无关，避免了“维数灾难”。

14.2.1 广义最优分类面

SVM 理论的发展源自线性可分情况下的最优分类面，图 14-1 清晰地描述了 SVM 的基本思想。图中所示的方块和十字分别代表了两类训练样本，H 为分类线，H_1、H_2 为平行于分类线的直线，两直线分别通过两类训练样本中离分类线最近的训练样本，二者之间的距离称为分类间隙。最优分类面要满足如下条件，即在将两类训练样本正确分开的同时使得分类间隙达到最大。图14-1(a)所示为最优分类线使分类间隙最大时的情况，而图14-1(b)所示为任意分类线时的情况。正确分开两类训练样本是为了确保经验风险最小，而使两类训练样本的分类间隙最大是为了确保置信范围最小。在高维空间中，最优分类线就成为最优分类超平面。

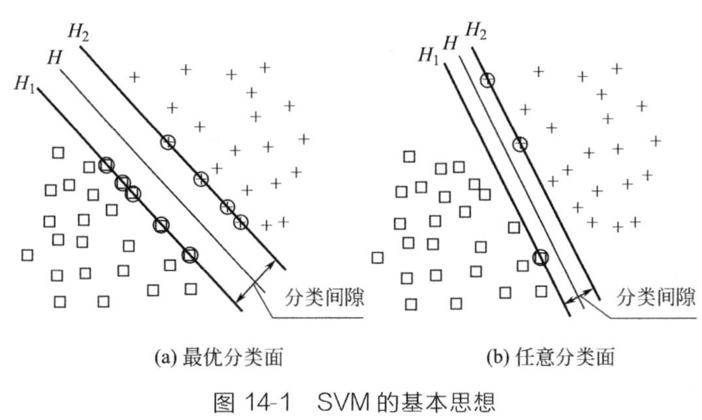

(a) 最优分类面　　(b) 任意分类面

图 14-1　SVM 的基本思想

14.2.2 线性分类问题

支持向量机理论的发展源自线性可分情况下的最优分类面。假设线性可分样本集为$(\boldsymbol{x}_1,y_1),(\boldsymbol{x}_2,y_2),\cdots,(\boldsymbol{x}_l,y_l),\boldsymbol{x}_i\in R^n,y_i\in\{+1,-1\}$为$n$维向量$\boldsymbol{x}_i$的分类标识，其中$i=1,\cdots,l$。$n$维空间中线性判别函数的一般形式为$g(x)=w\boldsymbol{x}+b$，分类面方程为$w\boldsymbol{x}+b=0$。将判别函数归一化，使上述线性可分的样本集满足下式：

$$y_i(w\boldsymbol{x}+b)-1\geqslant 0,i=1,\cdots,l \tag{14-1}$$

此时线性可分样本的分类间隔为$\frac{2}{\|w\|}$，可见，使样本的分类间隔最大也就是使$\|w\|$（或$\|w\|^2$）最小。由此可得最优分类面就是满足公式(14-1)并且使$\frac{1}{2}\|w\|^2$最小的分类面。H_1和H_2上的样本点由于支持了最优分类面而被称为支持向量。因此求解线性分类问题就变成在公式(14-1)的约束下求解下列函数的极小值：

$$\phi(w)=\frac{1}{2}\|w\|^2 \tag{14-2}$$

此优化问题的解可以利用拉格朗日函数的鞍点给出：

$$L(w,b,\alpha)=\frac{1}{2}\|w\|^2-\sum_{i=1}^{l}\alpha_i[y_i(w\boldsymbol{x}_i+b)-1] \tag{14-3}$$

式中，α_i 为拉格朗日乘子，我们需要对拉格朗日函数 L 关于 w、b 求其最小值，关于 $\alpha_i>0$ 求其最大值。将拉格朗日函数分别对 w 和 b 求偏导并令其等于 0，可得：

$$\sum_{i=1}^{l}\alpha_i y_i=0,\alpha_i\geqslant 0,i=1,\cdots,l \tag{14-4}$$

$$w=\sum_{i=1}^{l}\alpha_i y_i\boldsymbol{x}_i,\alpha_i\geqslant 0,i=1,\cdots,l \tag{14-5}$$

由于公式(14-3) 是一个凸二次规划问题，存在唯一的最优解。根据 Karush-Kuhn-Tucker(KKT) 条件，最优解需满足：

$$\alpha_i[y_i(w\boldsymbol{x}_i+b)-1]=0,i=1,\cdots,l \tag{14-6}$$

显然，上式中只有支持向量 $\boldsymbol{x}_i$ 对应的下标 i 可能使 w 的展开式中具有非零的系数 α_i^0，这时 w 可表示为

$$w=\sum_{i\in SV}\alpha_i y_i\boldsymbol{x}_i \tag{14-7}$$

式中，SV 为支持向量下标的集合。将公式(14-4) 和公式(14-5) 代入公式(14-3) 得到下面的泛函：

$$W(\boldsymbol{\alpha})=\sum_{i=1}^{l}\alpha_i-\frac{1}{2}\sum_{i,j=1}^{l}\alpha_i\alpha_j y_i y_j(\boldsymbol{x}_i\cdot\boldsymbol{x}_j) \tag{14-8}$$

问题变为在公式(14-4) 的约束下求使上式取最大值时所对应的向量 $\boldsymbol{\alpha}$。假如 $\boldsymbol{\alpha}^0=(\alpha_1,\alpha_2,\cdots,\alpha_l)$为问题的解，通过选择 i，使得 $\alpha_i\neq 0$，由公式(14-6) 可以解得：

$$b^0=\frac{1}{2}[w\boldsymbol{x}_i(1)+w\boldsymbol{x}_i(-1)] \tag{14-9}$$

式中，$\boldsymbol{x}_i(1)$ 表示属于第一类的某个（任意一个）支持向量，$\boldsymbol{x}_i(-1)$ 表示属于第二类的一个支持向量。基于最优超平面的分类规则就是下面的分类函数：

$$f(x)=\operatorname{sign}\Big[\sum_{i\in SV}\alpha_i^0 y_i(\boldsymbol{x}_i\cdot\boldsymbol{x})+b^0\Big] \tag{14-10}$$

式中，$\boldsymbol{x}_i$ 为支持向量。由上式可以看出，支持向量机方法构造的分类函数的复杂程度取决于支持向量的数目。

在处理线性不可分问题时，情况变得复杂起来，因为此时公式(14-8) 中目标函数的最大值将为无穷大，为解决这个问题，引入非负的松弛变量 $\boldsymbol{\xi}=(\xi_1,\cdots,\xi_l)$，将公式(14-1) 变换为

$$y_i(w\boldsymbol{x}_i+b)-1+\xi_i\geqslant 0,\xi_i\geqslant 0,i=1,\cdots,l \tag{14-11}$$

显然当划分出现错误时，$\xi_i>0$。因此 $\sum_{i=1}^{l}\xi_i$ 是训练集中划分错误的样本个数的上界。引入错误惩罚分量之后公式(14-2) 变为

$$\phi(w,\boldsymbol{\xi})=\frac{1}{2}\|w\|^2+C\sum_{i=1}^{l}\xi_i \tag{14-12}$$

式中，C 为惩罚因子，C 越大对错分样本的惩罚程度越重。为了求解公式(14-12) 的最优问题，引入拉格朗日乘子 α 和 β：

$$L(w,b,a,\boldsymbol{\xi})=\frac{1}{2}\|w\|^2+C\sum_{i=1}^{l}\xi_i-\sum_{i=1}^{l}\alpha_i[y_i(w\boldsymbol{x}_i+b)-1+\xi_i]-\sum_{i=1}^{l}\beta_i\xi_i \tag{14-13}$$

将拉格朗日函数分别对 w 和 b 求偏导并令其等于 0，其结果与线性可分情况下得到的公式(14-8) 完全相同，只是公式(14-4) 变为

$$\sum_{i=1}^{l}\alpha_i y_i=0,0\leqslant\alpha_i\leqslant C,i=1,\cdots,l \tag{14-14}$$

14.2.3 支持向量机

前面介绍的最优分类面针对的是样本线性可分问题，如果训练样本是非线性的，较为有效的方法是利用非线性变换将非线性问题转化为高维特征空间中的线性问题，然后在变换后的高维空间寻求最优分类面。通常情况下这种非线性变换比较复杂，实现困难。但是从上一节的公式推导中可以发现，公式(14-8) 与公式(14-10) 所涉及的只是训练样本之间的内积运算 $(\boldsymbol{x}_i\cdot\boldsymbol{x}_j)$。因此，在实际应用中只需在变换后的高维特征空间进行内积运算即可，进行内积运算无需知道变换的形式，而且可以通过原空间的函数来实现。根据泛函理论，核函数 $K(\boldsymbol{x}_i,\boldsymbol{x}_j)$对应某一变换空间中内积的充要条件是 $K(\boldsymbol{x}_i,\boldsymbol{x}_j)$满足 Mercer 条件，即

$$K(\boldsymbol{x}_i,\boldsymbol{x}_j)=\phi(\boldsymbol{x}_i)\cdot\phi(\boldsymbol{x}_j) \tag{14-15}$$

选择适当的核函数 $K(\boldsymbol{x}_i,\boldsymbol{x}_j)$能够确保支持向量机在分类时以较低的运算复杂度将输入空间中的非线性分类面与非线性变换后高维空间的最优分类面对应起来，此时公式(14-8) 可表示如下：

$$W(\boldsymbol{\alpha})=\sum_{i=1}^{l}\alpha_i-\frac{1}{2}\sum_{i,j=1}^{l}\alpha_i\alpha_j y_i y_j K(\boldsymbol{x}_i,\boldsymbol{x}_j) \tag{14-16}$$

与之相应的公式(14-10) 也随之变为

$$f(x)=\mathrm{sign}\left\{\sum_{i\in SV}\alpha_i^0 y_i K(\boldsymbol{x}_i,\boldsymbol{x})+b^0\right\} \tag{14-17}$$

以上就是对支持向量机的描述。

总结起来，支持向量机的分类过程如下：首先通过非线性变换将输入空间变换到高维空间，接下来在变换后的高维空间寻求最优分类面。

14.2.4 核函数

根据泛函理论，在支持向量机中，只有满足 Mercer 理论的核函数才存在非线性映射和高维空间，才可以作为某个高维空间中的内积运算。所谓 Mercer 理论是指：若 $K(\boldsymbol{x},\boldsymbol{y})$是高维空间的内积，其充要条件是 $K(\boldsymbol{x},\boldsymbol{y})=K(\boldsymbol{y},\boldsymbol{x})$且核矩阵 $\boldsymbol{K}=(K(\boldsymbol{x}_i,\boldsymbol{x}_j))_{i,j=1}^{L}$ 半正定。通过引入核函数，非线性问题转化为高维特征空间中的线性问题。核函数的本质是用原空间 X 上的函数来表达像空间 H 上的内积，$\boldsymbol{K}(\boldsymbol{x},\boldsymbol{y})$能表示与某种度量的相似性，给定 X 上的核函数，即选取了输入模式的相似测度、一个假设函数空间、相关函数等，从而可以在这个空间根据一定的标准对相似性和相似程度进行评估。也就是说只要给定一个 SVM 的核函数，就选定了一个隐式非线性映射和隐式特征空间，因此可以按照最优超平面的思想在高维特征空间中进行线性分类，并不需要知道具体的非线性映射，就可以达到很好的分类效果。非线性映射将输入空间映射到高维特征空间中，使得空间维数增高，如果直接在高维空间中计算则难度较大，用原空间的核函数来表达高维空间的内积克服了空间的"维数灾难"，有效地解决了非线性问题。

虽然在理论上已证明，只要满足 Mercer 条件的函数就可选为核函数，但不同的核函数，其分类器的性能完全不同。因此，针对某一特定问题，核函数的类型选择是至关重要的。目前常用核函数主要有以下四种：

① 线性核函数：$K(\boldsymbol{x},\boldsymbol{y})=\boldsymbol{x}^{\mathrm{T}}\boldsymbol{y}$，线性核是最简单的一种核；

② 多项式（Polynomial）核函数：$K(\boldsymbol{x},\boldsymbol{y})=(\boldsymbol{x}\cdot\boldsymbol{y}+1)^{d}$，$d$ 是多项式的阶数，阶数越大其非线性越强；

③ 径向基（RBF）核函数：$K(\boldsymbol{x},\boldsymbol{y})=\exp\left(-\dfrac{\|\boldsymbol{x}-\boldsymbol{y}\|^{2}}{\sigma^{2}}\right)$，径向基核是非线性核，性能良好，但计算时间较长；

④ 感知网络（Sigmoid）核函数：$K(\boldsymbol{x},\boldsymbol{y})=\tanh(v(\boldsymbol{x}\cdot\boldsymbol{y})+c)$。

14.3 局部径向基累加核支持向量机

传统的 SVM 分类通过全局核来处理全局特征，针对无遮挡的表情图像能获得理想的分类效果。但是全局特征容易受到局部遮挡和由光照变化造成的阴影等因素的影响，而对遮挡具有一定鲁棒性的局部特征又不能直接作为全局核 SVM 的输入，这就导致全局核 SVM 对遮挡不具鲁棒性。为了使 SVM 能够有效处理局部特征，我们提出一种局部径向基累加核 SVM 来实现对部分遮挡表情的鲁棒性识别。

径向基核函数是一种常用的 Mercer 核，具备良好的分类能力，本节我们应用局部 RBF 累加核 SVM 来实现对部分遮挡表情的鲁棒性识别，局部 RBF 核定义如下：

$$K_p(\boldsymbol{x}(p),\boldsymbol{y}(p))=\exp\left(-\frac{\|\boldsymbol{x}(p)-\boldsymbol{y}(p)\|^2}{\sigma_p^2}\right) \tag{14-18}$$

式中，p 是位置标识；$\boldsymbol{x}(p)$ 和 $\boldsymbol{y}(p)$ 是位置 p 上的局部特征；σ_p^2 是位置 p 上的局部方差。由此，局部 RBF 累加核可表示如下：

$$K(\boldsymbol{x},\boldsymbol{y})=\sum_p^N \exp\left(-\frac{\|\boldsymbol{x}(p)-\boldsymbol{y}(p)\|^2}{\sigma_p^2}\right) \tag{14-19}$$

采用局部 RBF 累加核需要证明其满足 Mercer 理论，因为 RBF 核满足 Mercer 理论，假设 K_1 和 K_2 是 $X\times X$（$X\subseteq\Re^n$）上的 RBF 核，$\boldsymbol{K}_1$ 和 $\boldsymbol{K}_2$ 分别为 K_1 和 K_2 的核矩阵。由于 $\boldsymbol{K}_1$ 和 $\boldsymbol{K}_2$ 满足 Mercer 理论，则对于任意向量 $\boldsymbol{\alpha}\in\Re^l$，都满足 $\boldsymbol{\alpha}^{\mathrm{T}}\boldsymbol{K}_1\boldsymbol{\alpha}\geqslant 0$ 和 $\boldsymbol{\alpha}^{\mathrm{T}}\boldsymbol{K}_2\boldsymbol{\alpha}\geqslant 0$。令 $\boldsymbol{K}$ 为 $\boldsymbol{K}_1+\boldsymbol{K}_2$ 的核矩阵，只要 $\boldsymbol{\alpha}^{\mathrm{T}}\boldsymbol{K}\boldsymbol{\alpha}\geqslant 0$，则 $\boldsymbol{K}_1+\boldsymbol{K}_2$ 满足 Mercer 理论。

$$\boldsymbol{\alpha}^{\mathrm{T}}\boldsymbol{K}\boldsymbol{\alpha}=\boldsymbol{\alpha}^{\mathrm{T}}(\boldsymbol{K}_1+\boldsymbol{K}_2)\boldsymbol{\alpha}=\boldsymbol{\alpha}^{\mathrm{T}}\boldsymbol{K}_1\boldsymbol{\alpha}+\boldsymbol{\alpha}^{\mathrm{T}}\boldsymbol{K}_2\boldsymbol{\alpha}\geqslant 0 \tag{14-20}$$

公式(14-20) 表明，局部 RBF 累加核满足 Mercer 理论，能够获取全局最优解。应用局部累加核 SVM，需要将表情图像所有局部特征输入到对应的局部核 $K_p(\boldsymbol{x}(p),\boldsymbol{y}(p))$ 中，最后将所有局部核输出进行累加整合。

14.4 局部归一化线性累加核支持向量机

14.3 节介绍的基于局部 RBF 累加核 SVM 的方法是一种有效的局部特征识别方法，能够得到较理想的识别效果。然而基于 RBF 核的方法必须利用大量的训练样本来计算核函数，因此对于实际应用而言运算量过高。线性核能够避免这一问题，因为 SVM 的加权向量可通过 $\boldsymbol{w}=\sum_i \alpha_i \boldsymbol{x}_i$ 求得，其中 α_i 是训练样本 $\boldsymbol{x}_i$ 的权重，可见，只需计算加权向量的内积就能够对输入图像进行分类。基于线性核的方法在运算速度上大大优于 RBF 核和多项式核，而应用线性核的识别率往往低于 RBF 核和多项式核。因此，我们考虑将局部累加核与线性核结合起来。由于局部线性核的累加对应着全局线性核，如此简单的结合没有意义。

文献［8］提出归一化多项式核的性能优于标准多项式核，同时归一化核满足 Mercer 理论，受此启发，我们采用归一化线性核替代标准线性核。归一化线性核定义为 $K(\boldsymbol{x},\boldsymbol{y})=\boldsymbol{x}^{\mathrm{T}}\boldsymbol{y}/\|\boldsymbol{x}\|\|\boldsymbol{y}\|$，$\boldsymbol{x}/\|\boldsymbol{x}\|$ 为特征 $\boldsymbol{x}$ 的范数，可归一化至 1。这意味着如果在训练前将所有训练样本的特征归一化，则可以应用带归一化特征的标准线性核来计算归一化线性核。因此归一化线性核的运算速度与线性核近似，远高于 RBF 核和多项式核。本节将归一化线性核应用到局部表情区域，并将所有局部归一化线性核输出进行累加整合。由于是对局部核进行累加，所以对部分遮挡具有鲁棒性。

核方法在识别领域的准确性和运算速度取决于核函数。14.3 节介绍的基于局部径向基累加核 SVM 的方法必须利用大量的训练样本来计算核函数，运算成本很高。因此本节进一步提出局部归一化线性累加核来实现快速、准确以及鲁棒地分类。

线性核是一种常用的 Mercer 核，文献［9］证明了归一化核满足 Mercer 理论，14.3 节证明了累加核满足 Mercer 理论，因此局部归一化线性累加核满足 Mercer 理论，可得到全局最优解。

归一化线性核可定义如下：

$$K(\boldsymbol{x},\boldsymbol{y})=\frac{\boldsymbol{x}^{\mathrm{T}}\boldsymbol{y}}{\|\boldsymbol{x}\|\|\boldsymbol{y}\|} \tag{14-21}$$

如果将所有训练样本的特征归一化为 $\boldsymbol{x}'=\boldsymbol{x}/\|\boldsymbol{x}\|$，则基于归一化线性核的核方法可以通过使用带归一化特征 $\boldsymbol{x}'$ 的线性核来实现。因此，归一化线性核的加权向量可通过 $\boldsymbol{w}'=\sum_i \alpha_i y_i \boldsymbol{x}'_i$ 求得，运算成本很低。

在一个核函数中，局部核只处理输入图像特征 $\boldsymbol{x}$ 中的特定局部特征 $\boldsymbol{x}_l$。为了在输入特征空间定义局部核，首先介绍对角矩阵 $\boldsymbol{A}_l$。$\boldsymbol{A}_l$ 的对角元素为 1，对应着所选择的局部特征，$\boldsymbol{A}_l$ 中其他元素为 0，因此，局部特征可表示为 $\boldsymbol{x}_l=\boldsymbol{A}_l\boldsymbol{x}$。例如，当局部核函数处理特征向量 $\boldsymbol{x}$ 的前两个元素时，$\boldsymbol{A}_l$ 可表示如下：

$$\boldsymbol{A}_l=\begin{pmatrix} 1 & 0 & 0 & \cdots & 0 \\ 0 & 1 & 0 & \cdots & \\ 0 & 0 & 0 & \cdots & \\ & & \cdots & \cdots & \\ 0 & \cdots & 0 & 0 & 0 \end{pmatrix} \tag{14-22}$$

通过引入对角阵 $\boldsymbol{A}_l$，局部线性核可定义如下：

$$K_l(\boldsymbol{x},\boldsymbol{y})=(\boldsymbol{A}_l\boldsymbol{x})^{\mathrm{T}}(\boldsymbol{A}_l\boldsymbol{y}) \tag{14-23}$$

局部线性累加核可表示为所有局部线性核输出的累加：

$$K(\boldsymbol{x},\boldsymbol{y})=\sum_{l}^{N}K_l(\boldsymbol{x},\boldsymbol{y}) \tag{14-24}$$

将公式(14-23)、公式(14-24) 代入公式(14-21)，局部归一化线性累加核可表示如下：

$$K(\boldsymbol{x},\boldsymbol{y})=\sum_{l}^{N}\frac{(\boldsymbol{A}_l\boldsymbol{x})^{\mathrm{T}}(\boldsymbol{A}_l\boldsymbol{y})}{\|\boldsymbol{A}_l\boldsymbol{x}\|\ \|\boldsymbol{A}_l\boldsymbol{y}\|} \tag{14-25}$$

用 $\boldsymbol{x}''_l$ 表示局部归一化特征，则有

$$\boldsymbol{x}''_l=\frac{\boldsymbol{A}_l\boldsymbol{x}^{\mathrm{T}}}{\|\boldsymbol{A}_l\boldsymbol{x}\|} \tag{14-26}$$

N 个局部归一化特征所构成的归一化特征 $\boldsymbol{x}''$可进一步表示为

$$\boldsymbol{x}''=(\boldsymbol{x}''^{\mathrm{T}}_1,\boldsymbol{x}''^{\mathrm{T}}_2,\cdots,\boldsymbol{x}''^{\mathrm{T}}_N)^{\mathrm{T}} \tag{14-27}$$

由此，局部归一化线性累加核可表示为

$$K(\boldsymbol{x},\boldsymbol{y})=\sum_{l}^{N}\boldsymbol{x}''^{\mathrm{T}}_l\boldsymbol{y}''_l=\boldsymbol{x}''^{\mathrm{T}}\boldsymbol{y}'' \tag{14-28}$$

上式表明，基于局部归一化线性累加核的核方法可通过带归一化特征 $\boldsymbol{x}''$的线性核来计算。由于 $\boldsymbol{x}''$的特征维数与输入特征 $\boldsymbol{x}$ 的特征维数相同，因此局部归一化线性累加核的计算量与标准线性核的计算量也几乎相同。此外，每个局部区域单独进行归一化，无遮挡区域不受遮挡区域的影响。因此，所提核方法对于部分遮挡具有鲁棒性。

14.5 实验描述及结果分析

14.5.1 实验描述

本章实验所采用的人脸表情数据库是日本的 JAFFE 女性人脸表情数据库。对于人脸表情而言，眼部和嘴部所包含的信息对表情识别最具辨识性。由于目前没有较为成熟的包含眼部和嘴部遮挡的人脸表情数据库，因此，我们对无遮挡 JAFFE 表情库中图像的眼部和嘴部添加不同大小的黑色色块来形成有遮挡表情库，模拟现实中太阳镜对眼睛的遮挡以及口罩、围巾等对嘴部的遮挡。实验将分别对无遮挡、眼部遮挡与嘴部遮挡三种情况进行分析，并采用第 13 章所提出的特征提取方法来提取表情图像的局部特征，以此来验证本章所提出的局部累加核的有效性。部分实验用表情图像如图 14-2 所示。

实验采用独立个体交叉验证（测试个体没有在训练集中出现过）：JAFFE 数据库包括 10 个人的表情图像，按照数据库中的人数将数据库分为 10 个子集，每个子集包含一个人在数据库中的所有表情图像。挑出一个子集作为测试集，其他

所有子集作为训练集，如此实验直至所有子集都做过一次测试集，最后求出平均识别率。

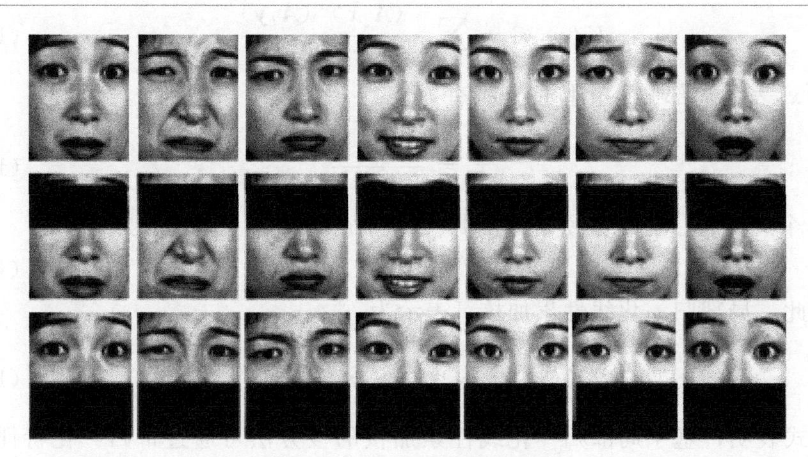

图 14-2 部分实验用表情图像

14.5.2 对比实验

首先，我们验证局部 RBF 累加核 SVM 的分类效果，表 14-1 列出了基于局部 RBF 累加核 SVM 与基于全局 RBF 核、全局多项式核的分类对比实验结果。

表 14-1 局部 RBF 累加核等核方法的实验对比结果 单位：%

	无遮挡	眼睛遮挡	嘴部遮挡
全局 RBF 核	90.14	71.36	66.64
全局多项式核	88.75	77.96	74.68
局部 RBF 累加核	**90.59**	**86.84**	**83.98**

由表 14-1 可以看出如下问题。

① 局部 RBF 累加核在眼睛遮挡和嘴部遮挡表情库上都取得了较高的识别率，分别为 86.84%和 83.98%。这说明基于局部 RBF 累加核 SVM 的分类方法对于局部特征分类是有效的，同时也验证了局部 RBF 累加核对于遮挡具有较好的鲁棒性。

② 局部 RBF 累加核 SVM 在无遮挡表情库上取得了较高的识别率 90.59%，高于全局核 SVM。这说明对于表情识别而言，基于局部 RBF 核 SVM 的分类方法在一定程度上优于全局核 SVM，同时基于局部特征的表征方法优于全局特征的表征方法。

③ 全局 RBF 核 SVM 在无遮挡条件下识别率较高，但在遮挡条件下识别率

下降明显。这是由于如果所有局部 RBF 核的方差相同，同时选择位置 p 的标量特征作为局部特征，则局部 RBF 乘积核就可表示为全局 RBF 核。

$$K(\boldsymbol{x},\boldsymbol{y})=\prod_{p}^{N}\exp\left(-\frac{(\boldsymbol{x}(p)-\boldsymbol{y}(p))^2}{\sigma^2}\right)=\exp\left(-\frac{\sum_{p}^{N}(\boldsymbol{x}(p)-\boldsymbol{y}(p))^2}{\sigma^2}\right)$$
$$=\exp\left(-\frac{\|\boldsymbol{x}-\boldsymbol{y}\|^2}{\sigma^2}\right) \tag{14-29}$$

可见，全局 RBF 核与局部 RBF 乘积核一样容易受噪声和遮挡的影响。

④ 全局多项式核 SVM 对于遮挡表情识别率高于全局 RBF 核 SVM。全局多项式核定义为 $K(\boldsymbol{x},\boldsymbol{y})=\left(1+\sum_{p}^{N}\boldsymbol{x}(p)\cdot\boldsymbol{y}(p)\right)^d$，是基于局部特征乘积的累加。因此，全局多项式核对于遮挡具有一定的鲁棒性，但是与局部 RBF 累加核相比有一定差距。

⑤ 遮挡对表情识别有明显影响，其中嘴部遮挡对表情识别的影响超过眼睛遮挡对表情识别的影响。

接下来，我们来验证局部归一化线性累加核 SVM 的分类效果，表 14-2 列出了局部归一化线性累加核 SVM 与全局线性核 SVM、归一化线性核 SVM、局部多项式累加核 SVM、局部 RBF 累加核 SVM 的分类对比实验结果。

表 14-2　局部归一化线性累加核等核方法的实验对比结果　　单位:%

	无遮挡	眼睛遮挡	嘴部遮挡
全局线性核	79.82	61.01	58.67
归一化线性核	85.89	70.42	64.28
局部多项式累加核	90.14	85.89	83.05
局部 RBF 累加核	90.59	86.84	83.98
局部归一化线性累加核	**91.59**	**87.24**	**84.95**

由表 14-2 可以看出如下问题。

① 对于三个表情库，全局线性核 SVM 的分类性能都很差。

② 归一化线性核通过对全局特征的归一化处理，在与全局线性核计算量保持一致的前提下，识别率有所提高，但仍然无法令人满意。

③ 局部归一化线性累加核在三个图库上均得到了最高识别率，识别率分别为 91.59%、87.24%和 84.95%，这表明局部归一化线性累加核对于表情识别是有效的，同时对于遮挡具有较好的鲁棒性。

④ 局部多项式累加核和局部 RBF 累加核也取得了较为理想的识别率，但与局部归一化线性累加核相比略低，这说明归一化特征对表情识别更加有效。

既然应用带归一化特征的核能够提高识别率，我们对 RBF 核和多项式核也应用归一化特征来进一步分析。实验结果如表 14-3 所示。

表 14-3 不同的归一化累加核实验对比结果 单位：%

	无遮挡	眼睛遮挡	嘴部遮挡
局部多项式累加核	90.14	85.89	83.05
局部 RBF 累加核	90.59	86.84	83.98
局部归一化多项式累加核	91.98	87.85	84.98
局部归一化 RBF 累加核	92.02	88.29	85.46
局部归一化线性累加核	**91.59**	**87.24**	**84.95**

由表 14-3 可以看出如下问题。

① 采用归一化特征的多项式累加核和 RBF 累加核，与不采用归一化特征的累加核相比，识别率都有所提高，这充分证明归一化特征能够更有效地对表情进行表征。

② 三种局部归一化累加核 SVM 都获得了较理想的识别率，其中局部归一化多项式累加核和局部归一化 RBF 累加核的识别率略高于局部归一化线性累加核的识别率。

尽管基于局部归一化多形式累加核 SVM 的分类方法与基于局部归一化 RBF 累加核 SVM 的分类方法取得了较理想的识别率，但是这两种核方法必须利用大量的训练样本来计算核函数，对于实际应用而言运算量过高。而基于局部归一化线性累加核 SVM 的分类方法只需计算加权向量的内积就能够对输入图像进行分类，在运算速度上大大优于 RBF 核和多项式核。

接下来，我们对各种核函数的识别时间进行测试。实验用电脑 CPU 为 Intel 酷睿 2 双核处理器，主频 2GHz。测试集表情图像像素尺寸为 128×104。由于实验采用独立个体交叉验证，因此测试时间是 10 个子集的识别时间之和。表 14-4 列出了三种核函数的在无遮挡 JAFFE 表情库上的识别时间。

表 14-4 不同的归一化累加核识别时间的对比结果 单位：s

局部归一化线性累加核	局部归一化多项式累加核	局部归一化 RBF 累加核
2.6	81	83

由表 14-4 可以看出，基于局部归一化线性累加核 SVM 的分类方法在识别时间上远低于局部归一化多项式累加核 SVM 和局部归一化 RBF 累加核 SVM。因此综合考虑识别率和运算时间，基于局部归一化线性累加核支持向量机的分类方法更适用于实时分类。

参考文献

[1] Heisele B, Ho P, Poggio T. Face recognition with support vector machines: global versus component-based approach [C]// Proceedings of the International Conference on Computer Vision, 2001. Vancouver, Canada: IEEE, 2001: 688-694.

[2] Hotta K. A view-invariant face detection method based on local pcacells [J]. Journal of Advanced Computational Intelligence and Intelligent Informatics, 2004, 8(2): 130-139.

[3] Boughorbel S, Tarel J P, Fleuret F. Non-Mercer kernels for SVM object recognition [R]. London, UK: BMVC, 2004.

[4] Cristianini N, Taylor S J. An Introduction to Support Vector Machines [M]. Cambridge: Cambridge University Press, 2000.

[5] The facial recognition technology (FERET) database. http://www. itl. nist. gov/ iad/ humanid/feret/feret_master. html.

[6] Platt J. Sequential minimal optimization: a fast algorithm for training support vector machines [R]. Technical report: MSR-TR-98-14, Redmond, WA: Microsoft Research, 1998.

[7] Burges Christopher J C. Atutorial on support vector machines for pattern recogntion [J]. Knowledge Discovery and Data Mining, 1998, 2(2): 121-167.

[8] Debnath R, Takahashi H. Kernel selection for the support vector machine [J]. IEICE Transactions on Information and Systems, 2004, E87-D (12): 2903-2904.

[9] Shawe T J, Cristianini N. Kernel Methods for Pattern Analysis [M]. Cambridge: Cambridge University Press, 2004.

第15章

基于主动视觉的人脸跟踪与表情识别系统

15.1 概述

为了更好地进行人脸表情识别算法的开发和测试，我们搭建了一个可以进行人脸跟踪和表情识别的主动机器视觉实验平台，使其可以实现人脸跟踪与表情识别系统所要求的基本功能。开发人脸表情识别系统的目的是为在现实环境中验证现有的人脸表情识别算法提供一个实验平台，实现人脸表情识别系统的关键功能模块，为以后人脸表情识别系统的实用化开发和应用提供算法的分析依据及硬件基础。

本章首先针对系统整体的架构，对系统的硬件设计和交互界面设计进行了描述，然后说明了云台使用的跟踪算法，表情识别模块的核心算法采用了 Gabor 小波变换提取人脸表情特征的方法，最后分别对平台的人脸检测跟踪和表情识别的性能进行了验证分析。

15.2 系统架构

15.2.1 硬件设计

本系统主要由摄像头、电机伺服控制系统及软件功能模块等组件构成。我们使用了两套二自由度舵机云台，上面各搭载了一个摄像头，并将这两套云台同时固定在一个由步进电机驱动的水平支座上，通过舵机控制板控制舵机云台进行水平摆动和上下俯仰，搭载摄像头做相应运动，同时加上控制水平支座的整体水平运动就构成了五自由度的实验平台，系统实物图如图 15-1 所示。五自由度的平台需要控制器同时控制五个电机运转，将控制电机运转的几个角度定义如下：把水平支座的整体水平运动的角度命名为 Pan 角；对两个小云台的上下俯仰是同步控制的，只用一个角度控制即可，把这个角度命名为 Tilt 角；在两个摄像头都对准目标后，把这两个摄像头与目标之间的夹角称为 Vergence 角。五个电机的运动都是靠这三个角度计算完成的，在计算完成后，系统发送转动参数命令给云台控制器使其可以驱动云台实时跟踪人脸区域的运动。

图 15-1 系统实物图

由摄像头在环境中实时采集视频，在系统中对视频的每一帧单独进行计算。为了更加符合人眼的视觉特性和降低系统运算的时间，首先采用了注意力选择算法粗略地计算出人脸最有可能出现的区域，然后在这个区域内细致地进行人脸检测工作，最后再由多自由度协调控制算法计算出云台的各个电机需要转动的角度，以此控制伺服舵机运动，在人运动的情况下，也能够使摄像头实时对准人脸目标并完成当前帧的人脸表情识别任务。系统工作流程图如图 15-2 所示。

该系统对软件部分进行了模块化和层次化的设计，完成使用人脸样本训练人脸检测分类器、多自由度云台协调控制、对检测到的人脸区域进行预处理、利用标准表情图库训练表情分类器、实时人脸表情识别测试、数据的存储管理等一系列工作，各个功能模块可独立运行或协同运行以完成人脸检测、人脸跟踪、算法测试和表情实时识别等任务。在本系统基础上，经过一些扩展，就可以研制出服务类或表演类机器人。

系统主要由以下几个模块构成。

(1) 视频采集模块

该模块用于实时同步采集双摄像头的视频图像。可根据不同的摄像头或视频采集卡使用不同的视频采集方式。

(2) 人脸检测模块

该模块在注意力选择算法给定的区域下进行人脸检测，在每一帧视频图像中检测是否存在人脸，以及一共包含人脸的个数和人脸中心区域坐标，用人脸检测算法得到人脸目标直接来指导注意力，减少对下一帧图像的检测时间。在使用人脸检测分类器之前需要先使用大量的人脸样本图片和非人脸样本图片进行分类器训练。

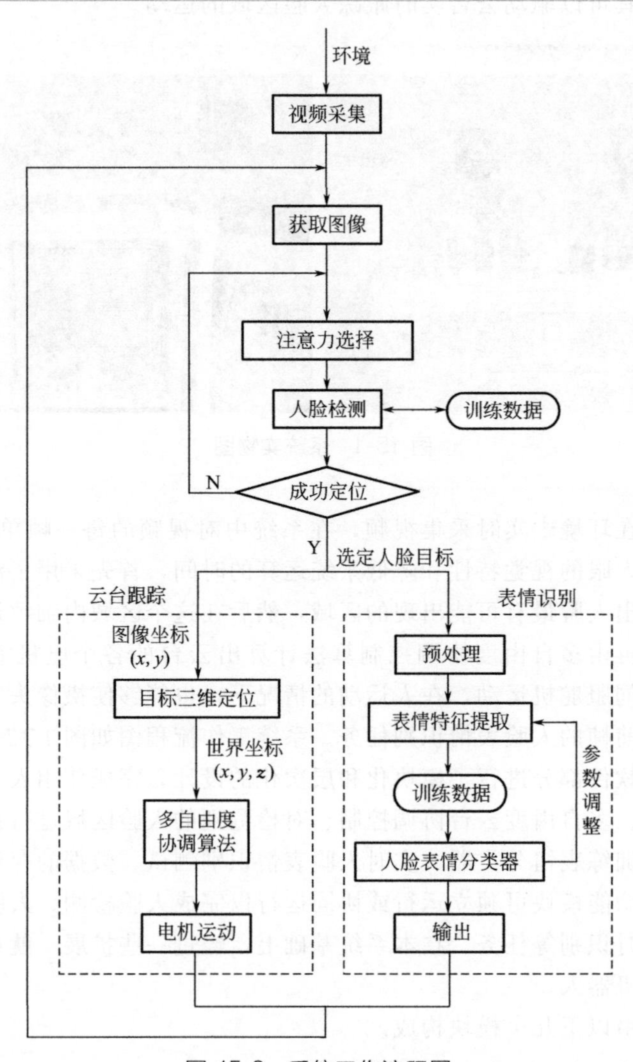

图 15-2 系统工作流程图

（3）云台跟踪模块

该模块通过人脸检测模块获得人脸区域中心坐标（x，y），由摄像头获取的左右视差可以计算出人脸位置的三维坐标（x，y，z），再由多自由度电机协调控制算法计算出云台需要转动的角度，实时驱动云台电机动作，以调整人脸区域始终保持在图像中心。

(4) 人脸图像预处理模块

该模块利用了人脸检测模块在视频图像中检测到的人脸信息，把人脸作为感兴趣区域（ROI）提取出来，然后执行人脸图像预处理模块。该模块是本系统一个非常重要的模块，首先将彩色图像转换为灰度图像，再进行人脸图像校准，最后为了去除光照对表情识别的影响对人脸区域进行了直方图均衡化。

(5) 表情识别模块

该模块的主要功能是，当人脸区域图像经图像预处理模块处理后，动态实时完成表情识别并输出识别结果。人脸表情特征提取算法的优劣直接关系到系统的性能，所以特征提取算法的选择非常重要。为了使系统能够达到所用特征提取算法的最佳性能，在分类器与特征提取算法之间建立一个反馈的联系，这样通过分类器的输出结果所产生的参数调整信息就可以反馈给特征提取模块以调整算法参数。不同的算法通过表情识别模块将训练出不同的表情分类器，为了系统的实时性和可靠性，目前表情识别模块的核心算法采用了 Gabor 小波变换提取人脸表情特征的方法。

15.2.2 交互界面的设计

人脸跟踪与表情识别系统的交互界面，应能让操作人员方便地控制硬件设备，实现系统的三个基本功能，即人脸检测定位、人脸的跟踪和表情识别，同时将系统的工作情况及程序运行结果展现给操作人员，实现简单方便的人机交互。

根据以上要求，交互界面应该包括摄像头相关参数设置及调试功能、云台相关参数设置及调试功能、人脸跟踪图像显示窗口、待识别人脸表情图像显示窗口及识别结果显示窗口。摄像头需要设置的参数主要包括：摄像头名称、成像格式、图像序列的帧率、曝光度等；云台的相关参数设置包括：云台初始位置的设定、云台通信端口设置、数据传输的波特率设置及云台复位设置等。

根据交互界面的设计要求与思路，对其进行程序实现，界面形式如图 15-3 所示。

(1) 交互界面的区域划分

交互界面分成四个区域，包括相机设置区、云台设置区、人脸跟踪显示区、表情识别显示区。

(2) 交互界面的区域功能

在相机设置区内，可以对相机的像素、帧率、图像格式及对比度进行在线控制；云台设置区内，可以设置串口、波特率、水平及垂直位置，同时可以调整云台运动速度及进行复位操作；人脸跟踪显示区包括一个显示窗口和一个人脸跟踪按钮，当按下人脸跟踪按钮后，在其上方的图像显示区将显示摄像头的视觉场景，并标定出人脸的位置；表情识别显示区包括一个表情识别功能按钮、一个识别结果显示框和一个表情图像显示窗口，当按下表情识别按钮后，系统将此时的人脸表情图像进行采样，并在显示窗口进行显示，以便跟识别结果进行对照，系统的识别结果将显示在结果显示框内。

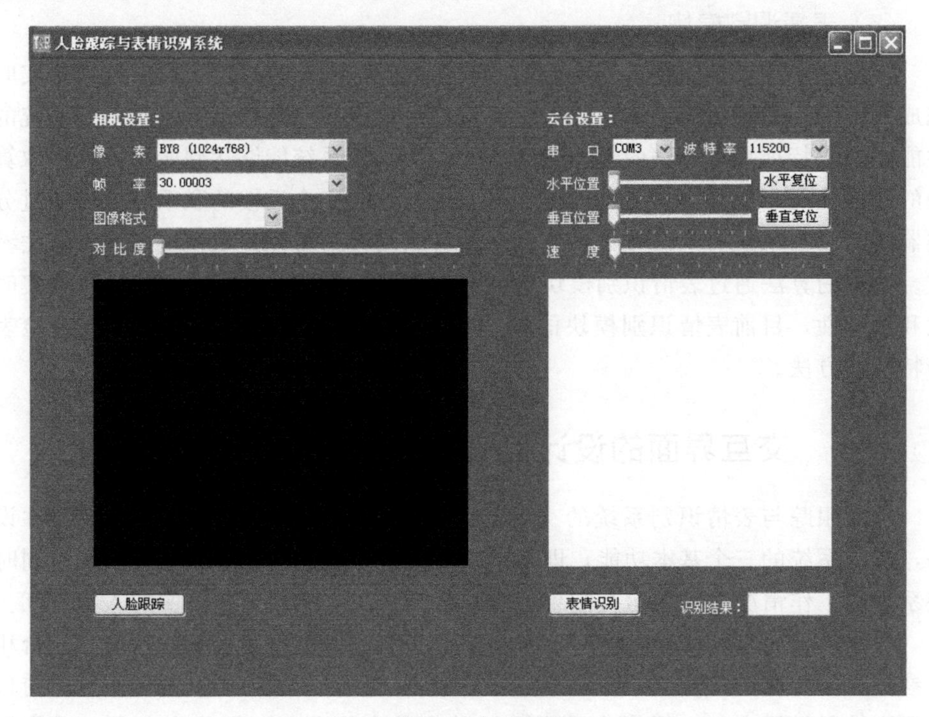

图 15-3 交互界面

15.3 相关算法

15.3.1 云台跟踪算法

随着人的不断运动，人脸区域会离开图像的中心附近，这时就需要通过云台控制器驱动搭载摄像头的云台持续转动，重新使人脸区域位于图像中心，以达到跟踪人脸的目的。

通过人脸检测模块获得人脸区域的中心坐标 (x, y) 后，通过对应基元的匹配，计算出左右图像的视差，通过视差计算出人脸三维位置坐标（x, y, z），这里采用了文献［5］的方法进行计算。

接下来多自由度协调控制算法将根据人脸区域的三维位置坐标 $P(X, Y, Z)$ 计算出 Vergence-Tilt-Pan 角，利用这三个角度控制电机的转动。协调这三个角的运动有很多种算法，为了使系统的跟踪有更好的实时性能，我们使用了一种比较简单的等 Vergence 控制算法。图 15-4 为 Vergence-Tilt-Pan 角的计算方法图。等 Vergence 方法的基本原理就是要保证图 15-4 中的三角形始终保持是等腰三角形。

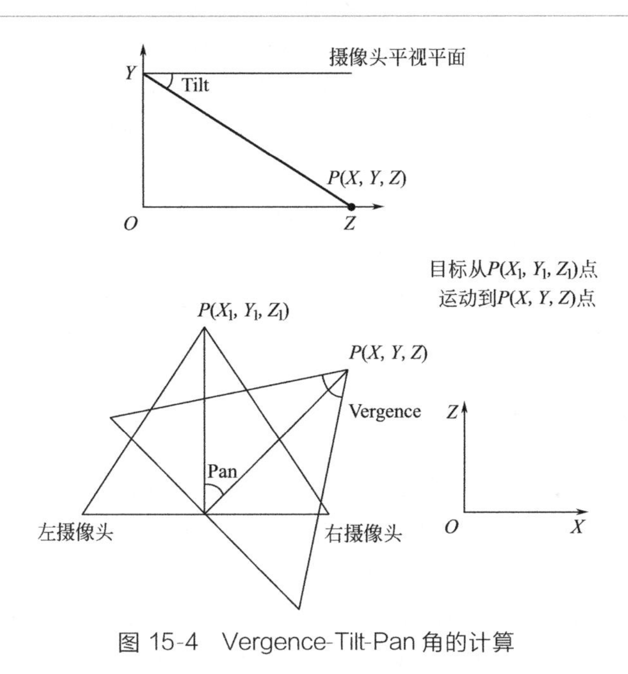

图 15-4　Vergence-Tilt-Pan 角的计算

假设两个摄像头间的距离长度为 B，由图 15-4 可知：

$$Tilt = \arctan \frac{Y}{Z} \tag{15-1}$$

$$Vergence = 2\arctan \frac{\frac{B}{2}}{Z} \tag{15-2}$$

$$Pan = 90^{\circ} - \arctan \frac{Z}{X} \tag{15-3}$$

由公式(15-1)、公式(15-2)、公式(15-3) 可以看出，这种算法的好处在于这三个电机旋转角度的计算是可以独立进行的，在计算上没有联系。两个搭载摄像头的小云台的俯仰角度由 Tilt 角控制，其水平旋转角度由 Vergence 角控制，大水平支座的整体旋转角度由 Pan 角控制，均可以单独控制，这样五自由度平台只需要计算这三个角度即可完成控制，计算和跟踪速度都很快，便于在系统中实现。如图 15-5 所示，在 XOY 坐标系中，视频窗口的中心坐标为 (X_0,Y_0)，定位到的人脸区域的中心坐标设为 (X,Y)，其中 R 为阈值，表示在这个区域内忽略对云台的控制。如果 R 的值过小，就会使云台不断地运动尝试把人脸定位在图像中心的一点，人脸稍有移动，电机就会频繁转动导致图像振荡，陷入恶性循环。R 的值过大，就会导致云台对人脸位置的变化反应迟钝，无法跟踪上人的运动。所以需要设定一个合理的区域，只要人脸中心在这个区域内便认定人脸已经在图像中心了，在此区域内便不驱动电机运动了。

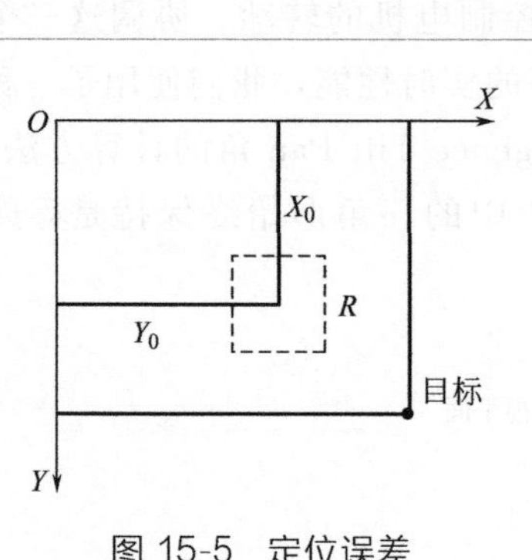

图 15-5 定位误差

通过多次实验最终设定 $R=20$，在此阈值下，云台工作较为稳定。在控制过程中，发现云台以匀速运动最为稳定，所以设定云台的转动速度为定值。

15.3.2 表情识别算法

人脸表情识别算法的关键在于人脸表情特征表示的鲁棒性，所以如何提取人脸表情图像的特征对于表情识别至关重要。Gabor 小波变换由一组不同尺度、不同方向的滤波器组成，可以描述各个尺度和方向上图像的灰度变化。在表情特征提取方面，它具有提取图像局部细微变化的能力，这与表情信息主要体现在局部的特点非常符合，下面对 Gabor 小波变换算法用于表情的特征提取做一下介绍。

二维 Gabor 小波滤波器的核函数表达如下：

$$\varphi_{\mu,\nu}(z)=\frac{\|\boldsymbol{k}_{\mu,\nu}\|^2}{\sigma^2}\left[\exp\left(-\frac{\|\boldsymbol{k}_{\mu,\nu}\|^2\|z\|^2}{2\sigma^2}\right)\right]\left[\exp(\mathrm{i}\boldsymbol{k}_{\mu,\nu}z)-\exp\left(-\frac{\sigma^2}{2}\right)\right] \tag{15-4}$$

式中，μ 和 ν 分别代表 Gabor 滤波器的方向和尺度；$z=(x,y)$为空间位置；$\boldsymbol{k}_{\mu,\nu}$ 为平面的波向量，表示为 $\boldsymbol{k}_{\mu,\nu}=k_\nu e^{s\phi_\mu}$，其中，$k_\nu=k_{\max}/f^\nu$，$\phi_\mu=\pi\mu/8$，$k_{\max}=\pi/2$ 为最大频率。

通常情况下，Gabor 滤波器组包含有 5 个尺度 $\mu=\{0,1,2,3,4\}$ 和 8 个方向 $\nu=\{0,1,2,3,4,5,6,7\}$，将人脸表情图像 $I(z)$ 与 5 个尺度、8 个方向的 Gabor 滤波器 $\varphi_{\mu,\nu}(z)$做卷积计算便得到了人脸表情图像的 Gabor 变换。

本章所使用的人脸表情训练样本图像的分辨率大小为 128×128，可以计算出一幅图像的人脸表情特征维数为 655360(40×128×128)，处理和存储这种高维的特征向量，都会占用大量的系统资源，无法满足系统实时应用的要求。通常需要先把 Gabor 滤波器的输出进行下采样处理，将处理后的特征归一化后连接成新的特征向量输出。

图像下采样是指把高分辨率图像降低分辨率的过程，主要有两种不同的采样方法：整体采样和局部采样。整体采样是对整幅图像采样，局部采样则是对图像的局部区域（眼睛和嘴巴）采样。将经过处理后的 Gabor 模图像中的像素点按行或按列连接起来，就得到了一维向量 $\boldsymbol{O}_{u,v}^{(\rho)}$，最后将上面 40 个一维特征向量连接起来可以得到最终的人脸表情特征表示：

$$\boldsymbol{\chi}^{(\rho)}=[\boldsymbol{O}_{0,0}^{(\rho)^{\mathrm{T}}},\boldsymbol{O}_{0,1}^{(\rho)^{\mathrm{T}}},\cdots,\boldsymbol{O}_{4,7}^{(\rho)^{\mathrm{T}}}]^{\mathrm{T}} \tag{15-5}$$

经过以上处理后，图像的特征维数已经得到了很大程度的降低，但仍然是难以快速计算和分类的高维特征。主成分分析（PCA）方法是一种经典的特征降维方法，但是它没有考虑分类判别信息，为了提取更加具有判别性的特征，可以结合线性判别（LDA）方法，经过降维后的人脸表情图像可以表示为

$$Y=\boldsymbol{\omega}^{\mathrm{T}}\Gamma=\boldsymbol{\omega}^{\mathrm{T}}\boldsymbol{P}^{\mathrm{T}}\boldsymbol{\chi} \tag{15-6}$$

设 $F_k^0, k=1,2,\cdots,L$ 为类 ω_k 经 PCA+LDA 变换后的训练样本均值。对人脸表情提取的特征使用最近邻分类器进行了分类：

$$\delta(Y,F_k^0)=\min_j\delta(Y,F_j^0)\rightarrow Y\in\omega_k \tag{15-7}$$

15.4 仿真实验及结果分析

本节训练和测试程序的 PC 机配置为 Intel Core2 3.20GHz 处理器，2G 内存，Windows 7 操作系统，使用 Visual Studio 2005 和 OpenCV 编程环境。摄像头的原始分辨率为 1024×768，利用插值算法把采集的视频图像分辨率调整为 512×384。如图 15-6 所示，系统跟踪了 300 帧图像，在每帧中记录了完成全部运算所用的时间。

15.4.1 人脸定位跟踪实验

利用已经训练好的人脸分类器，将系统在具有不同背景、不同光照条件下的实验室环境中对不同的人进行了人脸检测和跟踪测试。表 15-1 为在简单背景和复杂背景下分别测试的结果。

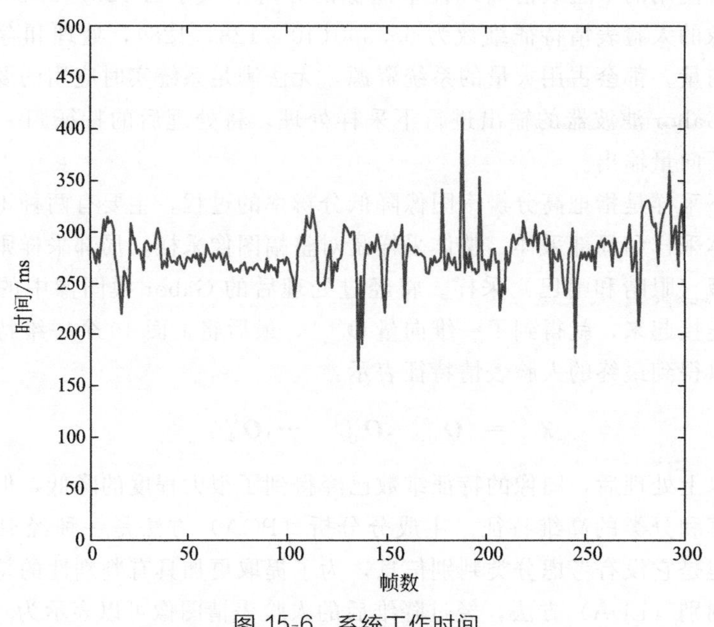

图 15-6 系统工作时间

表 15-1 人脸检测与跟踪结果

情况	简单背景	复杂背景
总实验次数	50	50
成功跟踪	45	40
错误跟踪	3	7
丢失跟踪	2	3
成功率/%	90	80

云台的工作状态如图 15-7 所示，通过云台的水平转动和上下调整，将已经检测到的人脸区域始终保持在图像的中心偏上位置，这样人脸在图像中的大小比例适当，更符合人的视觉特征。

系统可以识别多个人脸目标，并主动跟踪较大目标，如图 15-8 所示。

从图 15-9 的跟踪过程和结果我们可以看出，系统能够快速准确地将人脸从视频图像序列中检测出来，并主动跟踪较大的人脸目标，在选定了需要跟踪的人脸目标后，当人脸远离屏幕的中心区域后，系统便驱动云台转动，使人脸重新回到图像的中心偏上区域，随着人不断地运动，搭载着摄像头的云台也持续不断地运动，对人脸目标进行稳定实时地跟踪。

经实验测试得出，摄像机的水平跟踪速度为 15 (°)/s，垂直方向的跟踪速度为 8 (°)/s，视频跟踪速度为 8 帧/s，满足一定程度上的实时性要求。

图 15-7 云台的工作状态

图 15-8 多人目标的识别

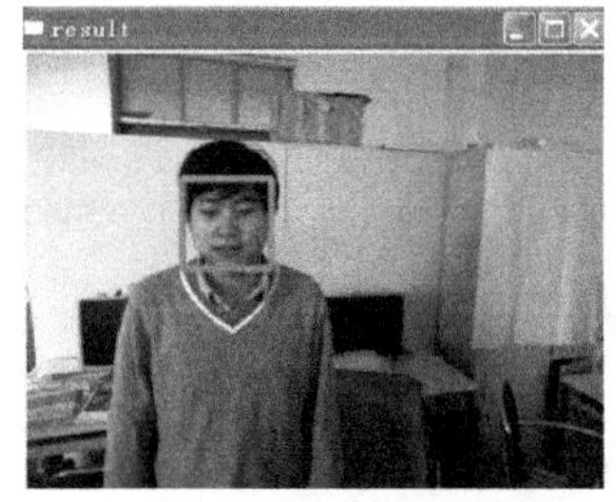

(a) 人脸进入摄像头视野开始跟踪

(b) 人脸快速运动持续跟踪

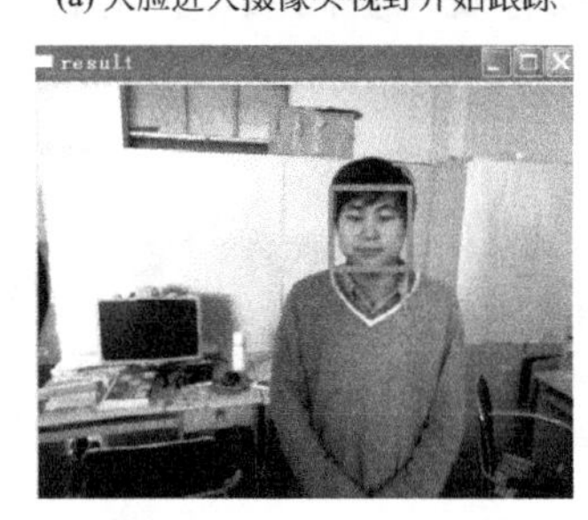

(c) 通过云台转动把人脸放到图像中央

(d) 云台继续追踪人脸

(e) 人脸进入摄像头视野开始跟踪

(f) 云台转动把人脸放到图像中央

图 15-9

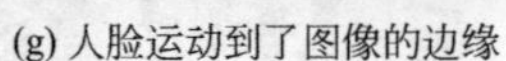

(g) 人脸运动到了图像的边缘　　(h) 云台继续转动持续追踪

图 15-9　复杂背景下的跟踪实验结果

15.4.2 人脸表情识别实验

在人脸表情识别实验前，首先要对表情分类器进行训练，训练分类器的样本使用了实验室建立的多角度面部表情图库（MAFE-JLU），部分人脸表情样本图片如图 15-10 所示。图库一共包含 11 个人的 7 种基本表情，在均匀光照条件下对不同角度的每种表情各采集 25 张图像，图片的分辨率为 128×128，由人脸检测模块批处理训练样本图片提取有效人脸区域，再由表情分类器进行训练。

图 15-10　部分人脸表情样本图片

接下来为了选取合适的特征参数，采用了不同的采样方式和不同的特征维数进行对比实验。

首先比较整体采样和局部采样这两种不同的采样方式下的特征维数和表情识别率，人脸表情原始特征维数为 655360，整体采样（采样间隔设定为 8）后的特征维数为 10240，PCA 变换矩阵为 10240×128。而在局部采样（采样间隔设定为 8）后，特征维数为 5960，PCA 变换矩阵为 5960×128。显然，局部采样与整体采样相比具有特征维数更低、PCA 变换矩阵更小的优点，这样可以减少运算时间。虽然人脸表情的形变主要集中在眼睛和嘴等主要器官，局部采样可以提取绝大部分的有用信息，但是相对整体采样来说还是会损失一些有用信息，所以在平均识别率上整体采样的方式比局部采样的方式要高，如图 15-11 所示。

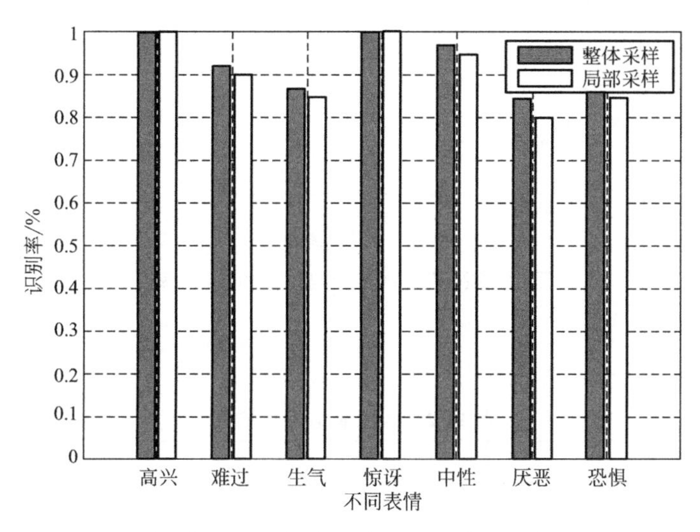

图 15-11 不同采样方式的表情识别率

提取表情特征并采样完成后，在继续进行 PCA 特征降维的过程中，结合了 LDA 分类信息，按照 Fisher 比值的大小来选择特征向量维数。显然，不同维数的特征会得到不同的识别率。图 15-12 给出了按 Fisher 比从小到大选择特征向量时，不同维数下得到的识别率，可以看出，选择不同维数的特征会得到不同的识别率，在对 Gabor 特征进行局部采样后，当选择 Fisher 比最大的前 30 维或前 40 维时，可得到最高识别率 90.7%。与不采用 Fisher 特征选择而直接使用 PCA 降维方法相比，采用 Fisher 比选择特征维数能有效提高识别率。为了节省系统性能，选择前 40 维的时候即可以达到最高的平均识别率。

在选择合适的参数并成功训练表情分类器后，我们利用平台进行了在复杂背景下的表情识别实验。当摄像头采集视频图像成功检测提取人脸区域并预处理后，对表情进行实时识别并输出识别结果，如图 15-13 所示。同时表 15-2 列出了识别 7 种人脸表情的具体实验结果，实验结果均是在对 Gabor 特征进行局部采样降维，并取 Fisher 比值最大的前 40 维特征，同时系统在识别最大化表情后得出的。

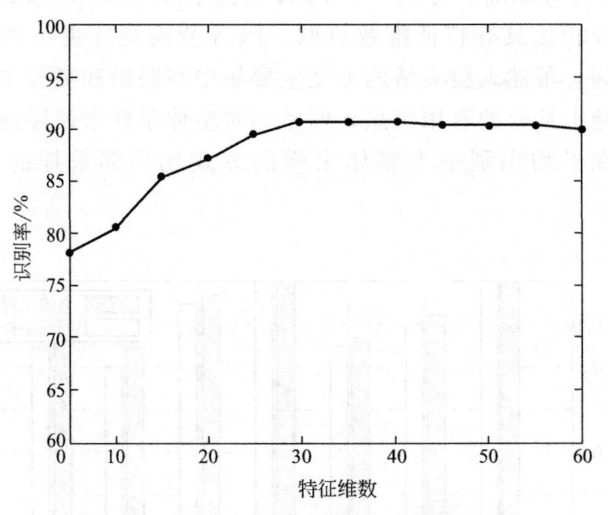

图 15-12 不同特征维数的表情识别率

表 15-2 人脸表情识别结果

表情	测试次数	识别次数	平均识别率/%
高兴	20	20	100
难过	20	18	90
生气	20	17	85
惊讶	20	20	100
中性	20	19	95
厌恶	20	16	80
恐惧	20	17	85
总计	140	127	**90.71**

从表 15-2 的实验结果可以看出，系统对于夸张的表情，比如高兴、惊讶、中性表情识别效果很好。对于一些容易混淆的表情，系统有误识的现象，主要有两个原因，一是表情图像是实时采集的，表情不如图库做的那样到位，区分度并不像图库那样明显；二是在实验中，为了更加接近实际应用的环境，增加了光照和环境不断变化等的影响。

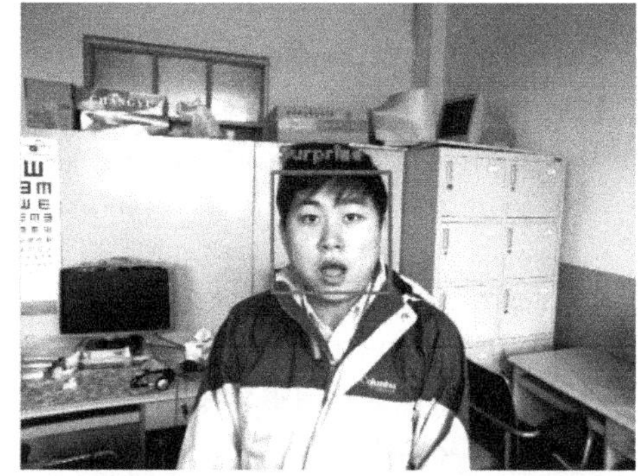

图 15-13　部分表情识别结果

参考文献

[1] 刘晓旻，谭华春，章毓晋. 人脸表情识别研究的新进展[J]. 中国图象图形学报，2006，11(10)：1359-1368.

[2] 刘帅师，田彦涛，万川. 基于 Gabor 多方向特征融合与分块直方图的人脸表情识别方法[J]. 自动化学报，2011，37(12)：1455-1463.

[3] 万川，田彦涛，刘帅师，等. 基于主动机器视觉的人脸跟踪与表情识别系统[J]. 吉林大学学报(工学版)，2013，42(2)：459-465.

[4] 姜铁君，田彦涛，李金辉. 基于连续模板的主动机器视觉注意力选择算法[J]. 吉林大学学报(工学版)，2003，33(4)：95-99.

[5] 姜铁君. 主动机器视觉目标特征提取及注意力选择[D]. 长春：吉林大学，2003.

[6] 徐洁，章毓晋. 基于多种采样方式和 Ga-

bor特征的表情识别[J]. 计算机工程，2011，37(18)：195-197.

[7] Xie X D，Lam K M. Gabor-based Kernel PCA with Doubly Nonlinear Mapping for Face Recognition with a Single Face Image[J]. IEEE Trans. on Image Processing，2006，15(9)：2481-2492.

[8] 邓洪波，金连文. 一种基于局部Gabor滤波器组及PCA+ LDA的人脸表情识别方法[J]. 中国图象图形学报，2007，12(2)：322-329.

[9] 李俊华，彭力. 基于特征块主成分分析的人脸表情识别[J]. 计算机工程与设计，2008，29(12)：3151-3153.

[10] Buciu I，Kotropoulos C，Pitas I. Ica and gabor representation for facial expression recognition [J]. IEEE International Conference on Image Processing，2003，8(3)：855-838.

[11] 高智勇，王林. 基于Gabor变换的表情识别系统的设计[J]. 中南民族大学学报(自然科学版)，2010，29(1)：78-82.

[12] 王冲鹊，李一民. 基于Gabor小波变换的人脸表情识别[J]. 计算机工程与设计，2009，30(3)：643-646.

索　引

Z